KB135908

istika vr
istika boutique
SGO
SGO Mistika VR & Mistika Boutique
실사VR콘텐츠
제작 가이드북
박 경 임 · 최용준 지음
기전연구사

머리말

4차산업혁명 시대를 맞이하여 살고 있는 우리는 첨단 ICT기술을 기반으로 빠른 변화와 혁신을 경험하고 있습니다. 특히 디지털 콘텐츠 산업에서 빠질 수 없는 분야가 가상현실(VR)·증강현실(AR)콘텐츠입니다. 이는 가상의 현실 속에서 사용자의 감각을 자극하여, 가상의 세계를 현실처럼 체험하고 직접 조정하거나 개입할 수 있도록 만든 360도 영상 제작물입니다. 또한 실제 환경에 가상의 물체나 정보를 합성하여 원래의 환경에서 일어나는 것처럼 보이는 영상 기술입니다.

이런 가상현실(VR)·증강현실(AR)콘텐츠는 게임, 영화, e-스포츠, 테마파크와 같은 엔터테인먼트 시장뿐 아니라 이러닝, e-커머스, 헬스케어 등 수 많은 분야에서 시장의 확산이 진행되고 있습니다. 또한 글로벌 ICT기업들도 이 시장에 뛰어들어 소프트웨어 플랫폼과 가상현실(VR)·증강현실(AR)콘텐츠 확산에 박차를 가하고 있습니다.

이 책에서는 ICT기술의 핵심 화두인 가상현실(VR)·증강현실(AR)의 트렌드와 국내외 시장 현황 뿐만 아니라, VR산업의 생태계를 디바이스, 플랫폼, 네트워크, 콘텐츠 등으로 구분하여 설명하였습니다. 참고로 이 부분은 일본의 영상진흥기구(映像産業振興機構 : VIPO)에서 발행한 보고서인 'VR 등의 콘텐츠 제작기술 활용가이드라인 2018'을 바탕으로 재구성하였음을 밝힙니다.

그리고 실사VR콘텐츠 제작기법의 솔루션이라 할 수 있는 SGO사의 MistiKa VR과 Mistika Boutique의 제작과정을 다루고 있습니다. MistiKa VR의 소프트웨어 설치 및 인터페이스, 단계별 작업, 파일출력과 고급설정, 문제해결 등에 대해 자세한 설명을 제공합니다. 또한 Mistika Boutique의 사전설정, 기본 컷 편집, 영상편집, 영상 마스터링, 영상 합성, 색보정, 파일 입·출력에 대한 내용이 다루어져 있습니다. 제작과정을 따라할 수 있도록 샘플예제를 제공하고 있으며 단계별로 실습할 수 있습니다.

이로써 이 책은 가상현실(VR) · 증강현실(AR)콘텐츠 관련 전문가나 입문자들에게 실감 VR 콘텐츠 제작에 필요한 이론과 제작기법을 제공하고 있으며 앞으로의 뉴미디어 산업 분야에 새로운 가이드가 될 것입니다.

박 경 임

CONTENTS

PART
01
가상현실(VR) 이론

CONTENTS

PART

02

Mistika VR 매뉴얼

CONTENTS

PART 03

Mistika Boutique 매뉴얼

PART
01

가상현실(VR) 이론

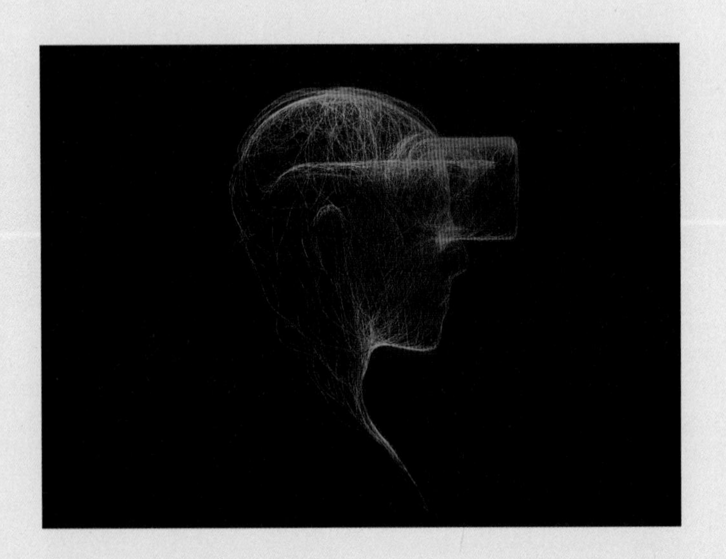

CHAPTER

01

VR의 개념 및 산업 현황

1.1 가상현실(VR)

가상현실(VR)이란 가상의 현실 속에서 사용자의 감각을 자극하여, 가상의 세계를 현실처럼 체험하고 직접 조정하거나 개입할 수 있도록 만든 360도 영상 제작물입니다. 이는 시간과 공간의 제약, 상황적인 제약의 극복, 현실보다 짜릿한 경험 제공, 사용자가 직접 개입하고 조작하여 새로운 형태의 몰입 경험을 만들어 냅니다. 증강현실(AR)과 가상현실(VR)은 통상 동일한 범주로 언급되지만, 기술적으로 구분되는 홀로그램(Hologram), VR, AR등은 사실상 VR이고 구현방식과 각각의 장단점에 따라 구분합니다. 아래의 표는 가상현실의 개념을 가상현실(VR), 증강현실(AR), 혼합현실(MR)로 구분하여 비교한 표입니다.

가상현실(VR)의 개념

	가상현실 (VR)	증강현실 (AR)	혼합현실 (MR)
구현방식	• 현실세계 차단, 디지털 환경 구현	• 현실정보 위에 가상정보 구현	• 현실정보 기반 가상정보 융합
장 점	• 컴퓨터 그래픽으로 입체감, 몰입감 있는 영상 구현	• 현실세계에 그래픽 구현 형태로 현실에 도움 되는 정보	• 현실과 상호작용 가능 • 사실감, 몰입감 극대화 가능
단 점	• 현실세계와는 차단돼 현실감 떨어짐 • 컴퓨터 그래픽 세계를 구현해야 함.	• 시야와 정보가 분리 • 현실과 상호작용하지는 않아 현실감 떨어짐	• 처리할 데이터 용량이 큼 • 장비, 기술 제약

(자료출처 : 가상현실(VR) 콘텐츠산업 육성방향, 문화체육관광부, 2016년 7월)

위의 표에서 보는 바와 같이 가상현실(VR)은 현실 세계를 차단하고 컴퓨터 그래픽이나 360도 촬영을 통해 얻은 영상 이미지를 HMD(Head Mounted Display)등을 통해 체험하는 영상 기술입니다. 따라서 입체감과 몰입감이 가장 큰 장점이라 할 수 있으며 반대로는 현실 세계와 차단되어 현실감이 떨어질 수 있고 컴퓨터 그래픽 세계를 구현해야 하는 단점이 있습니다.

또한 증강현실(AR)은 실제 환경에 가상의 정보를 구현시켜 실제 경험하고 있는 것처럼 구현한 영상기술입니다. 구글 글래스(Google Glass)나 포켓몬과 같이 전용 글래스 또는 스마트폰을 이용해 현실 세계에 가상 정보를 합성한 기술입니다.

마지막으로 혼합현실(MR)은 가상현실(VR)과 증강현실(AR)의 장점을 결합한 기술로 HMD와 같은 특정 장비를 착용하지 않아도 현실 세계에 가상의 현실을 혼합하여 체험할 수 있는 기술이기 때문에 사실감과 몰입감을 극대화시킬 수 있습니다. 때문에 처리할 데이터 용량이 크고 장비기술의 제약을 받는다는 단점이 있습니다.

1.2 가상현실(VR)의 특징 및 산업

1.2.1 가상현실(VR) 특징

다음 그림은 가상현실(VR)의 동작 원리 나타낸 것입니다. 사용자는 이어폰이나 PC, 스마트폰과 같은 관련 장비로부터 오디오나 영상 신호를 받아 현실 세계를 차단하고 가상의 영상을 제공받습니다. 이렇게 현실과 차단된 가상현실을 체험함으로써 물리적, 시간적 제한으로부터 자유로울 수 있어 비용절감 효과도 기대 할 수 있고, 경험해 보지 못한 세계를 체험해 볼 수 있으며 뛰어난 몰입감을 높여 사물의 이해를 심화시키는데 도움이 됩니다.

가상현실(VR)의 동작 원리

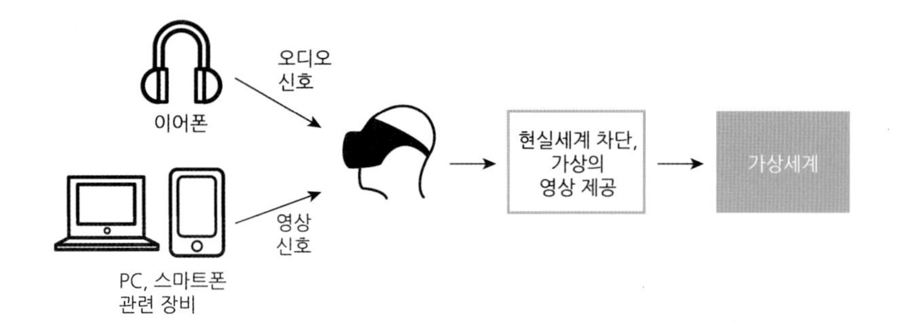

① 물리적 · 시간적으로부터 자유로운 비용 절감 효과

VR은 현실의 실체를 인위적으로 만들어내는 기술이라 할 수 있습니다. VR체험에서 다음의 예를 통해 그 장점을 이해할 수 있습니다. 의료교육으로 수술 시뮬레이션을 실시할 수 있습니다. 자연재해 등 긴급시의 상황을 체험할 수 있습니다. 평상시에는 입장할 수 없는 역사적인 건조물 내부를 돌아다닐 수 있습니다. 건물을 짓기 전에 완성된 모습을 확인할 수 있습니다. 자택에 있으면서 멀리 떨어진 장소를 여행할 수 있습니다. 이렇게 현실에서 체험하기에는 비용이 많이 들거나 애초에 물리적으로 불가능한 것도 VR을 활용하면 비용 절감 효과를 볼 수 있습니다.

② 경험해 보지 못한 세계를 체험

VR기술은 현실을 모방할 뿐만 아니라 필요시 현실에 변경을 더할 수도 있습니다. 허구의 세계나 물리적으로 멀리 떨어진 장소에서도 실제로 그 장소에 있는 것처럼 현장감 높은 체험이 실현됩니다. 하늘을 날고, 마법을 사용하고, 미지의 행성을 모험하고, 동물과 대화하고, 100년 전의 도시를 걷는 등 물리적 세계에서는 불가능한 것도 체험할 수 있습니다.

③ 교육효과

가상현실(VR) 체험으로 몰입감을 높여 사물의 이해를 심화시키는데 도움이 됩니다. 예를 들면 우주의 모습이나 역사적 사건 등을 VR로 체험함으로써 문자를 읽거나 동영상을 보는 것보다 직감적이고 깊이 있는 수준의 이해를 얻을 수 있습니다.

최근 VR기기에서는 가상공간을 돌아다니거나 CG 물체와 인터랙션 방식으로 연결하는 것도 가능해졌습니다. VR세상이나 인터랙티브와 관련된 체험은 운전이나 기구 사용법 등 기능 습득, 프로토타이핑, 원격지와의 커뮤니케이션에 응용할 수도 있습니다.

1.2.2 가상현실(VR) 산업의 응용 분야

가상현실(VR) 산업은 몰입감을 높여줄 수 있는 다양한 분야에 활용이 가능합니다. 게임은 PC나 콘솔게임과 모바일게임분야에 응용가능하며 테마파크역시 롤러코스터나 4D시뮬레이터 등에서 활용할 수 있습니다. 교유분야는 이러닝과 같은 교육 콘텐츠 그리고 각종 직업훈련, 군사훈련 등에서 응용이 가능합니다. 자동차분야에서는 자율 주행 체험이라든지 가상테스트, 디자인 및 설계가 가능하고 의료분야에서는 수술 교육용, 고난이도 수술 훈련용, 3D가상 대장내시경 등 CG활용, MRI, CT 등 센서를 통한 환자 정보 3D구현 등에서 응용이 가능합니다. 이 밖에도 가상현실(VR)을 통한 다양한 분야에서 활발하게 확장되어가고 있습니다.

가상현실(VR)의 응용분야

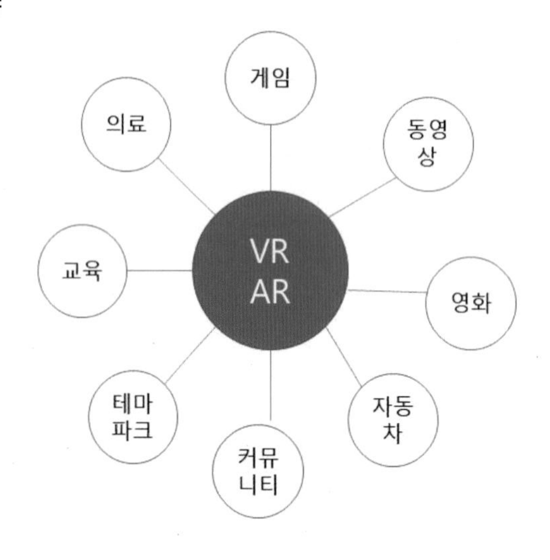

VR콘텐츠 개발동향(글로벌)

게임 HW/SW 구매력이 높은 게임유저들을 염두에 둔 VR게임개발 활성화
VR게임산업은 '15년 6억 달러 규모에서 '19년 약 159억 달러 규모로 성장 전망(Digi Capital)

오큘러스	오큘러스 스토어에 30여개 게임 등록(우주전쟁 슈팅게임, 애니 배경의 캐쥬얼 게임인 럭키스테일, 프로젝트 카 등
플레이스테이션VR	런던헤이스트(슈팅게임) 등

테마파크 놀이공원 등 테마파크의 롤러코스터에 VR기술을 접목한 체험형 가상현실(VR) 콘텐츠의 등장, 관심 집중
VR테마파크는 '16년 약 2억 달러 규모에서 '20년까지 34억 달러 규모로 성장 전망(Digi-Capital)

영화 VR영화 스튜디오에 대한 VC 투자, VR전용극장 개관, 상업용 VR영화제작의 움직임 등 VR영화에 대한 관심 증가 중

투자	'16.3월, VR영화 제작스튜디오 '펜로우즈'는 850만 달러 자금 조성에 성공
전용극장	네덜란드 미디어업체 Samhoud Media는 세계 최초 VR전용극장 개관
상업영화	리들리스콧 · 스티븐스필버그, VR영화 스타트업인 '버추얼리얼리티컴퍼니(VRC)' 협력 제작 중

방송, 영상 분쟁 · 재해지역 환경을 경험하는 다큐멘터리, 현장감이 중요한 스포츠 경기 중계 등 VR방송의 가능성도 부각 중
'클라우드 오버 시드라'(Vrse, '15)는 시리아 난민 소녀 시드라를 따라 난민 캠프를 둘러보는 내용

SNS 사진과 텍스트, 동영상 공유 위주의 SNS에 VR기술 활용 가능
페이스북의 CEO인 주커버그, "SNS의 미래는 가상현실에 있다"고 언급

전시, 공연 박물관이나 미술관을 VR 환경으로 만든 후 헤드셋을 끼고 전시품을 감상, 실제 가지 않아도 관람하는 것 같은 효과

공연	VR영상 전문 제작 스튜디오인 펠릭스앤폴(Felix&Paul)의 '큐리오스'는 '태양의 서커스'의 한 장면을 360도로 실사 촬영해 vr 체험
전시	나이트카페(The Night Cafe), 빈센트 반 고흐의 작품들을 3차원 공간에 옮겨 전시

(자료출처 : 가상현실(VR) 콘텐츠산업 육성방향, 문화체육관광부, 2016년 7월)

1.3 국내 VR콘텐츠 산업 현황

국내 가상현실(VR) 산업은 세계시장과 마찬가지로 HW를 중심으로 성장 중이며, 기기 · 네트워크에 비해 콘텐츠 · 플랫폼 부문은 취약합니다.

국내 VR 시장 규모 및 전망

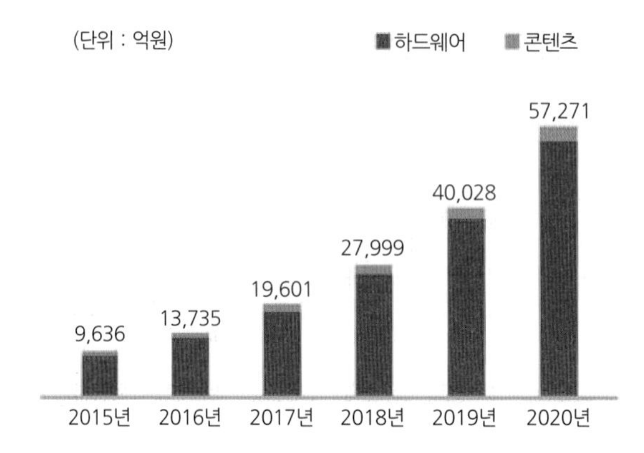

(자료출처 : 미래창조과학부, 한국VR산업협회)

1.3.1 기기

삼성, LG는 자사 스마트폰 기반의 HMD 기기 및 카메라 출시

- HMD : 기기의 기반이 되는 디스플레이는 국내 삼성, LG 등이 경쟁력을 보유, 다만 센서 · 콘트롤러 등 핵심부품은 수입에 의존 중입니다.

기어VR (삼성)	360VR (LG)	스코넥큘러스 (스코넥)
오큘러스와 제휴를 통해 제작, 무게는 318g, 갤럭시노트4 이상의 제품에 최적화	구글 플랫폼에 맞춰 제작, 무게 118g, 안경식으로 개발	VR콘텐츠 제작업체인 스코넥에서 구글의 카드보드를 벤치마킹하여 개발한 VR 카드보드

• **촬영기기** : 각 사가 개발한 스마트폰 연동형 HMD 기기에 활용할 VR 콘텐츠 제작용 카메라 제품을 출시했습니다.

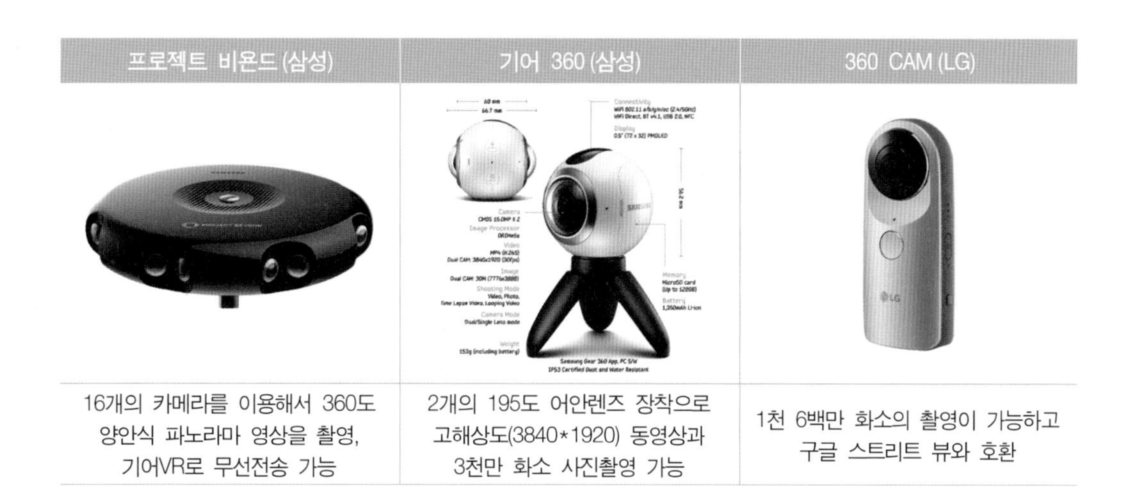

프로젝트 비욘드 (삼성)	기어 360 (삼성)	360 CAM (LG)
16개의 카메라를 이용해서 360도 양안식 파노라마 영상을 촬영, 기어VR로 무선전송 가능	2개의 195도 어안렌즈 장착으로 고해상도(3840*1920) 동영상과 3천만 화소 사진촬영 가능	1천 6백만 화소의 촬영이 가능하고 구글 스트리트 뷰와 호환

1.3.2 네트워크

높은 5G 수준을 보유하고 있어, 기존 일반 영상 대비 높은 트래픽을 유발하는 VR 영상 전송에 유리한 조건을 구비해야 합니다. 정부주도로 5G(미래 이동통신) 산업발전 전략을 세우고, Pre-5G 핵심 기술 시연 및 세계 최초로 5G 상용 서비스를 제공하면서, 2019년부터 상용화된 5G는 아주 빠르게(초고속) 실시간(초저지연)으로 대용량 데이터와 모든 사물을 연결(초연결)시키는 4차 산업혁명 핵심 인프라입니다.

1.3.3 플랫폼

국내의 실감미디어분야의 기기사, 통신사 등이 유통플랫폼을 구축하며 VR콘텐츠 확보에 돌입했으나, 넷플릭스같은 글로벌 경쟁력이나 콘텐츠는 아직 미흡한 실정입니다.

• **기기사** : 삼성전자는 '밀크 VR' 구축(콘텐츠는 500여개로, 초기단계)
• **통신사** : 5G시대 VR콘텐츠 선점을 위해, 통신사별 VR유통플랫폼을 오픈하여 360도 VR 등 VR 영상콘텐츠를 제공 중

KT	'Giga Live TV' (슈퍼VR) 플랫폼 운영, 세계최초 모바일 야구생중계
SKT	'옥수수'를 통해 360도 5GX VR 서비스 제공
LG U+	'LTE 비디오포털', U+ VR 서비스 운영

- **방송사** : 방송프로그램 차별화를 위해 실험적으로 VR콘텐츠 유통 중

KBS	'걸어서 세계 속으로' 360도 영상 적용
SBS	디바이스 제조사와 함께 'VR UCC 컨테스트' 등 콘텐츠 확보 중
MBC	드라마 제작에 적용, 360도 영상 촬영 부분은 유튜브 통해 시청가

1.3.4 콘텐츠

게임 · 테마파크형 콘텐츠 등을 중심으로 VR콘텐츠 개발이 시도되고 있으나, 아직 본격적인 개발은 이루어지지 않는 상황입니다.

- **게임** : 수익모델의 미성숙으로 대기업은 진출 관망 중이며, 벤처 · 중견 게임사 위주로 VR게임 개발 진행 중
  - 게임 유저의 특성상 새로운 HW/SW 수용력이 높고 HMD형 기기로 얻을 수 있는 몰입감이 커서, 유망한 영역으로 평가되고 있습니다.
- **체험형VR** : 아케이드게임*, 테마파크 VR롤러코스터** 등 개발 중
  - 몸의 움직임이 함께 수반되면서 인지부조화 등 부작용 최소화 가능

* 드래곤플라이, 체감형 아케이드 VR게임 개발, 전방위 트레이드밀과 컨트롤러 결합
** 삼성, 에버랜드 티익스프레스옆에, '기어VR어드벤처체험관' 오픈(롤러코스터 형태의 4D시큘레이션 기구), 에버랜드를 VR 등 접목 디지털 테마파크로 발전시킬 계획

(자료출처 : 가상현실(VR) 콘텐츠산업 육성방향, 문체부, 2016년)

- **영화** : 3D 영화시장 실패 경험으로 VR영화 제작에 소극적인 가운데, 단편 VR영화 등을 중심으로 시도중
- **영상** : K-Pop 360도 VR콘텐츠, 한류아이돌 테마의 VR영상 등 한류콘텐츠를 중심으로 VR영상 제작을 시도중
- **스포츠** : 시간적 · 물리적 제약으로 일상에서 즐기지 못했던 스포츠를 MTB 체험 시뮬

레이터 개발, VR 사격체험 등 VR시뮬레이터로 즐기게 되면서 취미문화로 정착할 가능성

- **공연/전시** : 생태박물관 체험 등 교육용으로도 활용 가능한 공연 · 전시 체험형 VR콘텐츠 제작 사례가 확산중
  - 단, 기기 · 네트워크 등 분야는 대기업 등 민간 투자가 상당부분 진행되고 있으나, 중소기업 · 개인 창작자가 주도적 역할을 해야 하는 콘텐츠 분야는 활성화 미흡 → 산업생태계 균형을 위해서 VR콘텐츠 산업 육성에 대한 관심 필요한 실정입니다.

1.4 세계 VR콘텐츠 산업 현황

세계 VR산업은 큰 폭으로 성장할 것으로 전망되고 있으며, 가상현실(VR)뿐만 아니라 증강현실(AR) 등 실감형 콘텐츠 시장이 확대될 전망입니다.

- 세계 시장의 전망에 대한 기관별 전망치는 다르지만, 모바일 이후 최대 유망 시장이라는 평가는 동일합니다. VR시장규모를 가장 크게 잡고 있는 디지캐피털에 따르면, '20년까지 1,400억 달러 규모로 전망하고 있습니다.

조사기관별 세계 가상현실 시장전망

(단위 : 백만불)

구 분(백만$)	2015	2016	2017	2018	2019	2020
Statista ('16)	2,300	3,800	4,600	5,200	-	-
Digi-Captial ('15)	-	3,880	18,370	46,400	87,740	148,450
업계종합 ('15)	2,100	6,700	12,060	21,708	39,074	70,000

(자료출처 : Digi-Captial('15), Virtual/Augmented Reality Report 2015)

- 실감형 콘텐츠의 분야별 시장전망에서는 가상현실과 증강현실이 연평균 각각 75.6%, 108.1% 성장할 것으로 전망됩니다. 시장초기에는 몰입형 가상현실 콘텐츠가 주목받고 있으나, 시장과 기술이 성숙됨에 따라 활용범위가 넓은 증강현실이 더 큰 시장을 형성할 전망입니다.

세계 실감형 콘텐츠 시장동향 및 전망

(단위 : 억 달러, %)

구 분	2015년	2016년	2017년	2018년	2019년	2020년	CAGR
CG	1,708.93	1,800.58	1,872.10	2,006.62	2,160.15	2,335.57	6.4%
VR	8.55	43.56	71.47	93.18	116.48	142.81	75.6%
AR	14.50	5.90	100.20	290.20	435.30	565.89	108.1%
홀로그램	206.54	229.84	256.60	287.92	300.85	325.78	9.5%
오감 인터랙션	130.83	171.52	226.51	288.33	357.30	425.70	26.6%

(자료출처 : 실감형 콘텐츠 시장현황 및 전망, ETRI 경제분석연구실)

1.5 가상현실(VR)시장의 발전

2016년 초에 열린 ICT 관련 행사의 주요 테마는 가상현실(VR : Virtual Reality)이었습니다. 2016년 1월 5~8일 미국 라스베이거스에서 열린 세계 최대 가전전시회인 CES에서는 오큘러스, 삼성전자, HTC, 소니 등이 VR 관련 제품들을 선보여 관심을 얻었습니다. 연이어 2월 22~25일 스페인 바르셀로나에서 열린 세계 최대의 모바일 전시회인 MWC에서도 삼성전자의 가상현실(VR) 디바이스인 '기어 VR' 체험이 큰 인기를 얻었습니다. 또한 전자 통신, 반도체, 자동차 등 다양한 분야의 업체들이 VR체험 서비스를 제공하면서 가상현실이 당해년도 ICT산업의 핵심 화두로 부상했습니다.

특히, 페이스북의 주커버그는 "가상현실(VR)은 차세대 소셜 플랫폼이 될 것이며, 가상현실을 통해 서로 다른 장소에 있어도 같은 경험을 공유하게 될 것"이라고 말했습니다. 또한 그는 "오늘날 사람들이 커뮤니케이션하는 방식은 텍스트에서 사진, 동영상으로 발전했으며 그 다음 미래소통의 플랫폼은 VR&AR이 될 것이다"라고 말한 바 있습니다. 이에 4차 산업혁명의 핵심 작동 방식은 플랫폼과 데이터 그리고 콘텐츠(소프트웨어)를 결합한 방식이 될 것입니다.

그리고 가상현실의 응용 사례가 게임, 영화, 스포츠, 테마파크와 같이 엔터테인먼트 시장에서 벗어나 교육, e-커머스, 헬스케어 등 다수의 산업으로 확대될 가능성이 커서 관련 시장의 확산에 따른 파급효과는 매우 클 것으로 예상됩니다.

2017년 하반기 VR업계 지도(Map)

(자료출처 : theVRFund.com)

우선 VR업계 지도는 위로부터 애플리케이션/콘텐츠, 툴/플랫폼, 인프라스트럭쳐(하드웨어)의 3층으로 크게 분류됩니다. VR에 관한 플랫폼이 갖추어진 2016년 이후에는 특히 애플리케이션/콘텐츠 분야에서 기업수 증가가 큽니다. 2016년 동시기에 비해 게재 기업수는 40% 증가했습니다.

2016년 VR의 시장규모에 대해 리서치 회사인 SuperData는 18억 달러, 마찬가지로 리서치 회사인 Digi-Capital은 27억 달러로 추정했습니다. SuperData는 2020년까지 시장규모가 283억 달러까지 성장할 것으로 예측했습니다. 여기에는 VR 이외의 AR · MR에 관한

통계는 포함되어 있지 않은 것이며, AR/MR을 합치면 규모는 더 커질 것으로 예상됩니다.

가상현실(VR)산업의 1960년 Morton Heiling부터 최근까지 발전과정

1960	Morton Heiling 가상현실(VR)설비의 특허 신청 문서를 제출
1967	Morton Heiling 가상현실(VR) 시스템인 센소라마 시뮬레이터 개발(최초 VR 시스템)
1968	Ivan Sutherlan 최초의 투구형 고급 디스플레이 장치 HMD개발
1980s	가상현실(VR)관련 기술이 비행 우주 항공 등 분야에서 광범위하게 응용
1989	Jaron Lanier 가상현실(Virtual Reality)개념 정의
1991	최초 소비 등급 VR Verticality 1000CS가 출시(VR 상업화)
1993	세가 Sega VR출시
1995	임천당(任天堂) Virtual Boy 출시
1998	소니 HMD출시
2000	SEOS HMD
2011	소니 HMZ 시리즈 출시
2012	인공지능 프로젝트 계획 가동
2014	Facebook 20억 달러에 Oculus를 매입 가상현실(VR)의 상업화 전 세계 범위에 걸쳐 가속화
2015	MS, 삼성, HTC, 소니, Razer, 캐논 VR진출 중국에서는 수백 개의 가상현실(VR)회사 창업

(자료출처 : 2015년 중국가상현실산업연구 보고서, iimedia, 2015)

CHAPTER

02

VR콘텐츠의 분류 및 제작 워크플로우

2.1 VR콘텐츠의 분류

VR콘텐츠의 형태는 다양하며 그 기준에 따라 몇 가지 분류패턴으로 분류할 수 있습니다. 사용자가 가상공간에서 상호작용할 수 있는 인터랙티브한 것과 영상을 시청만 하는 것, CG로 만들어진 것이나 현실공간을 촬영한 것, 헤드셋 이외에도 VR체험을 가능하게 하는 기기에 의해 것, 트래킹 성능에 의해 분류가 존재합니다. 본 장에서는 VR콘텐츠를 다양한 관점에서 분류하고, 그 특징에 대해 알아보도록 하겠습니다.

2.1.1 인터랙티브성에 의한 분류

VR콘텐츠에는 다양한 분류 방법이 있습니다. 여기서는 그 체험이 인터랙티브한 것인지 아닌지에 따라 VR콘텐츠를 2가지로 분류합니다. 여기서 말하는 「인터랙티브」란, 사용자가 VR의 세계에서 서로 상호작용할 수 있다는 의미입니다. 상호작용의 예로는 다음과 같은 것을 들 수 있습니다. 가상공간에 있는 객체를 잡거나 던질 수 있는 것, 검이나 배트 등 도구를 현실과 동일하게 사용할 수 있는 것, 체험자의 시선이나 동작에 따라 캐릭터의 반응이나 스토리가 변화하는 것들입니다.

더 구체적인 예를 들자면 미국의 VR게임 스튜디오인 아울케미랩스(Owlchemy Labs)가 개발한 '잡 시뮬레이터(Job Simulator)'에서 체험자의 주변에 있는 거의 모든 물건을 만질 수 있을 뿐만 아니라 현실세계와 마찬가지로 사용하는 것도 가능합니다. 기계의 스위치를 누르면 전원이 들어오고, 손잡이를 당기면 서랍이 열리고, 물건을 캐릭터에 던지면 불평도 듣습니다.

반대로 '인터랙티브하지 않다'란 것은 VR로 체험하고 있는 세계에 간섭할 수 없음을 의미합니다. 구체적인 예로는 미리 촬영한 동영상을 360도(또는 180도 등)로 전개하고 시청하는 것만을 들 수 있습니다. 이는 영화관에서 영화를 보는 것과 동일하며 사용자는 체험이 시작되면 기본적으로 콘텐츠에 간섭할 수 없습니다. 카메라를 이용하여 실사 촬영된 360도 동영상의 대부분이 이 인터랙티브가 아닌 실사VR콘텐츠가 됩니다. 인터랙티브한 요소를 어느 정도 넣을지는 콘텐츠의 디자인에 따릅니다.

2.1.2 제작방법에 의한 분류

VR콘텐츠의 제작방법을 실사와 3DCG라는 관점으로 분류해 보겠습니다. 이는 간단히 말하면 체험자가 보는 것이 현실세계를 촬영한 것인지, CG인지의 차이입니다.

실사의 콘텐츠는 일반적으로 기존의 카메라나 360도 카메라 등을 이용하여 현실의 물리공간을 촬영하고(필요하면 편집을 더해) 360도 동영상 등을 VR헤드셋을 통해 시청 가능한 형식으로 만듭니다.

예를 들면 미국의 VR비디오 제작회사인 펠릭스 & 폴 스튜디오(Felix & Paul Studios)는 장난감 로봇이 가족의 모습을 지켜보는 40분짜리 장편 VR영화 『미유비(Miyubi)』를 전송합니다. 또한 전 세계에서 녹화가 아닌 생방송인 라이브 스트리밍에도 심혈을 기울이고 있습니다. 미국의 넥스트VR(Next VR)사는 스포츠의 VR스트리밍 전송을 직접 실시하고 있으며, NBA리그의 VR중계 등도 시도하고 있습니다.

한편 3DCG란 체험자가 보는 세계 전부를 컴퓨터그래픽(CG)으로 제작하는 방법입니다. CG의 질감에는 다양한 스타일이 있으며 블록과 같은 로우 폴리곤(적은 폴리곤 수)으로 되어 있는 마인크래프트VR(Minecraft VR)부터 에픽게임즈(Epic Games)의 로보 리콜(Robo Recall)과 같이 실사에 가까운 사실적인 묘사를 추구하는 콘텐츠도 있습니다.

또한 제작방법을 실사와 3DCG로 양분하지 않고 양자를 조합할 수도 있습니다. 예를 들어 기존의 영상작품과 마찬가지로 실사 중에 일부 3DCG를 혼합하는 것이 가능합니다. 심지어 실사 동영상 중에서도 일부 움직이지 않는 것은 따로 촬영한 정지화상으로 바꾸는 등의 기법도 존재합니다. 실사와 3DCG, 어느 한쪽에 구애 받지 않고 작품에 필요하다면 양자를 조합하는 사례도 많습니다.

『Miyubi』에서 체험자는 장난감 로봇으로 갈아탄 것 같은 형태로 이야기를 보게 됩니다. 이때 체험자가 몸을 움직이면 주위에 비치는 로봇의 그림자도 이에 맞춰 움직이는 듯한 구현이 이루어집니다. 이는 단지 현실공간을 촬영했을 뿐인 콘텐츠에서는 실현할 수 없습니다. 이 외에도 체험 중에 조작하기 위한 메뉴(UI) 등도 CG로 만들어집니다.

2.1.3 트래킹 성능에 의한 분류

2018년 초 시장에는 이미 다양한 종류의 VR기기가 등장하고 있습니다. 이들은 기기에 따라 성능이 다르며 하이엔드 기기와 그 이외를 구별하는 중요한 요소 중 하나로서 포지션 트래킹의 유무를 들 수 있습니다.

포지션 트래킹이란 현실에서의 물체의 위치를 컴퓨터가 취득하는 시스템이며 주로 헤드셋의 위치를 취득할 때의 단어로서 사용됩니다. 유사한 단어인 헤드 트래킹은 헤드셋의 방향을 취득하는 시스템이며 거의 모든 VR헤드셋이 이에 대응하고 있습니다. 포지션 트래킹에 대응하지 않는 헤드셋에서의 VR체험은 주위를 둘러볼 수는 있으나, 가상공간에서 머리의 상하좌우 위치는 변하지 않습니다. 따라서 한걸음 앞으로 나오거나 일어서서 시점을 높이거나 밑에서 올려다볼 수 없습니다. 한편, 포지션 트래킹이 가능한 VR헤드셋에서는 문자 그대로 가상공간에서「움직일」수 있습니다.

현재의 실사 VR콘텐츠 등에 많은 그 자리에 앉아서 시청만 하는 체험에서는 포지션 트래킹이 없어도 심각한 문제가 되지 않습니다. 반면 CG로 제작된 인터랙티브한 콘텐츠를 포지션 트래킹 없이 만들 경우 손을 뻗어 물건을 잡거나 웅크리고 앉아 떨어져 있는 것을 주울 수 없습니다.

이러한 인터랙션은 컨트롤러 조작으로 대체하거나 애초에 그와 같은 움직임을 하지 못하도록 하는 콘텐츠를 만드는 등의 조치를 취합니다. 다만 인터랙션이 특징적인 콘텐츠에서는 포지션 트래킹의 유무가 몰입감의 질에 크게 영향을 주는 경우도 있습니다.

자신이 움직이는 동안에만 게임 내 시간이 흘러가는 액션게임. 물체 뒤에서 살짝 얼굴만 내민 채 총을 쏘거나 적의 공격을 영화와 같은 슬로모션 액션으로 주고받기도 합니다. 3DCG 묘사방법의 대부분은 체험자가 향한 방향에 맞춰 그 자리에서 계산하는 실시간 렌더링 방식입니다. 카메라(체험자의 머리부분)의 위치가 체험될 때마다 그 위치가 다른 경우에는 실시간으로 계산을 할 수 밖에 없습니다. 그러나 포지션 트래킹에 대응하지 않는 콘텐츠에서는 체험자의 머리 위치를 고정시키고 생각할 수 있습니다.
이런 특성을 살려 포지션 트래킹 비대응 콘텐츠에서는 미리 360도 전방위 CG를 묘화해 놓은 프리렌더링 방식으로 배경 등을 그리고, 체험자와 가까운 쪽의 인물이나 물체를 실시간 렌더링으로 묘사하는 방식의 조합사례도 있습니다. 프리렌더링을 실시하면 묘화에 걸리는 부하를 줄일 수 있으므로 그 만큼 영상의 화상 품질(화질이나 초당 프레임수)을 향상시킬 수 있습니다.

2.1.4 VR콘텐츠 체험기기에 의한 분류

체험할 때에 사용하는 기기의 차이로 VR콘텐츠를 분류할 수도 있습니다. 여기서는 특히 시각적인 VR체험에 따른 VR헤드셋, VR헤드셋과 기타 기기의 조합, 그리고 기타 디바이스(기기)의 3가지에 대해 설명합니다.

(1) VR헤드셋

VR시장에서의 2016년은 HMD라고 불리는 VR헤드셋이 소비자 시장에 보급되기 시작한 해입니다. 헤드 트래킹 기능이 있는 VR헤드셋 자체는 1960년대부터 존재했으나 2016년에 발매된 헤드셋은 고품질이면서 소비자가 부담 없이 구입할 수 있을 정도로 저렴한 가격이 특징이었습니다. 간단한 것은 스마트폰과 골판지를 이용한 기기만 있으면 VR체험이 가능하므로 수 많은 VR기기 중에서도 헤드셋이 특히 광범위하게 보급되었습니다. 헤드셋을 이용한 VR체험에서는 앉거나 서고, 3m×4m 정도의 범위를 돌아다닐 수 있고, 심지어 대규모 장치를 이용하면 넓은 범위를 여러 명이 돌아다닐 수 있는 대규모의 체험도 실현 가능합니다. 고품질의 체험을 실현하기 위해서는 현재는 헤드셋을 구동하기 위한 PC가 필요한 경우가 많으나 점차 PC나 스마트폰을 사용하지 않는 무선 일체형(스탠드 아론형) VR헤드셋도 등장하고 있습니다.

주요 VR헤드셋과 트래킹 성능

구 분	구동에 필요기기	포지션 트래킹	핸드 컨트롤러
Oculus Rift (Oculus)	PC	있음	있음
HTC Vive / Vive Pro	PC	있음	있음
Windows Mixed Reality Headset (Dell, Lenovo, HP, Acer 등)	PC	있음	있음
PlayStation VR (SIE)	PlayStation4	있음	있음 (핸드 컨트롤러는 별매)
Oculus Go (Oculus, 미발매)	일체형	없음	회전만 인식하는 리모컨형
Mirage Solo (Lenovo, 미발매)	일체형	있음	회전만 인식하는 리모컨형
Idealens K2+ (Idealens)	일체형	없음	없음
Gear VR (Samsung)	대응 스마트폰	없음	회전만 인식하는 리모컨형
Daydream View (Google)	대응 스마트폰	없음	회전만 인식하는 리모컨형
VR고글 (일반적으로 모든 스마트폰 사용가능)	스마트폰	없음	없음

(2) 헤드셋과 기타 기기의 조합

아케이드형 VR콘텐츠에는 헤드셋 이외의 함체를 연동시키는 것도 많습니다. 진동을 비롯한 촉각이나 신체운동이 헤드셋에 의한 영상과 연동함으로써 몰입감이 높아지는 동시에 VR멀미의 경감으로도 이어집니다. 예를 들면 주식회사 하시라스가 제작한 『골드러시 VR』은 광차가 현실과 가상공간에서 동기화되어 동굴 안을 맹렬한 속도로 나아갈 때에는 진동이나 바람이 체험자에게 전달됩니다.

(3) 기타 디바이스(기기)

헤드셋 이외에도 VR용 시각제시 디바이스의 개발은 진행되어 왔습니다. 예를 들면 몰입형 다면 디스플레이라고 불리는 돔형 체험시스템을 들 수 있습니다. 역사적으로 유명한 것으로는 1997년에 도쿄대학에 설치되어 2012년까지 가동을 계속한 「캐빈(CABIN)」 등의 시스템을 들 수 있습니다.

체험자 주위를 스크린으로 둘러싸고 프로젝터로 주변에 영상을 비추는 이러한 시스템은 다수의 인원이 동시에 체험 가능하다는 점 등 헤드셋을 통한 VR체험과는 다른 성질을 지닙니다.
또한 돔과 같이 체험자의 주위를 스크린으로 둘러싸지 않아도 VR체험은 실현 가능합니다. 주식회사 반다이 나무코엔터테인먼트가 전국의 쇼핑센터에서 전개하고 있는 실내 모래사장과 같이 바닥만으로 영상투영을 이용한 사례도 있습니다.
이는 실내에 흰 모레를 촘촘히 깔아놓은 공간을 준비하고 그 위에서 프로젝터로 파도나 물고기 영상을 투영하여 실내에서도「바다놀이」를 체험할 수 있도록 한 것입니다.
이처럼 헤드셋을 사용하지 않는 VR체험은 많은 인원으로 누구나 부담 없이 체험을 할 수 있다는 장점이 있습니다. 현재는 아직 VR헤드셋과 같은 시스템과 비교하면 콘텐츠의 인터랙티브성은 떨어질지 모르나 여럿이 하나의 콘텐츠를 공유할 경우에 적합하다고 할 수 있습니다.

2.2 VR콘텐츠 제작의 워크플로우

현재 VR콘텐츠는 어떻게 제작되고 있는지 그 흐름이나 주의점에 대해「실사계」,「3DCG계」의 2종류의 제작에 대해 알아보도록 하겠습니다. 양자 모두에게 공통되는 유의점은「기획시에 VR의 의미와 필요성을 생각하는 것」입니다. 실사계는 기획 · 촬영 · 편집 · 납품 등 기존의 영상제작과 비슷한 흐름으로 진행되지만 360도 동영상의 촬영 · 편집은 2D 영상제작과 다른 부분도 많습니다.
3DCG계에서는 프로토타이핑의 중요성과 가장 신경 써서 만들어야 할 포인트 선정에 대한 주의 등 기존 3DCG 콘텐츠 제작의 이론이 통하지 않는 부분도 많습니다.
VR 콘텐츠 제작을 활성화하는 데 가장 큰 걸림돌은 바로 콘텐츠의 품질입니다. 현 단계에서 VR 콘텐츠의 화질은 4K이나 이는 360°를 모두 아우르는 것이므로 실제 사용자들이 시청하는 영상은 FHD급에 못 미칩니다. 사람의 눈은 1만 7,250PPI(Pixel Per Inch)이나, 요즘 HMD를 통해 제공되는 콘텐츠의 PPI는 550 수준입니다.
향후 기술의 발전으로 5G의 상용화에 따른 4K급에서 8K의 HMD가 등장한다면 FHD급 영상을 VR로 즐길 수 있을 것입니다. 어쨌든 현 단계에선 사람이 실제 눈으로 확인하는 영상의 약 1/3 품질로 VR콘텐츠를 감상하고 있다는 점에 주의할 필요가 있습니다.

2.2.1 기획단계

앞 절에서는 VR콘텐츠를 다양한 축으로 분류해 보았습니다. 본 절에서는 이들 콘텐츠가 어떤 과정을 통해 제작되고 있는지, 실제 제작사례를 포함하여 소개합니다. 먼저 VR콘텐츠를 제작하기 위해서 결정해야 할 중요한 포인트 2가지를 소개합니다.

(1) 왜 VR을 사용하는가

첫 번째는「VR기술로 무엇을 구현하고 싶은가」,「왜 VR기술을 사용할 필요가 있는가」라는 점입니다. 예를 들어「건축가가 완성 전인 건축물의 완성 후의 모습을 체험하고 확인한다」,「애니메이션이나 만화 캐릭터처럼 강력한 필살기를 발동시키는 상쾌감」 등 가장 우선시하고 싶은 콘텐츠의 특징을 명확히 할 필요가 있습니다.

요컨대 VR은 현실 요소를 인공적으로 만들어내는 기술입니다. 실현하고 싶은「재미」나「편리성」을 파악하기 전에 제작을 시작하더라도 VR의 강점을 충분히 살리는 것은 어려우며 VR일 필요가 없는(예를 들어 기존 2D스크린으로도 충분한) 콘텐츠가 되어 버리는 경우가 있습니다. VR이란 수단이지 목적이 아님을 주의하기 바랍니다.

(2) 해당 콘텐츠의 체험자를 설정합니다

두 번째로는 해당 콘텐츠를 체험하는 사람이 어떤 사람인지(타깃)를 사전에 정하는 것입니다. 타깃이 되는 체험자에 맞춰 적합한 체험내용이나 조작방법 등이 바뀌기 때문입니다. 앞서 인터랙티브 · 논인터랙티브를 축으로 하여 콘텐츠를 분류했습니다.

VR콘텐츠라고 해서 반드시 인터랙티브 쪽이「좋다」라고는 할 수 없습니다. 확실히 VR게임에서는 총을 쏘거나 물건을 던지는 인터렉티브성이 그대로 재미로 이어지는 경우가 많습니다. 그러나 한편으로는 게임에 익숙하지 않은 층에게는 VR체험에서의 능동적인 인터랙션이 어렵게 느껴지는 경우가 있으며 이는 체험의 쾌적함을 해치게 될 가능성도 있습니다. 또한 체험자의 상태뿐만 아니라 체험 시의 환경도 고려해 두는 것이 좋습니다.

예를 들면 체험 시 앉아 있는지 서 있는지, 주위는 조용한지 시끄러운지, 혼자인지 여러 명인지와 같은 요인을 고려하지 않을 경우, 체험자의 상황과 어긋났을 때 몰입감을 해치게 됩니다.

(3) 체험의 중요성

「VR 체험을 하면 재미있을 것이다」라고 생각하여 기획서를 작성했으나 실제로 구현하고 체험해 보면 상상했던 것만큼 재미있지 않은 경우가 자주 발생합니다. 그러므로 기획단계에서도 우수사례 등을 체험하여 실제로 VR이 어떤 것인지를 아는 것이 중요합니다. 그리고 콘텐츠를 제작할 경우에는 프로토타입 제작을 빠른 단계에서 실시하여 실제로 체험을 해보고 그 체험이 정말 재미있는지 확인할 것을 권장하는 경우가 많습니다. 제작단계 이전의 기획이나 제안 시에도 문장이 아닌 프로토타입을 제출하는 편이 효과적입니다.

(4) 선행사례에서 배운다

지금까지 VR업계에서 행해져 온 사례나 명확한 지식에 대해 배우는 것은 중요합니다. 기획 시의 예상과 실현 시의 체험이 일치하지 않는 경우에 대해서는 앞서 기술했습니다. 많은 사람들이 「이렇게 하면 잘 되겠지」라고 생각하는 아이디어 중에는 지금까지 많은 개발자가 도전하여 실패한 사례도 허다합니다. 다음으로 VR콘텐츠의 제작흐름을 실사계와 CG계로 나누어 설명하도록 하겠습니다.

2.2.2 실사 VR콘텐츠

실사 VR콘텐츠란 일반적으로 카메라로 촬영한 현실세계의 영상을 VR헤드셋 등 360도 동영상을 재생할 수 있는 기기로 시청하는 것을 말합니다. 예를 들면 스포츠 경기 시청, 지도나 모델 룸 이용 등 현실공간을 활용한 콘텐츠 등을 들 수 있습니다. 실사 VR콘텐츠의 제작은 아래와 같은 흐름으로 이루어지고 있습니다.

① 기획, ② 촬영, ③ (가편집) · 스티칭 · 기타 편집, ④ 전송/전시 등

(1) 기획단계

우선 어떤 영상작품을 제작할지에 대해서 기획을 실시합니다. 기획단계에서는 타깃이 되는 시청자, 콘텐츠 내용, 출시방식(전송 플랫폼), 촬영기재, 재생기기, 제작에 소요되는 시간 등을 검토합니다.

2018년 현재 360도 동영상의 재생기기는 스마트폰으로 시청 가능한 간단한 것부터 컴퓨터를 이용한 하이엔드기기까지 다양하게 존재하며 각각 독자적인 전송 플랫폼을 보유하고 있습니다. 또한 콘텐츠의 내용을 결정할 때 기존의 카메라 영상과 같은 연출이 360도 동영상에는 적합하지 않은 경우가 있음을 주의해야 합니다.
카메라 워크가 존재하지 않으므로(체험자가 원하는 방향을 자유롭게 볼 수 있기 때문에 체험자의 시선을 제어할 수 없다) 제작자가 보여주고 싶은 영역만을 시청자에게 보여주는 것은 불가능합니다. 또한 어떤 의미에서는 체험자의 눈 위치가 카메라로 간주될 수 있으므로 시계(視界)가 심하게 움직이는 것은 멀미를 유발시킵니다.
이 외에도 라이브 등의 이벤트를 360도 동영상으로 녹화하는 기획을 진행할 경우, 사전에 카메라를 놓을 위치를 정해둘 필요가 있습니다. 후술하는 촬영 · 편집 항이나 VR기술의 과제, 3장에서 언급할 멀미에 관한 지식도 함께 참고하고자 합니다.

(2) 촬영단계

일반적인 2D 영상은 하나의 카메라로 촬영한 영상 신호를 디지털 신호로 변환하여 시청자에게 전달하는 과정을 거칩니다. VR 영상 촬영도 일반 영상과 큰 틀에서는 동일한 절차를 거치지만, VR은 360° 전 방위 영상을 담아야 하므로 5~6개의 카메라를 사용한다는 점에서 차이가 있습니다.
VR 영상을 촬영하기 위해서는 VR 촬영 장비 구성이 선행돼야 합니다. VR 촬영 장비는 VR 카메라와 스티칭 서버(Stitching Server)로 구성됩니다. 우선 VR 카메라는 VR 전용으로 제작된 완성품 카메라를 사용하기도 하지만, 기존 제작된 카메라들을 결합하여 사용하는 경우도 있습니다.
카메라는 촬영 목적에 따라 고프로와 같은 경량형부터 DSLR(Digital Single Lens Reflex) 고사양 카메라에 이르기까지 다양한 종류를 사용합니다. 이때 여러 개의 카메라를 결합하여 360°의 영상들을 모두 촬영할 수 있도록 해 주는 기구가 필요한데, 이것을 리그(Rig)라고 합니다.
스티칭 서버는 카메라에서 촬영된 영상을 하나의 360° 영상으로 결합 및 변환하는 장치입니다. VR 영상은 4K 해상도이므로 대용량이며, 이를 실시간으로 스티칭하여 VR 영상으로 변환해 주기 위해서는 고사양 PC가 필요합니다.

360도 카메라의 분류

구 분	가격대	특징 예시	구체적 예시
하이엔드급	수억 원 ~ 수천만 원	• 시차 이용한 깊이의 재현가능 • 8K급 촬영, 라이브 스트리밍 • 사람손에 의한 스티칭 수정 등 가능	Insta360Pro/GoProHero시리즈 등 기존의 카메라를 전용기기(리그)로 조합한 것
미들레인지	5십만 원 ~ 1백만 원	• 4K급 동영상, 라이브스트리밍 • 스태빌라이즈	THETAV, Insta360 ONE, VIRB360, Fusion, 4K360VR
로우엔드급	10만 원 ~ 30만 원	• 4K 이하의 동영상 • 스마트폰 간편하게 이용가능 • 소형이며 가벼움	THETASC, Insta360 Nano/Air, Gear360(2017)

실제 스티칭을 수행하는 것은 해당 PC에서 작동되는 별도의 솔루션(Solution)이며, 세계적으로 SGO사의 'Mistika VR'과 Videostitch사의 '바하나(Vahana)', Kolor사의 '오토파노(Autopanolar)'가 널리 사용되고 있습니다.

이에 더하여 기존 이미지(Image) 편집 툴 전문업체인 Adobe사도 'Premier Pro CC'에 VR콘텐츠 편집 기능을 추가하여 출시하는 등 VR 관련 기능을 지원하는 소프트웨어의 확대는 지속될 것으로 전망됩니다.

VR콘텐츠의 특이한 점으로서 촬영 후의「스티칭」을 들 수 있습니다. 스티칭이란 여러 장의 화상을 한 장으로 연결하는 것을 말합니다. 스티칭이란 말 그대로 바느질을 한다는 뜻에서 비롯됩니다. 다시 말해서 VR 영상을 제작하기 위해 다수의 카메라를 통하여 촬영된 여러 개의 영상을 이어 붙여 360°를 아우르는 구 형태의 영상 하나를 생성하는 과정을 '스티칭'이라고 합니다.

360도 동영상과 같이 원하는 방향을 볼 수 있는 영상을 제작하기 위해서는 여러 대의 카메라가 촬영한 다양한 방향의 영상을 하나의 그림으로 연결할 필요가 있습니다. 이것이 스티칭입니다.

실사 VR콘텐츠의 촬영에 사용되는 카메라는 기존의 카메라를 여러 대 조합하여 완전히 수동으로 스티칭을 실시하는 경우가 있는가 하면 360도 카메라를 이용하여 실시하는 경우도 있으며, 완성도의 질이나 예산 등 다양한 개념에 따라 구별됩니다.「360도 카메라」에는 본체에 여러 대의 카메라가 내장되어 있어 자동으로 스티칭을 실시하는 경우도 있습니다.

촬영은 나중에 스티칭 등의 편집을 염두에 두는 것이 바람직합니다. 또한 사용자는 카메라의 시점에서 콘텐츠를 체험하게 된다는 점도 주의가 필요합니다. 언뜻 360도라는 특성을 활용한 카메라 배치로 생각하더라도 실제로 체험해 보면 재미가 없거나 이해가 가지 않는 상황이 되어버리기도 합니다. 예를 들면 주위가 사람들로 둘러싸인 상황을 촬영하기 위해 테이블 위에 카메라를 올려놓는 경우를 가정해 본다면 그것을 둘러싸고 담소를 나누는 장면을 촬영할 경우, 체험자는 테이블 위에 앉아 사람들에게 둘러싸인 채 담소를 듣는 상황을 체험하게 되는데 이는 부자연스러울 것입니다.

쾌적한 VR체험을 실현하기 위해서는 초당 프레임 수(1초당 묘화의 횟수)를 높게 유지할 필요가 있습니다. 촬영 시에는 재생기기와 관계없이 가능한 한 높은 초당 프레임 수로 기록해 두는 것이 바람직합니다. 화질에 대해서도 마찬가지로 어느 정도는 고화질로 기록을 해 두고 재생기기에 맞춰 변환하는 것이 바람직합니다.

기타 주의사항으로는 멀미대책으로서 카메라의 흔들림을 막기 위해 고정하거나 스티칭이 이루어지는 경계부분에 중요한 부분이 지나가지 않도록 할 것, 이 외에도 360도 카메라를 이용하여 360도 전부를 동시에 촬영할 경우에 사각지대가 존재하지 않기 때문에 촬영자나 불필요한 것이 투영되지 않도록 배려할 필요가 있다는 점 등도 들 수 있습니다.

(3) 편집단계

(2)에서 촬영한 것을 편집하는 단계입니다. 촬영한 영상을 간단하게 파노라마 형태로 확인하는 가편집이나 본격적인 스티칭, 색상 조정, 모자이크 처리나 블록 노이즈 제거 등을 하는 영상편집, 그리고 소리나 메뉴 등의 사용자 인터페이스를 추가하는 편집 등이 이루어집니다. 통상적인 영상편집과 공통되는 부분도 많지만 실사 VR콘텐츠에서는 기존의 카메라 1대로 제작하는 작품보다 1프레임당 데이터량이 많기 때문에 편집에 걸리는 시간도 많아질 것입니다.

(4) 전송/전시 등

완성된 콘텐츠를 공개하는 단계입니다. 이벤트 전시를 할 때에는 VR기기에 익숙하지 않은 사람이라도 쉽게 체험할 수 있도록 그들을 배려하거나 전용 안내직원을 대기시키는 것이 바람직합니다.

2.2.3 3DCG VR콘텐츠

3DCG 기반의 콘텐츠 제작은 기존의 비디오게임 제작과 동일하게 이루어지는 경우가 많습니다. 즉 기획이 있고 디자이너나 프로그래머 등이 직무별로 작업을 분담하여 디렉터의 감독 하에 그 성과를 통합하고 검증하는 흐름입니다.

① 기획이나 리서치

② 모델링, 프로그래밍 등 팀으로 나누어 작업(필요시 외주)

③ 각 팀의 성과를 통합하여 확인

④ ②와 ③을 반복합니다.

우선 기획단계에서는 그것이 정말로 VR일 필요가 있는지, VR로 실현하고자 하는 것은 무엇인지를 정확하게 밝혀내는 것이 중요합니다. 예를 들어 차를 타는 VR콘텐츠 만들기를 생각해 보겠습니다.

교습소 등에서 자동차 운전기술을 습득하는 것을 목적으로 할 경우, 체인지레버나 브레이크 등의 조작에 대해 상세히 재현될 필요가 있습니다. 한편 자동차 전시용 VR을 목적으로 할 경우에는 인터랙티브한 것보다 내부 장식이나 운전석으로부터의 시야가 재현되는 것이 중요합니다. 또한 카 레이스 게임을 한다면 조작이나 내부 장식의 현실성보다 주행 시의 박력이나 스릴 등을 더 강조하는 편이 나을지도 모릅니다. 이와 같이 콘텐츠 제작에서 중시하는 구현 포인트(추출해야 할 현실의 실체)는 내용에 따라 달라집니다.

기획 시 이른바 「콘티」를 이용하는 경우도 많으나 VR콘텐츠의 경우 콘티는 참고 정도로 하는 편이 낫다는 개발자도 있습니다. 그림 콘티에서는 VR로 체험하는 360도 전방위 장면 전부를 묘사할 수 없음은 물론, 그림대로 객체를 배치하더라도 원하는 감각을 얻지 못하는 경우가 있기 때문입니다. 개인공간에서 사람이나 사물의 존재감, 주변 객체와의 거리, 스케일 등 실제로 체험하면서 조절해야 할 매개변수는 많습니다.

기획이 끝나고 제작단계에 들어갈 때 기존의 게임 제작과 비교하여 VR콘텐츠 제작에서는 프로토타입을 만드는 것의 중요성이 크게 증가하고 있음에 주의하기 바랍니다.

기존의 게임 제작과 같이 디자이너나 프로그래머 등이 개별적으로 작업을 하고 어느 정도 진행되면 통합을 한다는 개발체제에는 변함이 없지만 실제 VR체험에서의 검증을 빠른 단계에서, 또한 반복적으로 하는 것이 좋다는 개발자가 많습니다.

「그렇게까지 할 필요는 없었다」, 「제작 시 TV모니터로 보던 것과는 인상이 다르다」, 「멀미가 난다」, 「예상보다 감동이 없다」 등의 문제가 콘텐츠 완성이 임박하여 발생하면 수정이 어려워지기 때문입니다. 특히 체험의 재미에 대한 본질 검증은 그래픽이 전혀 만들어지지 않은 상태(화이트박스 등으로 불린다)에서도 가능합니다.
이와 같은 UX(사용자 경험) 디자인의 검증을 꼼꼼하게 실시하면 체험의 질이 크게 바뀝니다. 반대로 첫 단계부터 그래픽이 정밀한 상태로 되어 있으면 체험 디자인의 겉모습에 현혹되어 정말 체험이 재미있는지 판단하기 어려워지는 경우도 있습니다.

2.2.4 VR콘텐츠의 유통

지금까지 존재했던 VR콘텐츠의 판매형태를 소개합니다. 콘텐츠의 전개나 마네타이즈(무료 서비스를 통해 수익을 올리는 것)방법으로서 크게 (1) 온라인으로 전송하는 것(전송)과 (2) 그 이외의 것(비전송)으로 구분됩니다.

(1) 전송

먼저 콘텐츠를 인터넷으로 전송, 판매하는 형태에 대해 기술합니다. 오큘러스리프트(Oculus Rift)나 플레이스테이션(PlayStation) VR 등 VR헤드셋에서는 개발처에 따라 독자적인 전송 플랫폼이 준비되어 있는 경우가 많습니다.
어느 VR헤드셋에 대응한 콘텐츠를 제작했을 경우, 그 헤드셋용 플랫폼을 통해 판매할 수 있습니다. 동영상에 관해서는 유통형태가 폭넓고 360도 동영상을 취급하는 플랫폼 앱도 복수 존재하고 있습니다. PC나 스마트폰용에는 하코스코17처럼 360도 동영상의 게시·전송을 전문으로 하는 플랫폼도 존재합니다. 또한 유튜브(YouTube) 등 동영상 유통 사이트 중에는 360도 동영상의 게시·재생에 대응하는 경우도 있습니다.
이 외에 자사에서 전송 플랫폼을 제작하는 사례도 있습니다. 예를 들면 주식회사 360 Channel은 Oculus Rift나 PlayStation VR용으로 「360채널」이라는 앱(app)을 발매하고 있으며, 사용자는 그 앱(app)상에서 전송되는 다수의 360도 동영상을 시청할 수 있습니다.
온라인으로 콘텐츠를 전송할 경우, 콘텐츠 내에서 사용자가 실시하는 과금이나 추가 구입을 통해 수익을 올릴 수도 있습니다. 예컨대 앱(app) 자체는 무료이지만, 시청할 수 있는 동영상에 한해서 과금을 통해 그 제한이 해제되는 과금모델 등이 있습니다.

(2) 비전송

콘텐츠를 전송하지 않는 경우에도 다양한 유통방법을 예로 들 수 있습니다.

① 위치기반

위치기반으로 전시를 운영하는 것입니다. 게임센터나 특설회장 등을 확보하여 VR콘텐츠를 전시하고 입장료나 체험료라는 형태로 수익을 올리는 방식이 이에 해당됩니다. 다만 콘텐츠 내용이 게임일 경우에는 게임센터나 도박장 운영과 마찬가지로 '풍속법(풍속영업 등의 규제 및 업무 적정화 등에 관한 법률)'이 적용될 가능성도 있어 주의가 필요합니다. 또한 장기적으로 전시하지 않더라도 단기간 설치 또는 특정 이벤트만을 위한 전시를 실시하기도 합니다.

② 프로모션

어떤 제품이나 기획이 있고 그 프로모션의 일환으로 VR콘텐츠를 이용하는 사례도 있습니다. 비(非) VR작품에 대한 구입 혜택으로서 오리지널 VR콘텐츠를 제공하거나 서적 등에 종이로 만든 간이 VR헤드셋을 부착하고 스마트폰용 VR콘텐츠를 옵션으로 제공하는 방법도 있습니다.

2.3 VR콘텐츠 제작 과제

VR헤드셋 하나만 보더라도 특히 가격이나 사용 시의 번거로움, 스펙의 한계나 일반층 대상의 보급 등 다양한 과제가 있습니다. VR기술은 눈부신 발전이 예상되는 분야이며, 이러한 문제는 점차 해결되어 가고 있지만, 현재로서는 개발 시 유의해야 할 사항들이 많습니다.

VR이 세계적인 움직임이라고 해도 2016년이 「VR원년」으로 불린 것처럼 VR기술은 시장에 투입된 지 얼마 되지 않은 만큼 현재 발전단계에 있다고 할 수 있습니다. 이번 장에서는 현재 개발자가 직면하고 있는 VR콘텐츠 제작의 과제에 대해 언급하고자 합니다.

2.3.1 기기가 지닌 문제

(1) 장착의 번거로움

하이엔드 VR헤드셋은 그 어느 때보다 저렴하고 고품질의 체험을 실현하고 있습니다. 그러나 2016년에 각 제조사로부터 발매된 VR헤드셋을 사용하려면 많은 케이블이나 센서 등을 셋업할 필요가 있습니다. VR체험을 하기까지 필요한 절차가 복잡할 뿐만 아니라, 장착 시의 무게나 케이블의 번거로움 등도 그 과제로 들 수 있습니다. 장착의 번거로움은 장시간의 VR체험을 어렵게 하거나 가정 내 또는 전시에서의 사용에 장벽을 높이는 하나의 요인입니다. 또한 기기 모양도 고글형과 같이 큼직한 것이 많습니다. PC나 스마트폰을 사용하지 않으며 케이블류도 일체 필요로 하지 않는 일체형(스탠드 얼론형) 모델도 서서히 등장하고 있지만, 성능향상이나 보급에는 어느 정도의 시간이 필요합니다. 향후 더욱 소형화, 경량화되어 쾌적하게 VR체험이 가능한 모델도 등장할 것으로 예상됩니다.

(2) 스펙 문제

2018년까지 등장한 많은 VR헤드셋은 해상도 하나만 보더라도 한쪽 눈에 1K~1.5K(두 눈은 2K~3K) 정도의 화질입니다. 따라서 4K 화질의 콘텐츠를 제작하더라도 재생할 수 있는 기기가 거의 존재하지 않는다는 문제가 있습니다. 이에 대해 오큘러스사의 수석 과학자인 마이클 애브러쉬는「한쪽 눈의 해상도가 8K라면 VR은 현실세계와 가까워진다」고 평했으며, 이는 VR헤드셋의 해상도가 향상될 여지가 있음을 언급하고 있습니다.
또한 실사계의 경우 촬영기재의 스펙상「실제로 돌아다닐 수 있는 콘텐츠」제작이 어렵다는 문제가 있습니다. 실사로 촬영한 공간을 VR헤드셋으로 보면서 걸어 다니고자 할 경우 촬영 시에 공간의 깊이 정보(뎁스) 등도 취득할 필요가 있습니다. 뎁스(deeps) 정보까지 기록하거나 라이트 필드 등의 기술에 의한 3차원 공간을 기록하는 방법도 점차 등장하고 있지만, 2018년 현재 아직 발전단계에 있으며 대응되는 촬영기재도 한정되어 있습니다.

2.3.2 사회적 · 시장적 문제

(1) 가격과 필요한 기기의 스펙

스마트폰과 골판지로 VR체험을 할 수 있는 간이 VR헤드셋이나 헤드셋 및 스마트폰과 연동되는 모바일 VR헤드셋도 존재하지만, 돌아다니면서 느낄 수 있는 고품질의 체험을 실현하기 위해서는 하이엔드 기기가 필요합니다.
VR헤드셋과 더불어 구동에 필요한 기기를 추가로 구입할 경우 필요한 금액은 더욱 커진다. 그러나 헤드셋을 비롯한 다양한 기기의 가격은 시간이 갈수록 하락하고 있기 때문에 향후 동향에 주목하고자 합니다.

(2) 보급 문제

2018년까지 각 제조사로부터 다양한 VR헤드셋이 발매되었지만 일반적으로 널리 보급되어 있다고 단정하기는 아직 어렵다. 따라서 소비자용 콘텐츠를 제작해도 구입하여 체험할 수 있는 사람이 적다는 문제점이 있습니다. 또한 제작과정을 살펴보면 실사 · 3DCG를 불문하고 제작을 의뢰한 클라이언트 측이 VR헤드셋 등의 기기를 보유하고 있지 않으면 제품의 완성도를 확인하기도 어렵습니다.

2.3.3 제작현장의 문제

(1) 작업량 문제

실사 VR콘텐츠나 VR헤드셋으로 보는 3DCG 애니메이션을 제작할 경우를 생각해 보겠습니다. 기존에는 카메라가 향하는 방향만을 제작하면 되었으나, VR헤드셋을 사용하는 체험에서는 카메라워크가 존재하지 않습니다. 따라서 장면을 360도 전부 만들거나 카메라 영상을 이어 붙일(스티칭할) 필요가 있는 경우가 있어 기존의 영상작품보다 작업량이 증가하고 있습니다.

(2) 툴(Tool) 문제

VR콘텐츠 제작에 사용 가능한 소프트웨어나 미들웨어는 다양하게 존재하지만 이들은 아직 발전단계에 있습니다. 잦은 툴의 갱신에 맞춰 새롭게 습득해야 할 사항이 증가하거나 기기와의 호환성 문제가 발생하기도 합니다. 한편으로 툴이 진화하고 있다고 해도 사람의 손으로 하는 편이 나은 경우가 아직 존재하며(예를 들면, 실사 콘텐츠의 스티칭 편집 등) 툴의 사용처에 관해 취사선택하는 능력도 요구됩니다.

(3) 플랫폼 문제

VR에 관한 다양한 플랫폼이 등장하고 있지만 각각의 호환성이 유지되지 않는 경우도 많습니다. 예를 들어 개발자가 Oculus Rift용으로 개발한 콘텐츠를 PlayStation VR용으로 전환하고자 할 경우 다양한 수정이 이루어져야 합니다. 전술한 바와 같이 통상 어떤 기기를 사용할지, 어떤 플랫폼에서 전송할지를 기획단계에서 정할 필요가 있습니다.

2.3.4 건강에 관한 문제

VR헤드셋의 사용으로 인한 건강에 관한 우려의 목소리가 다양한 관점에서 나오고 있습니다. 먼저 3장에서 기술할 멀미 문제이다. 헤드셋을 사용한 VR체험을 하면 구역질이나 현기증 등의 컨디션 불량을 일으킬 가능성이 있다. 멀미에 대해서는 3장에서 그 대책을 기술합니다.

나아가 시계 전체를 덮기 때문에 체험 중에는 헤드셋을 벗은 세계의 모습을 볼 수 없으며, 실제 현실에 있는 물체와 부딪치는 등 예기치 못한 사고가 날 가능성도 있습니다. 이에 대한 대책으로 사전에 체험 공간을 설정하여 VR콘텐츠 체험 중에 벽 등에 접근하게 되면 경고를 보내는 시스템이 구현되고 있습니다.

특히 양눈 입체시를 필요로 하는 VR헤드셋에서는 어린이의 눈 성장에 악영향을 미칠 가능성에 대한 우려도 있다. VR헤드셋 중에는 사용 가능한 연령이 공식적으로 정해진 것도 있습니다.

다만 실제로 VR헤드셋의 사용이 어린이의 눈에 악영향을 미친다는 연구사례는 전 세계적으로 보고된 적이 없습니다. 이 문제에 대해 다음 절에서 기술하는 일본위치기반VR협회는 2018년 1월에 「VR콘텐츠의 이용연령에 관한 가이드라인」을 발표했습니다. 이 가이드라인에는 13세 미만이라도 7세 이상이면 보호자의 동의 아래 충분히 휴식을 취하거나 건강에 영향이 없는지 충분히 주의한다는 조건 하에서 VR체험을 해도 된다는 견해가 제시되었습니다.

CHAPTER

03

VR콘텐츠 제작 과제

VR체험이 지닌 「몰입감 · 실재감」은 기존의 미디어에 의한 체험과는 상이한 점이 있습니다. 따라서 이를 활용한 양질의 콘텐츠를 만들기 위해서는 VR의 특성이나 VR콘텐츠 제작 특유의 유의점을 알아 두어야 합니다. 또한 VR체험의 큰 과제인 「VR멀미」에 대해서도 대책을 세우지 않으면 시장 자체가 축소될 우려도 있습니다. VR시장은 이미 수년에 걸쳐 전세계의 개발자가 콘텐츠제작에 대한 시행착오를 겪어왔으며, 거기서 얻어진 지식은 적극적으로 공개되고 있습니다. 여기에서는 체험의 질을 향상시키기 위해 필요한 지식을 사례소개 형식으로 제시하고 있으며 개발현장에서 찾아낸 경험칙 등도 다수 포함되어 있습니다. 또한 예외도 존재할 가능성이 있다는 점에 주의하기 바랍니다.

3.1 VR멀미

VR멀미란 VR체험에 의해 위장 장애, 구역질, 두통 등을 일으켜 기분이 나빠지는 증상입니다. 뇌가 현실에서의 체험에 근거하여 예측한 것과 다른 체험(차를 타고 있지만 전혀 흔들림이나 관성을 느끼지 못하는 등)을 하게 되면 발생하는 것입니다. 특히 헤드셋을 통한 VR체험에서는 높은 프레임 레이트를 유지하면서 멀미를 일으키지 않는 이동방법을 생각할 필요가 있습니다. 또한 헤드셋뿐만 아니라 다른 기기를 조합함으로써 멀미가 경감되거나 그 기기 특유의 멀미에 주의할 필요가 생기는 경우도 있습니다.
지금까지 학술, 게임, 논게임 등 분야를 불문하고 연구자나 개발자에 의해 다양한 VR멀미대책이 논의되어져 왔습니다. 본 절에서는 특히 헤드셋을 사용한 시각 중심의 VR콘텐츠 개발에서의 멀미대책에 대해 구체적인 방법을 소개합니다.

3.1.1 VR콘텐츠 체험 시 VR멀미

(1) VR멀미의 정의와 메커니즘

VR을 체험한 후에 구역질, 두통 등을 일으켜 기분이 나빠지는 경우가 있습니다. 이는 차멀미나 배멀미 등과 유사한 불쾌증상입니다. 그 원인에는 여러 가지 설이 있으며, 이 모든 설이 해명된 것은 아니지만 널리 지지를 받고 있는 설 중 하나로 감각불일치설이 있습니다.
예를 들면 차에 타는 VR을 체험했을 때, 「현실이라면 이럴 때는 이렇게 흔들릴 것이다」, 「현실이라면 이렇게 움직였을 때 경치는 이렇게 바뀌었을 것이다」 등과 같이 뇌는 예측을 하게 됩니다. 그러나 현재의 VR기술은 현실에서 발생하는 모든 감각을 완전히 재현하지 못하므로(예를 들어 가상공간에서 점프하는 체험을 했지만 현실의 몸은 앉아서 정지한 채로 있는 등) 신체의 예측과 VR체험으로 얻어진 감각이 모순됩니다.
이와 같이 VR체험으로 인해 얻은 감각이 과거의 경험으로 예측되는 감각과 모순되고 이것이 원인이 되어 멀미가 난다는 설이 감각불일치설입니다.

(2) VR멀미 방지대책의 필요성

지금까지 소비자용 VR콘텐츠 개발자 사이에서는 VR멀미 대책의 중요성이 끊임없이 제기되어 왔습니다. 제조사나 플랫폼 측에서도 VR멀미에 대해 다양한 대책을 실시하고 있지만 콘텐츠 개발자가 멀미를 배려하여 제작하는 것도 중요합니다.
특히 VR헤드셋을 처음 체험하는 사람을 위해 「멀미를 하지 않는 콘텐츠 만들기」가 요구되는 경우가 많습니다. 그 이유 중 하나는 체험자에게 VR에 대한 저항을 안겨주지 않기 위해서입니다. 인간은 한번 불쾌한 생각을 하게 되면 그 체험에 부정적인 인상을 갖게 되고 극단적인 경우에는 두 번 다시 하고 싶지 않다고 생각하는 경우도 있습니다. 처음 체험한 VR콘텐츠에서 심한 멀미를 경험한 경우 체험자는 VR 전반에 대해 부정적인 인상을 갖게 되고 VR체험에 싫증을 느낄 우려가 있습니다.

(3) VR멀미의 특성

체험 중 멀미가 날 경우에는 체험자가 스스로 알아챌 수 있습니다. 그러나 VR체험과 VR 멀미의 발생 타이밍이 어긋나는 사례도 보고되고 있습니다. 약간의 불쾌감이 장시간 지속되는 경우 VR체험 중에는 멀미를 느끼지 못하다가 체험이 종료되고 잠시 후 멀미를 느끼게 됩니다. 전시 등에서 VR체험을 제공하는 경우 현장에서는 문제가 없는 것처럼 보이는 체험자가 귀가 길에 몸 상태가 나빠질 수도 있습니다. 또한 멀미에 대한 내성은 사람에 따라 또는 그때그때의 몸 상태에 따라 다릅니다.

일반적으로 VR체험을 자주 하는 사람은 점차 멀미에 익숙해지게 되며 매일 많은 시간을 VR과 접하는 개발자 자신은 내성이 생기기 쉽습니다. 따라서 자신이 개발하는 콘텐츠가 어느 정도 멀미를 일으키는지에 대해 여러 사람을 대상으로 체험을 거듭하여 객관적으로 판단할 필요가 있습니다. 이에 디버그나 멀미에 관한 평가를 서비스로 제공하는 기업도 존재합니다.

3.1.2 프레임 레이트

(1) 프레임 레이트의 정의와 VR에서의 중요성

VR멀미를 방지하기 위해 가장 먼저 고려해야 하는 것이 「프레임 레이트」입니다. 특히 CG의 VR콘텐츠에서 문제가 되기 쉽습니다. 프레임 레이트(frame rate)란 소프트웨어 측에서 1초 동안에 묘사하는 프레임 수를 가리킵니다. 1초당 프레임 수는 fps(Frame per Second)라는 단위로 표기합니다.

한편 유사한 의미를 지닌 단어로 리프레시 레이트(refresh rate)가 있습니다. 이는 디스플레이측이 1초 동안에 출력할 수 있는 프레임 수를 말합니다. 예를 들면 소프트웨어가 1초 동안에 90회(90fps) 화상을 묘사하고자 해도 하드웨어측이 1초 동안에 30회(30Hz)의 묘화성능을 지닌 경우, 사용자가 체험할 수 있는 것은 1초 동안에 30회 묘사되는 영상체험입니다.

프레임 레이트가 VR멀미를 좌우하는 중요한 이유는, 헤드셋을 사용한 VR체험에서 머리 방향에 맞춰 영상이 바로 갱신되지 않고 묘사가 지연됨으로써 희미함(흐려짐)이나 잔상이 생기고 이것이 감각 불일치 등을 초래하여 강한 불쾌감으로 직결되기 때문입니다. 또한 지연에 따른 잔상이나 흐려짐은 통상 현실에서는 일어날 수 없는 일이며, VR의 특징인 몰입감을 현저하게 해치고 맙니다. 이러한 사정에 의해 VR콘텐츠 제작자 사이에서 「화질을 희생하더라도 프레임 레이트는 높은 수준을 유지해야 한다」는 목소리가 나오고 있습니다.

영상업계에서는 「p」와 「i」라는 단위가 이용되는 경우가 있으며 「720p」, 「1080i」 등과 같이 사용됩니다. 디스플레이에는 「주사선」이라고 불리는 화소가 가로 한 줄로 나열된 선이 세로방향으로 쌓아 올려져 있습니다. 주사선이 세로로 몇 개 쌓아 올려져 있는지로 해상도를 평가한다는 암묵적인 규칙이 있으며 알파벳 앞의 숫자는 주사선의 수를 나타냅니다. 즉 1080i로 기록할 경우 화면의 화소 수는(16 : 9화면이라면) 1920×1080입니다. 또한 숫자 뒤에 이어지는 알파벳은 묘화방법의 차이를 나타냅니다.

p는 프로그레시브 방식의 묘사를 의미하며, 모든 주사선에 대해 위로부터 한 번에 화상처리를 실시합니다. 한편 i는 인터레이스 방식을 의미하며, 그 주사선의 짝수 번째와 홀수 번째를 교대로 묘사합니다. 인간에게 자연스럽게 보이는 범위에서 화면 전체의 묘화를 두 번으로 나눔에 따라 화상속도를 높이거나 처리부하를 줄이는 장점이 있습니다. 영상업계에서 1080p는 통상 1920×1080 화소(풀 하이비전)의 화상을 1초 동안에 60회 묘사하는 것을 나타냅니다. 이를 1080/60p로도 표기하며 60p가 생략되기도 합니다.

(2) 요구되는 프레임 레이트

개발자가 구체적으로 실현해야 할 프레임 레이트에 관해서는 기기에 따라 리프레시 레이트가 다르기 때문에 그 수치에 맞춘 콘텐츠 개발이 필요합니다. 인간이 눈치채지 못할 정도로 묘사의 지연수준은 머리를 움직인 후에 묘화될 때까지 20msec 이내인 것으로 알려져 있습니다. 2016년에 발매되어 주류가 된 소비자용 하이엔드 VR헤드셋인 Oculus Rift와 HTC Vive의 리프레시 레이트는 90Hz, 스마트폰용 VR헤드셋인 Gear VR의 리프레시 레이트는 60Hz입니다. 소니 인터랙티브 엔터테인먼트사(SIE)의 PlayStation VR에서는 120Hz로 설정되어 있지만, 60fps, 90fps, 120fps 모두 재생 가능한 시스템을 도입하고 있습니다. 쾌적한 VR체험을 제공하기 위해서는 최저 60fps(Hz)를 실현할 필요가 있습니다. 실사 VR콘텐츠는 촬영시의 프레임 수도 문제가 됩니다. 제작 현장에서는 촬영 시의 프레임 수가 높을수록 좋지만 편집의 기재 성능, 전송 시 재생환경 등의 제약을 고려하여 현실적으로 30~60p로 촬영되는 경우가 많습니다.

(3) 프레임 레이트를 유지하기 위한 처리부하 경감(주로 CG를 사용한 VR콘텐츠)

일반적으로 쾌적한 VR체험을 위해 요구되는 프레임 레이트는 통상 TV게임(30~60fps인 경우가 많다)과 비교해도 수준이 높습니다.

따라서 개발자는 불필요한 화상처리를 하지 않거나(예 사용자에게 실제 보이지 않는 객체는 묘사하지 않는다) 체험에서 본질적으로 중요하지 않은 것은 저화질로 묘사시키는 등 최적화 처리를 할 필요가 있습니다(예 체험 중에 거의 의식하지 않는 원경의 세부사항).

처리의 최적화에는 다양한 접근방식이 있습니다. VR콘텐츠 제작에 사용되는 게임 엔진에는 콘텐츠 중에서 어떤 처리에 얼마나 부하가 걸려 있는지를 정밀하게 조사하기 위한 「프로파일링 툴」이 탑재되어 있습니다. 개발자는 이와 같은 퍼포먼스 측정 툴을 이용하여 알고리즘을 개선하거나 불필요할 때까지 동작하던 프로그램을 정지시켜 처리 부하를 경감시킵니다. 코드 개선 외에도 예를 들면, 멀어서 잘 보이지 않는 객체는 묘화의 정밀도를 거칠게 하거나 외관상 변화를 느낄 수 없는 불필요한 라이트 표현을 끄거나 드로우콜(DrawCall)이라는 「묘화시키기 위한 명령」의 횟수를 줄이기 위해 고민하는 등 묘사에 대한 다양한 최적화를 실시하기도 합니다.

3.1.3 이동방법

「현실에서는 몸이 이동하지 않지만 가상공간 속에서는 격렬하게 뛰어다니는」 상황은 VR멀미로 이어지기 쉽습니다. 따라서 가상공간에서의 이동은 큰 과제 중 하나입니다. 2017년 현행 VR헤드셋의 경우 표준시에 체험자가 현실세계에서 움직일 수 있는 범위는 최대 3m×4m 정도입니다.

현실과 마찬가지로 광대한 가상공간을 자신의 신체운동을 통해 이동하기 위해서는 대규모 설비가 필요합니다. 일반가정에서의 VR체험을 위해 콘텐츠를 제작할 경우에는 가상공간에서의 이동시스템이 요구되는 경우가 많습니다. 실사, CG를 불문하고 VR멀미는 발생하기 때문에 가상공간에서의 이동을 체험하도록 구현할 때에는 주의가 필요합니다.

3.1.4 VR멀미 대책방법의 사례

(1) 시야 주변의 격렬한 움직임

특히 시야 주변의 격렬한 움직임은 VR멀미를 일으키기 쉬워 주의가 필요합니다. 따라서 『VR(Google Earth VR)』이나 『이글 플라이트(Eagle Flight)』 등의 콘텐츠에서는 격렬한 이동 시에 시야 주변을 차단하여 시계를 좁힘으로써 멀미를 경감시키는 기법이 채택되었습니다.

시야 주변의 격렬한 움직임을 줄이는 것이 멀미의 경감으로 이어지는 이유는 이러한 처치가 벡션의 경감으로 이어지기 때문이라고 할 수 있습니다. 벡션(vection)이란 시각유도성 자기운동감각이라고 합니다. 이는 시야 전체에 걸쳐 똑같은 운동을 하는 물체가 있을 때 그 운동과 반대방향으로 자신이 이동하고 있다고 느끼는 착각을 가리킵니다. 예를 들면 정차해 있는 전철을 탔을 때 옆쪽 전철이 홈에서 발차했다고 한다면 이때 자신이 타고 있는 전철이 움직이는 것처럼 착각하는 것이 벡션입니다.

이와 유사한 기법으로서 격렬한 이동 시에 시야에 효과선을 넣는 사례도 있습니다. 벡션을 경감시킬뿐만 아니라 자신이 나아가고 있는 방향을 쉽게 이해할 수 있기 때문에 멀미의 경감으로 이어질 것입니다.

(2) 벽과의 충돌

VR공간에서 벽과 세게 충돌할 때 벽을 통과해 버리면 예측과의 부정합이 생겨 불쾌감을 일으키는 요인이 됩니다. 콘텐츠에 맞춰 벽에 충돌판정을 하거나 충돌 전에 블랙아웃하는 등의 대책이 시행되고 있습니다.

(3) 슬로모션

격렬한 움직임 장면에서 콘텐츠의 재생속도를 평소보다 느리게 함으로써 어지러운 움직임을 회피하고 이를 VR멀미대책으로 하는 기법도 있습니다. 에픽게임즈의 기술데모 『쇼다유(Showdown)』은 슬로모션으로 재생되는 장면을 체험하는 콘텐츠입니다. 이 기법을 이용하여 필연적으로 체험자의 행동범위를 좁히는 것이 가능하기 때문에 그만큼 세부 만들기에 시간을 할애할 수 있었다고 할 수 있습니다. 이 외에도 체험자가 움직이는 동안에만 시간이 흘러가는 액션게임인 『슈퍼핫 VR(SUPERHOT VR)』 등도 있습니다.

(4) 실사

실사 VR콘텐츠는 주로 카메라로 현실공간을 촬영하여 제작됩니다. 기존의 영상작품과 마찬가지로 카메라의 「흔들림」은 체험 시 문제가 됩니다. 카메라를 손으로 들고 있을 때의 「손떨림」, 탈것 등에 부착되어 있다면 그로 인해 발생하는 「흔들림」은 VR헤드셋으로 영상을 시청할 때 멀미를 일으킬 가능성이 있습니다. 2D스크린으로 영상을 시청할 때 멀미가 발생하지 않더라도 VR헤드셋으로 360도 동영상을 시청할 경우에는 시계 전체가 미세하게 흔들리게 됩니다.

특히 현실의 몸이 흔들리지 않을 경우 이와 같은 시계의 흔들림은 VR멀미를 일으키는 원인이 될 수 있습니다. 촬영한 영상의 「흔들림」을 경감시키는 기법을 스태빌라이즈(Stabilize)라고 부릅니다. 기존 카메라의 경우 예를 들어 「손떨림 보정」 등이 이에 해당됩니다. 실사 VR콘텐츠의 촬영에서 카메라를 움직여 촬영한 장면이 있다면 스태빌라이즈를 의식한 촬영기재 선정과 편집 시에 스태빌라이즈 처리를 잊지 않고 하는 것이 바람직합니다.

3.1.5 체험기기에 따라 다른 VR멀미

VR체험에 이용되는 기기와 VR멀미의 관계에 대해 알아보겠습니다. 헤드셋형 기기, 헤드셋형에 다른 기기를 조합한 것, 돔형 기기 순으로 기술합니다.

(1) 헤드셋

VR멀미와 관련된 VR헤드셋의 요소에는 프레임 레이트, 트래킹 성능, 해상도, 동공간 거리 등이 있다. 앞에서 설명한 바와 같이 충분한 프레임 레이트를 실현할 수 없는 콘텐츠는 VR멀미를 일으키기 쉽습니다. 일반적으로 하이엔드 VR기기만큼의 쾌적한 VR체험이 가능한 것은 헤드셋의 성능에 따라 프레임 레이트를 높은 수준에서 실현할 수 있기 때문입니다.

트래킹 성능에서 중요한 것 중 하나는 포지션 트래킹(헤드셋 자체의 위치를 취득하는 기능)의 유무입니다. 구글 카드보드(Google Cardboard)나 삼성 기어 VR(Gear VR)과 같은 포지션 트래킹이 없는 VR체험에서는 프레임 레이트가 충분하지 않다는 점, 그리고 일어서거나 웅크리고 앉는 경우라도 VR 내의 머리 위치가 변하지 않는다는 위화감으로 인해 멀미가 발생하기 쉽습니다. 화면 해상도가 높을수록 현실의 시각정보에 가까워져 풍부한 VR체험이 될 것입니다. 그러나 프레임 레이트나 트래킹 성능이 개선되지 않은 채 시각정보만이 풍부해지면 현실과의 감각 불일치가 커지기 때문에 멀미가 쉽게 발생하는 사례도 보고되고 있습니다.

현재의 VR헤드셋은 렌즈를 통해 좌우 눈에 다른 영상을 제시하여 깊이감 있는 입체적인 시각체험을 실현하고 있습니다. 렌즈를 들여다보는 특성상 좌우 눈 사이의 거리(동공간 거리)의 개인차는 주의해야 할 문제입니다. 헤드셋 렌즈 사이의 거리가 체험자의 동공간 거리와 맞지 않을 경우 안정피로를 일으켜 VR멀미의 한 원인이 될 수도 있습니다. Oculus Rift나 HTC Vive 등 동공간 거리를 조절할 수 있는 기구를 갖추고 있는 VR헤드셋이 있는가 하면 Google Cardboard나 Daydream 등 동공간 거리를 조절할 수 없는(항상 일정한) 기기도 있습니다.

(2) 헤드셋형에 다른 기기를 조합한 것

VR멀미를 일으키는 큰 요인 중 하나로 VR체험에서는 신체운동을 하고 있는 반면 현실의 몸은 정지하고 있는 경우를 들 수 있습니다. 최근에는 인간이 앉거나 올라탈 수 있는 함체를 사용한 VR체험도 있습니다. 모션머신을 이용한 아케이드형 VR콘텐츠는 헤드셋이 제시하는 영상과 연동시켜 함체를 움직임으로써 VR체험과 현실의 신체운동 차이를 줄일 수 있으며 VR멀미를 경감시킬 수 있다고 알려져 있습니다.

예를 들면 주식회사 반다이 남코 엔터테인먼트가 2016년부터 운영 중인 「VR ZONE」에는 스키의 감각을 재현하는 함체나 거대한 로봇에 올라타는 체험이 가능한 함체 등 적극적으로 헤드셋 이외의 하드웨어를 도입하고 이를 통해 현장감의 증대나 VR멀미의 경감을 도모하고 있습니다.

(3) 돔형 기기

헤드셋을 장착하지 않는 대신 체험자 주변에 영상 디스플레이를 설치하여 VR체험을 실현하는 시스템도 존재합니다. 이러한 돔형 기기에서는 어느 장소, 어느 각도에서 보더라도 영상체험이 성립하기 때문에 현재의 VR헤드셋이 안고 있는 동공간 거리나 렌즈와 안구의 위치를 맞추는 문제가 해소됩니다. 또한 헤드 트래킹이 필요하지 않으므로 시계 내

영상의 묘화 지연에 따른 VR멀미가 일어나기 어렵습니다. 다만 돔형 체험에서도 움직임이 심한 영상의 시청은 멀미를 일으킵니다. 특히 돔형 기기는 현행 VR헤드셋과 비교하여 시야각이 크기 때문에 벡션(시각유도성 자기운동감각)의 영향도 커질 가능성이 있습니다.

3.2 몰입감과 실재감

VR기술이 가진 매력 중 하나는 높은 몰입감입니다. 여기서는 실재감이라는 용어와 함께 소개하며 몰입감 및 실재감을 높여 VR체험의 품질을 향상시키기 위한 것을 소개합니다. 실재감의 향상에는 VR에서 사람이나 사물을 어떻게 표현하는지가 중요해집니다. 현실의 물리법칙이나 물리적 변수를 그대로 모방하는 것이 반드시 최선이라고는 할 수 없습니다.

3.2.1 몰입감과 실재감

몰입감과 실재감이라는 두 용어가 있습니다. 이들은 다른 의미로 사용되는 경우도 있기 때문에 이하에서는 용어에 대해 간단히 설명합니다.

「몰입감」이란 자신이 그 세계에 깊이 빠져 있는 감각입니다. 체험자가 VR체험에 집중할 수 있거나 현실과는 동떨어진 설정의 세계에서도 자연스럽게 익숙해질 수 있는 것은 VR체험의 질과 직결되어 있습니다.

특히 콘텐츠의 도입부분은 매우 중요합니다. 현재의 VR체험에서는 헤드셋을 쓴다는 비일상적인 상황과 더불어 그래픽의 질이나 트래킹의 정밀도, 현실에는 없는 세계관 등「현실과는 다르다」고 느끼게 하는 요소가 많습니다.「이것은 가상세계이지 진짜가 아니다」「나와는 상관없는 영상을 보여줄 뿐이다」와 같은 느낌을 가지게 되면 VR체험의 질은 큰 폭으로 떨어지게 됩니다.

「실재감」이란 체험자가 아무런 자각 없이「나는 이 세계에 존재하고 있다」고 느끼는 감각을 가리킵니다.「이 곳은 다른 세계이다」라는 몰입감을 초월하여「체험이 현실과 별로 다르지 않다」는 입장이기 때문에 가상현실이라는 개념에 보다 가깝다고 할 수 있습니다. 영어로는「Presence(프레즌스)」 또는「Sence of Presence」라고도 불립니다.

최근에는 「자신이 마치 그 세계에 있는 느낌」이라는 주체와 관련된 감각뿐만 아니라 「캐릭터나 물건이 마치 거기에 있는 느낌」이라는 객체와 관련된 감각도 동일하게 실재감으로 표현될 수 있습니다. 또한 VR체험 중인 자기 손의 실재감을 핸드 프레즌스, 캐릭터의 실재감을 캐릭터 프레즌스, VR에서 타인과 소통할 때의 실재감(「사람과 함께 있는 느낌」)을 소셜 프레즌스라고 부르기도 합니다.

3.2.2 스토리텔링

VR을 사용한 이야기 작품도 등장하고 있습니다. VR을 통한 스토리텔링은 기존의 영상작품과는 다른 몇 가지 특징을 가지고 있습니다.
여기에서는 VR을 사용한 이야기 체험을 제작할 때 주의해야 할 점을 소개합니다. 가장 먼저 주의해야 할 부분은 VR을 사용한 이야기 작품의 제작기법이 아직 발전단계에 있으며, 영화 등에 비해 이론이나 상식이 확립되어 있지 않은 부분이 많다는 것입니다. 다양한 개발자가 자신의 체험을 바탕으로 제작상의 경험을 공유하고 있으며 또한 참고가 될 만한 것도 많지만 그러한 지식에 얽매이지 않는 새로운 발상을 살릴 수 있는 가능성도 충분히 있다는 점에 주의하고자 합니다.

(1) 시선유도

VR기술(여기서는 특히 VR헤드셋)을 이용한 이야기 체험이 영화관에서 영화를 보는 것 같은 기존의 체험과 다른 것 중 하나는 카메라워크가 존재하지 않는다는 것입니다. 이는 체험자가 보는 장소를 제작자가 통제할 수 없음을 의미합니다. 이야기상에서 중요한 이벤트를 발생시켰다고 해도 체험자가 반드시 그 이야기의 전말을 보고 있다고는 할 수 없습니다. 조금이라도 보는데 싫증을 느끼면 체험자는 다른 곳으로 눈을 돌리게 됩니다. 따라서 어떻게 체험자의 주의를 지속적으로 끌 수 있는가 하는 것이 스토리텔링에 있어서 중요하다고 할 수 있습니다.
VR헤드셋을 통한 이야기 작품의 대부분은 체험자가 전후좌우 어느 쪽을 향하든 이야기의 세계입니다. 그러나 모든 방향을 볼 수 있다고 해서 「봐야 할 것」을 모든 방향에서 동시에 제시하는 것은 쾌적한 이야기 체험에 오히려 역효과를 낼 수도 있습니다. VR헤드셋을 쓴 체험자 중 상당수가 「자신이 지금 어디를 봐야 할지 모르겠다」고 느낀다는 보고가 있습니다. 실제 어디를 봐도 상관없지만 완전한 자유를 부여 받고 당황하는 체험자가 적지 않습니다. 체험자를 당황시키지 않기 위해서라도 VR의 스토리텔링에서의 시선유도는 중요합니다.

이야기의 화자는 체험으로서 부자연스럽지 않은 형태로 체험자의 주의를 끌고 그 다음으로 봐야 할 것을 지시하는 방법을 모색하게 됩니다. 특히 주인공(체험자가 관측자가 될 경우 이야기 세계의 등장인물)의 움직임을 이용하여 시선을 유도하는 기법은 많이 사용되고 있습니다. The Soap Collective사가 제작한 『Never Bout Us VR』에서는 한 명의 인간이 나타나고, 사라지고, 걸어서 이동하는 등의 기법을 이용하여 체험자의 시선을 유도함으로써 이야기 체험이 성립되도록 되어 있습니다. 또한 바오밥 스튜디오(Baobab Studios)의 『인베이전(Invasion)!』에서는 이야기상 중요한 이벤트인 UFO가 등장할 때 주인공인 토끼가 눈과 몸의 움직임으로 「저게 뭐야?」라는 몸짓을 합니다. 체험자는 토끼에게 이끌려 자신도 모르게 같은 방향을 확인하게 되는 것입니다.

(2) 도입의 중요성, 체험자의 역할 명시

VR콘텐츠에서 콘텐츠의 도입부분은 매우 중요한 역할을 하며 체험의 가치를 크게 바꿀 수 있는 힘을 갖는다고도 할 수 있습니다. 스토리가 있는 콘텐츠에서 「체험자를 따돌리지 않는다」는 것은 중요한 포인트 중 하나입니다. 체험자를 콘텐츠의 등장인물로 할 경우에는 「체험자가 이야기 속에서 어떤 입장에 있는지」「어떤 상황에 처해 있는지」를 체험자가 알기 쉬운 형태로 제시하는 것이 바람직합니다.

이러한 배려가 결여된 콘텐츠는 TV 앞에서 2D영상을 보는 것과 별로 다를 바가 없는 체험이 되어 VR이라는 의미가 흐려져 버립니다. 체험자가 자신을 제외한 다른 사람들이 즐겁게 대화를 나누고 있는 곳에서 혼자 소외되어 있다면 자신이 등장인물인지 투명한 방관자인지 알지 못하며 공감으로 이어지기는커녕 때로는 소외감을 느낄 수도 있습니다. 실사 VR콘텐츠의 예로서 테이블 위에 카메라를 놓고 둘러 앉아 대화하는 모습을 촬영한 후 이를 시청할 때, 체험자가 왜 책상 위에 있는지 그 의미를 알 수 없어 몰입감을 해친 사례가 있습니다. 따라서 카메라를 어느 위치에 두는지, 또한 카메라 여러 대를 둘 경우 어떻게 바꿀 것인지, 자동으로 바꿀 것인지, 체험자 자신이 바꿀 것인지 등을 검토할 필요가 있습니다.

(3) 소리에 대한 배려

기본적으로 소리를 내보내야 할 경우에는 3D음향을 이용해야 합니다. VR의 스토리텔링에서는 BGM(배경음악)이 나오면 몰입감이 훼손되는 경우가 많다는 것이 통례입니다. 영화 제작과 마찬가지로 스테레오 등 음원의 위치를 고려하지 않고 BGM을 내보낼 경우, 그 소리가 어디서 나는지 알 수 없기 때문에 갑자기 실재감이 줄어들어 「영상이 보여지고 있다는 감각」이 강해질 수 있습니다. 스토리텔링뿐만 아니라 VR콘텐츠에서도 BGM보다 무음 또는 상황에 적합한 환경음을 울리는 기법을 사용하는 경우가 많습니다. BGM을 내보내야 할 경우에는 스피커 등의 음원 객체 등을 배치하고 이를 통해 울리도록 하는 기법도 있습니다.

3.2.3 3D사운드

VR콘텐츠 제작에서 3D음향기술은 매우 중요합니다. VR콘텐츠에서 음원은 3D음향이 바람직합니다. 3D음향이 아닌 기존의 재생방법으로는 모노럴이나 스테레오 등이 있습니다. 모노럴이나 스테레오로 울린 음성을 VR헤드셋으로 체험하는 콘텐츠에서는 어디서 소리가 나는지 알 수 없기 때문에 몰입감이 훼손되는 경우가 있습니다. 예를 들어 스테레오 방식으로 캐릭터 대사를 재생하면 상대방의 입에서 소리가 나오는 것처럼 느껴지지 않습니다.

3D음향의 기록재생기법에는 다양한 방법이 존재하지만 표현의 질이나 처리부하 등을 고려하여 각각을 적절히 구분하여 사용할 필요가 있습니다.

예를 들면, 『섬머레슨』의 메뉴 UI에서는 공간에 놓여져 있는 객체를 물리적인 것으로 해석하여 HRTF를 적용하는 한편, 결정음 등 체험자의 의사와 관련된 것은 채널 기반으로 소리를 내고 있습니다. 또한 매미, 새, 파도 등과 같은 환경음은 HRTF를 사용하여 음원을 적당히 분산시키고 있으나 HRTF만으로는 방향감이 너무 강하기 때문에 채널 기반의 소리를 혼합하여 융합시키는 등 여러 기법을 조합하고 있음을 알 수 있습니다. 새소리나 바다의 파도가 치는 듯한 환경음은 스테레오나 가상 서라운드, 앰비소닉스 등이 효과적으로 이용되고 있습니다. 귓가로 날아드는 모기 등 방향감을 강조하고자 하는 경우 객체 기반 재생이 적합하나 모든 물체에 객체 기반 재생을 적용하면 처리부하가 큽니다. 헬리콥터 등 먼 위치의 물체는 가상 서라운드를 적용할 수도 있습니다. 또한 귓가에 속삭이는 듯한 사람의 목소리는 바이노럴을 이용하여 「가까움」을 강조하면 효과적인 경우가 있습니다.

3D음향의 기법

용 어	해 설
채널기반	스테레오나 5.1ch 등 상정되는 출력 채널의 수에 맞춘 형태로 음성을 미리 준비해 두고 각 스피커에서 지정한 대로 출력을 실시하는 시스템
객체기반	음원 자체가 위치정보를 가지고 있으며 각 스피커에서 어떤 소리를 낼지 실시간으로 계산하는 시스템. 음원의 거리감쇄나 가까운 장소에서 움직이는 소리의 표현에 강하다. 채널 수(예 스피커 수)에 의존하지 않고 대응할 수 있다. 다만, 음원을 너무 많이 배치하면 처리부하가 커지게 된다.
장면 기반 (Ambisonics)	Ambisonics(앰비소닉스)라고도 한다. 어느 한 점(청취자)을 둘러싼 음장(音場) 전체의 물리정보를 기록·재생하는 시스템을 말한다. 앰비소닉스 대응 마이크를 사용하여 녹음을 실시한다. 앰비소닉스 형식으로 만들어진 음성은 출력처의 채널 수에 관계없이(스테레오믹스 등을 개별적으로 준비할 필요가 없는) 항상 같은 데이터를 이용할 수 있다는 장점이 있다. 또한 음장을 쉽게 회전시킬 수 있기 때문에 정점(定点)에서 주위를 둘러보는 360도 동영상과 궁합이 좋다.
바이노럴	스테레오 녹음방식 중 하나. 「머리에 달린 2개의 귀로 소리를 듣는다」는 환경을 재현하여 녹음하는 것으로 HRTF를 고려한 녹음을 통해 현실 환경과 동일한 청취방법을 얻을 수 있다. HRTF(Head Related Transfer Function)란 머리전달함수를 말한다. 인간의 귀는 머리의 측면에 하나씩 달려 있으며 좌우 위치가 다르다. 또한 귀 모양도 사람에 따라 다르다. HRTF는 이들 물리적 요인을 고려하여 소리가 그 사람에게 어떻게 들리는지를 나타낸 것이다. 사람에 따라 소리의 청취방법은 다르지만 HRTF를 어느 정도 고려한 음성을 작성하면 거리나 방향을 느끼는 방식에 현실성을 더할 수 있다.
가상 서라운드	헤드폰(스테레오)으로 듣고 있지만 마치 주위에 스피커가 존재하여 그 스피커에서 소리가 나는 것처럼 느끼게 하는 기술. HRTF를 이용한 음향처리를 통해 실현할 수 있다.

3.2.4 트래킹의 활용

VR헤드셋으로 실재감을 높이기 위한 요소로서 헤드 트래킹, 포지션 트래킹, 핸드 트래킹 등을 들 수 있습니다.

헤드 트래킹이란 머리(헤드셋)의 방향을 취득하는 기구이며 체험자가 향한 방향에 맞춰 영상을 변화시키기 위해 필요합니다. Oculus Rift 개발자 버전이 등장한 이후 시장에 등장하고 있는 VR헤드셋으로 불리는 기기는 거의 모두 이 기능을 보유합니다.

포지션 트래킹은 헤드셋의 위치를 취득하는 기구입니다. 포지션 트래킹 기능이 없는 VR헤드셋의 경우 주위를 바라보면 영상은 바뀌지만 일어서거나 웅크려도 높이가 바뀌지 않습니다. 또한 앞뒤로 움직여도 당연히 위치는 바뀌지 않습니다. 포지션 트래킹은 크게 나누어 외부 센서로 헤드셋의 위치를 측정하는 방식(아웃사이드 인 방식)과 헤드셋 자체가 외부세계를 측정하여 자신의 위치를 알아내는 방식(인사이드 아웃 방식)이 있습니다.
핸드 트래킹은 체험자의 손 위치를 취득하기 위해 필요한 기구입니다. 「오큘러스 터치(Oculus Touch)」나 「플레이스테이션 무브(PlayStation Move)」와 같은 컨트롤러가 손 역할을 대신하는 방식 또는 「립모션(Leap Motion)」과 같이 손의 물리적 형상을 센서가 취득하는 방식 등이 있습니다.
핸드 컨트롤러를 사용하여 VR세계의 객체를 「잡거나」 「던지는」 것이 가능해집니다. 기존 게임에서는 스틱이나 버튼 등의 컨트롤러를 조작하여 게임 내 객체에 간섭한 반면, VR의 경우에는 손을 현실과 동일하게 사용하는 직감적인 인터랙션이 가능해졌습니다.
VR체험의 실재감을 높이는데 있어 인터랙션은 매우 중요한 요소입니다. 가상공간에서 인터랙션할 때 가장 중요한 원칙은 「체험자가 생각한 것을 생각한 대로 실현할 수 있도록 한다」는 것입니다. 이를 구현하기 위해 경우에 따라서는 현실의 물리법칙을 무시하고 시스템 측에서 체험자의 의도를 헤아리는 편이 나을 수도 있습니다. 이하에서는 특히 VR에서 손을 사용하는 체험 디자인에 대한 내용을 소개합니다.

(1) 손의 표시

① 트래킹

핸드 프레즌스(손의 실재감)를 만들고 유지하기 위해 중요한 것은 현실의 손과 VR 내의 손 위치가 1대 1로 정확히 매칭되는 것입니다. 포지션 트래킹이라고도 할 수 있지만 센서를 정확히 사용하고 손의 위치를 VR에서 정확히 묘화하는 것이 권장됩니다.

② 겉모습

손 모양이 너무 리얼하면 반대로 악영향을 끼치는 경우도 있습니다. 손 모델이 너무 정교하면 「불쾌한 골짜기 현상」에 빠져 오히려 실제 자신의 손과의 차이가 두드러지기 때문입니다. 예를 들면 오큘러스가 개발한 『토이박스(Toybox)』나 에픽게임즈의 『불렛 트레인(Bullet Train)』에서 손은 반투명하고 창백한 그래픽으로 묘사됩니다.

③ 크기

손 크기에는 당연히 개인차가 있습니다. 이 점을 고려하여 VR 내에서 묘사하는 손은 다소 크게 설정합니다. 너무 작은 손보다는 다소 큰 손으로 설정하는데 이는「장갑을 끼고 있다」고 해석될 수 있어 작은 손 보다 자연스럽게 느껴지기 때문입니다.

④ 손의 관통

벽이나 물체 등에 충돌했을 때 손은 어떻게 다뤄야 할까? VR 내에서 손이 물체에 부딪쳤다고 하더라도 현실에서는 이와 상관없이 계속 손을 움직일 수 있는 경우가 많습니다. 처음에 기술한 바와 같이 손의 실재감은 트래킹이 중요합니다. 경우에 따라서는 VR 내 물리법칙의 정합성(㉥ 손이 벽에 닿으면 벽에 가로막혀 멈춘다)보다 손의 트래킹을 멈추지 않는 편(㉥ 그대로 관통한다)이 나은 경우도 있습니다. 반대로 관통시키지 않는 편이 실재감이 높아지는 경우도 있기 때문에 상황에 따라 다양하게 시도해 볼 필요가 있습니다. 로봇과 같이 인간이 아닌 것의 행동이 인간다울수록 인간은 친근감을 느낍니다. 그러나 인간인지 아닌지의 구별이 어려워지는 어느 시점에서 인간은 그것에 대해 혐오감을 느낍니다. 너무 닮아서 완전히 인간과 구별되지 않을 경우에는 다시 호의적이 됩니다. 불쾌한 골짜기는「어느 정도 인간과 비슷하다」는 시점에서만 찾아오는 혐오감을 말합니다.

⑤ 손을 묘화하지 않는 편이 나은 경우

예를 들어 VR공간에서 서랍을 여는 것을 생각해 보자. VR 내에서는 서랍을 위로 당길 수는 없지만 현실에서 컨트롤러를 쥐고 있는 손에는 그와 같은 제약이 없습니다. 이러한 부정합을 방지하기 위해 애초에「움직임이 물리적으로 제한되는 객체」를 두지 않거나 스위치로 열게 하는 등 동작을 변환하는 것이 간단합니다. 다만 이러한 대처가 어려울 경우에는 움직이는 동안 잘못된 손의 정보를 제공하기 보다는 차라리 일시적으로 손의 묘화를 없애버리는 것도 하나의 수단입니다.

(2) 쥐다 · 잡다 · 던지다

계속해서 손 동작의 구현에 관하여 쥐는 동작, 잡는 동작, 던지는 동작 순으로 기술을 합니다.

① 쥐다

물건을 쥐었을 때의 움직임은 체험에 맞춰 디자인할 필요가 있습니다. 예를 들면 배트를 쥔 채로 휘두르는 것을 생각해 보겠습니다. 이때 세게 휘둘러도 배트가 날아가지 않는 편이 나은지, 배트가 다른 물체에 충돌했을 때 손에서 빠지는 편이 나은지는 체험내용에 따라 다릅니다. 세게 쥐고 있을 때에는「이 물체를 놓치고 싶지 않다」는 체험자의 의도를 간파하고「쥐기 모드」와 같은 특별한 상태로 전환시켜 손과 객체가 일체화되도록 처리하는 것도 효과적입니다.

물건을 들 때 무게를 느끼지 못하는 VR체험의 경우 너무 큰 것을 움직일 수 있도록 설정하면 부자연스럽다고 느낄 수 있습니다. 또한 프라이팬처럼 무게중심이 손에서 먼 곳에 있는 물체도 들었을 때도 부자연스럽게 느낄 수 있습니다.

② 잡다

다음으로 무언가를 줍는 등 잡는 동작을 생각해 보겠습니다. VR 내에서 잡을 수 있는(손으로 인터랙션이 가능한) 객체에 대해서는 색을 바꾸고, 소리를 내고, 컨트롤러를 진동시키는 등 체험자에게 그 사실을 전달하는 것이 바람직한 경우가 많습니다. 현재의 VR체험에서는 아직 현실을 완전히 재현할 수 없으므로 애초에 체험자가 그 객체를「만질 수 없다」고 생각하는 경우도 많습니다.

또한 VR체험에서 손을 사용하는 경우, 손이 닿는 범위가 물리법칙에 너무 충실하면 주울 수 있는 범위가 제한되어 쾌적한 체험으로부터 멀어질 수도 있습니다. 예를 들면 에픽게임즈의『Bullet Train』에서는 눈에 보이지 않는 매직핸드가 손으로부터 뻗어 있고 이는 보이는 손보다 광범위하게 잡기 판정이 발생하고 있습니다. 이로 인해 지면에 떨어진 것 등을 주울 때 일일이 웅크릴 필요가 없습니다.

③ 던지다

정확하게 던진다는 것은 현실세계에서도 어렵습니다. 던지는 동작의 정확한 시뮬레이션이 필요하지 않는 한(재미로 던지는 동작을 하는 체험의 경우) 쾌적한 체험을 만들기 위해 시스템 측에서 어시스트를 하면 좋은 장면도 많이 있습니다. 다만 이 경우 어시스트가 너무 노골적이면「내가 던졌다」는 감각이 없어지기 때문에 체험에 맞춰 조절할 필요가 있습니다.

(3) 도구를 사용한다

체험자가 「VR의 손은 진짜 내 손이다」라고 느끼게 하는 기법으로서 손으로 다루는 소도구를 준비하는 접근방법이 있습니다. 예를 들어 수류탄의 핀을 뽑거나 스위치를 누르면 작동하는 등 도구 자체에 인터랙티브한 장치가 있으면 자신의 손을 사용하고 있다는 감각이 강해지는 동시에 도구의 존재감도 높아집니다.

손을 사용한 인터랙션을 구현할 때 테스트 플레이 중에 테스터가 하고자 했으나 할 수 없었던 일은 되도록 기록하여 가능한 한 실현되도록 하는 등의 견실한 프로세스도 채택되고 있습니다. 체험자가 「과연 할 수 있을까?」라고 생각하며 시도한 행위가 VR에서 그대로 실현된다면 체험의 만족도도 향상됩니다.

3.2.5 VR의 인물표현

VR에서의 체험자 자신의 표현에 대해 실재감을 높이기 위한 방법을 소개합니다. 여기서는 체험자 자신의 아바타 디자인과 체험자가 상대하는 타인(캐릭터)의 디자인에 대해 기술합니다.

(1) 체험자 자신의 표현

오큘러스사는 머리와 손으로 이루어진 VR용 인형 아바타를 만들 수 있는 『오큘러스 아바타(Oculus Avatars)』를 공개하고 있습니다. 오큘러스사가 제공하는 아바타는 다음과 같은 특징을 지니고 있습니다. 하나는 손 및 가슴으로부터 위쪽만 표시되어 있고 그 외(가슴보다 아래나 팔 등)에는 보이지 않는다는 점, 그리고 다른 하나는 반투명하며 다양한 색이 존재한다는 점입니다.

예를 들면, 오큘러스 아바타에는 팔이 생략되어 있습니다. 현행 소비자용 VR시스템에서는 손의 위치를 트래킹할 수는 있어도 손이 연결되어 있는 팔의 움직임까지 완벽하게 취득할 수는 없습니다. 추정 등을 이용하여 강제로 팔의 움직임을 구현하면 아바타의 겉모습은 현실의 인간에 근접하지만 움직임의 부자연스러움이 두드러져 반대로 실재감은 훼손되고 맙니다. 아바타의 손이 반투명하고 인간 피부의 질감을 배제하여 구현된 것도 인간 피부의 표현이 어렵기 때문이라는 동일한 이유에서입니다. 가슴부터 아래가 생략되어 있는 것 외에도 「앉거나 일어서는 등의 자세나 체험자의 신장 차이에 관계없이 동일한 아바타로 대응할 수 있다」는 장점도 있습니다. 다양한 인간적 특징을 과감히 없앴다고 해도 트래킹된 손이나 신체의 인간다운 움직임이 「인간과 함께 있는 느낌」(=소셜 프레즌스)을 만들어냅니다.

물론 상기와 같이 생략하는 접근방법과는 반대로 다소의 위화감을 수반하더라도 전신 아바타를 준비하는 것이 체험으로서 좋은 경우도 있습니다. 콘텐츠에서 또는 실현하고 싶은 프레즌스에서 어디까지 현실과 동일하게 묘사해야 하는지 생각하는 것이 바람직합니다.

또한 스스로 자신의 아바타를 보고 그 아바타가 자신이라고 생각하는 신체소유감의 상기로 이어지게 할 수도 있습니다. 거울 등 반사되는 장치를 준비하여 자기상을 확인할 수 있도록 하는 기법도 있습니다.

(2) 캐릭터 등 타인의 표현

앞 절에서는 자기 자신을 나타내는 아바타의 실재감을 높이기 위한 지견을 소개했습니다. 본 절에서는 체험 중에 만나는 「타인」(인간이 조작하지 않은 캐릭터를 포함한다) 제작 시의 포인트를 소개합니다.

애니메이션 등 기존의 캐릭터를 VR체험 중에 등장시킬 경우, 공식적으로 설정되어 있는 매개변수(신장, 머리색) 등을 그대로 채택해도 이를 부자연스럽게 느낀다는 사례가 보고되고 있습니다.

체험자는 캐릭터로부터 받는 인상을 바탕으로 각자가 생각하는 이미지를 갖게 됩니다. 뇌가 예측한 캐릭터와 눈앞에 등장한 캐릭터의 특징에 차이가 생기면 위화감을 느껴 캐릭터 프레즌스(그 캐릭터가 실제로 존재하고 있다는 느낌)를 해치게 됩니다. VR콘텐츠 제작 전반에 걸친 문제로서 VR콘텐츠에서는 「체험자가 리얼하다고 느끼는 것」이 가장 중요하기 때문에 현실을 모방하는 것이 반드시 최우선이라고 할 수 없습니다.

한편으로 현실의 인간을 모방하여 구현하는 것이 바람직한 요소도 있습니다. 예를 들면 캐릭터를 말하게 할 경우 음성은 3D음향을 사용하며 입가에서 발생되도록 하는 것이 실재감을 해치지 않습니다. TV게임의 BGM과 같이 단순한 스테레오 음성을 재생하면 목소리가 어디서 들려오는지 알 수 없어 캐릭터 프레즌스를 해치게 됩니다. 나아가 눈 깜빡임이나 눈의 하이라이트가 존재하지 않으면 「불쾌한 골짜기 현상」이 발생하여 그 캐릭터를 인간으로 느낄 수 없게 되어 버립니다. 또한 호흡으로 인한 신체의 움직임이나 머리카락의 모션 등 세심하고 평소에는 의식하지 않는 움직임이라도 생략하지 않고 꼼꼼하게 구현하여 캐릭터의 실재감을 높입니다.

3.3 감각과 감정

VR기술은 인간의 감각과 감정에 강하게 작용할 수 있습니다. 겉모습이 맛의 체험을 변화시키는 등 오감이 상호 보완하는 크로스모달이나 감정을 유발하기 위한 연구도 존재합니다. 또한 동일한 VR체험이라도 본인의 경험에 따라 체험을 느끼는 방식에 개인차가 있음을 알 수 있습니다.

VR에서는 오감을 사용한 체험이 가능하며 기존의 미디어 체험에 비해 몰입감이 높다는 성질을 가집니다. 따라서 VR은 인간의 감각과 감정에 강하게 작용할 수 있습니다. 시각정보가 미각정보를 변화시키는 등 오감이 상호 보완하는 크로스모달이나 감정을 유발하기 위한 연구 등 인간의 감각이나 감정과 관련된 것을 알아보겠습니다.

3.3.1 크로스모달 현상

크로스모달이란 어떤 감각 A로부터 다른 감각 B의 정보를 보완하여 인지 · 해석하는 인간의 감각이 지닌 특성입니다. 크로스모달 현상의 발생과 관련된 구체적인 예로는 빙수 시럽을 들 수 있습니다. 딸기, 레몬, 멜론 등 다양한 종류가 존재하는 빙수 시럽이지만 맛의 성분은 모두 동일하며 착색료나 향료만이 다릅니다. 그러나 각기 다른 맛으로 느껴지는 이유는 미각이 시각이나 후각에 영향을 받고 있기 때문입니다.

VR체험에서 크로스모달을 이용하는 것은 중요합니다. 크로스모달을 사용한 체험은 가상현실을 강하게 느낄 수 있기 때문에 체험으로서 선명하고 강렬함 뿐만 아니라 비용절감이라는 장점도 지니고 있습니다. 현재 기술로는 오감정보의 모든 것을 완전히 제시할 수는 없습니다. 기술로 재현할 수 없는 감각에 대해서는 크로스모달 등을 이용하여 뇌가 보완하도록 하는 해결책을 만들 수 있습니다. 모든 현실을 완전히 시뮬레이션하지 않더라도 인간 뇌의 성질을 이용함으로써 체험의 질을 유지하고 개발비용을 줄일 수 있는 가능성이 있습니다. 크로스모달 현상에 관해 아직 모르는 부분이 많지만 VR기술과의 궁합이 좋기 때문에 주목해야 할 분야 중 하나입니다.

3.3.2 감정

(1) 감정(affect)의 유발

오감과 같은 감각뿐만 아니라 감정(정동)에 관한 연구도 이루어지고 있습니다. 예를 들면 도쿄대학대학원 히로세 · 다니카와 연구실에서는 컴퓨터를 이용하여 거울에 비친 자신의 표정을 실제보다 더 웃는 얼굴로 표시하게 함으로써 그에 이끌려 감정을 유발하는 「선정적인 거울」을 개발하고 있습니다.
이는 「미러링」이라는 인간의 특성(예 상대방이 웃으면 나도 덩달아 웃는다)을 이용한 것입니다. 윌리엄 제임스(William James)는 「인간은 즐겁기 때문에 웃는 것이 아니라 웃기 때문에 즐거운 것」이라고 했습니다. 이는 인공적으로 신체반응을 만듦으로써 그에 이끌려 감정을 유발하는 것이 가능해진다는 것입니다. VR체험은 그 몰입감의 제고나 오감에 호소할 수 있는 미디어로서의 성질상 체험자에게 어떤 감정을 불러일으킬 수도 있습니다. 예를 들면, 캐릭터가 체험자의 행동을 흉내내면 캐릭터에게 애착을 느끼거나 캐릭터와 시선이 마주치면 감정이입을 하기도 쉬워집니다. 캐릭터가 「실제로 거기에 있다」고 느끼거나 체험자 자신이 「나는 이야기 세계에 존재하고 있다」고 느낌으로써 스토리가 만들어내는 감동이 더욱 커집니다. 오큘러스 스토리 스튜디오(Oculus Story Studio)가 제작하여 VR작품으로는 최초로 에미상을 수상한 『헨리(Henry)』에서는 고슴도치 헨리의 생일을 헨리 옆에서 관찰합니다. 높은 몰입감으로 인해 많은 체험자는 헨리가 보여주는 희로애락에 강한 공감대를 형성합니다.
VR을 사용하면 CG캐릭터에 실재감을 부여하거나 현실의 인간을 타인(캐릭터)이라고 느끼게 하여 인상을 바꿀 수도 있습니다. 컴퓨터를 이용하여(겉모습이나 목소리의) 성별을 바꾸면 대면했을 때의 인상이 달라진다는 연구도 있습니다.

(2) VR체험의 개인차

체험자가 과거의 경험으로 인해 VR체험으로 얻을 수 있는 감동이나 감각에 개인차가 발생하는 경우가 있습니다. 반다이 남코 엔터테인먼트가 VR체험시설인 「VR ZONE」에서 전시하고 있는 콘텐츠 중에 『고소공포 SHOW』라는 것이 있습니다.

지상에서 수백 미터의 높이에 위치한 나무판을 걸어가서 새끼고양이를 구출한다는 내용의 체험입니다. 이 체험의 경우 일반인들은 공포를 느끼면서도 체험을 마무리하는 반면, 자위대의 낙하산 부대나 고공에서 일을 했던 경험이 있는 사람들 중에는 한 걸음도 내딛지 못하고 포기하는 사례가 보고되고 있습니다.

이는 고소공포를 실제로 겪어 본 사람이라면 『고소공포 SHOW』가 얼마나 현실적인지를 나타내는 예라 할 수 있습니다. 또한 감정과는 별개로 자동차 경주 관련 VR콘텐츠에서도 실제로 자동차를 운전한 경험이 있는 사람이 현실에서의 자동차 운전과의 차이점이 신경 쓰여 멀미하기 쉽다는 보고도 존재합니다. 과거의 경험 이외에 체험에 임하는 마음가짐 등에 의해서도 얻을 수 있는 감동이나 감각은 다릅니다. VR로 체험하고 있는 세계를 즐기거나 믿으려는 마음을 가지고 있는 사람은 그렇지 않은 사람보다 더 높은 몰입감과 감정적 흥분을 체험하는 경향이 있습니다.

3.4 인터페이스(UI)

VR은 기존 TV게임과 유사하다고 볼 수도 있으나 지금까지 평면 스크린에서 사용되어 온 사용자 인터페이스가 VR체험에는 적합하지 않은 경우도 많습니다. 「전달하는 정보량」과 「사용자의 쾌적한 사용」의 양립과 더불어 「실재감을 잃지 않아야 한다」는 조건까지 더해진 것이 VR체험 UI의 특징입니다.

이미 메뉴 등을 필요로 하지 않는 세계 그 자체를 사용자 인터페이스로 하는 접근방법 등 VR만의 UI도 몇 가지 명확해지고 있습니다.

실사든 CG든 사용자가 체험 중에 다양한 조작을 실시하기 위한 인터페이스(예를 들어 메뉴)가 존재합니다. 기존의 TV게임으로 성장해 온 사용자 인터페이스(UI)의 지견을 그대로 활용할 수 있을 것처럼 보입니다. 그러나 실제 기존형 UI는 VR체험에서 체험의 쾌적함 저하나 실재감의 손실로 이어지는 경우도 적지 않습니다. 본 절에서는 VR체험에 요구되는 UI의 요건에 대해 고찰합니다.

(1) 기존의 TV게임과 동일한 UI

이미 기존형 게임으로 완성된 UI를 그대로 채택할 경우에는 공중에 패널 등을 띄우고 컨트롤러 조작(레이저 포인터나 스틱)으로 선택하는 방식이 채택되는 경우가 많습니다. 체험자에게는 TV게임을 통해 익숙한 형식이므로 조작방법 자체는 이해하기 쉽지만 UI가 「UI 객체」로서 게임 내 세계에 존재하는 것이 부자연스러운 장면에서는 실재감을 해치는 원인이 됩니다. 예를 들어 『섬머 레슨』의 경우 실재감을 중요시하는 장면에서는 주인공이나 여자아이의 각종 매개변수 등 「기존의 게임다운 UI」가 배제되어 있습니다. 게임다운 UI가 표시되면 눈앞의 캐릭터의 실재감은 급격히 하락하고 「인간」이 아닌 「게임 캐릭터」로만 생각하게 되기 때문입니다.

『섬머 레슨』의 UI에서 그 밖에 연구되고 있는 것으로는 체험자 자신의 대사를 하나의 선택지로서 나타내고 있다는 점을 들 수 있습니다.

콘텐츠를 제작함에 있어 체험자에게 대사를 부여하고 싶어지는 장면도 있을 것입니다. 이 경우 대사를 택일로 표시시키고 능동적으로 선택하게 함으로써 「이것은 내가 말한 대사」라는 감각을 높일 수 있습니다. 또한 이때 표시되는 대사는 어조, 어미 등의 특징(캐릭터 포함)이 적은 간단한 것이 선택됩니다. 대사에 개성을 드러내면 평소의 자신과 다를 경우에 실재감을 해칠 가능성이 있기 때문입니다.

상기와 같이 「전달하는 정보량」과 「사용자의 쾌적한 사용」의 양립과 더불어 「실재감을 잃지 않아야 한다」는 조건까지 더해진 것이 VR체험 UI의 특징입니다.

이러한 기존의 게임형 UI를 VR체험에서 사용할 경우 그 조작방법에 대해서도 생각해야 합니다. 예를 들어 아래와 같은 조작을 들 수 있습니다.

① 선택하고자 하는 메뉴를 일정 시간 응시하여 선택한다.

② 컨트롤러 스틱으로 선택한 후 버튼으로 결정한다.

③ 컨트롤러에서 포인터가 나와 선택하고 싶은 것을 가리킨다.

④ 공중에 뜨는 메뉴 패널을 손가락이나 컨트롤러로 누른다(두드린다).

상기 모두 장단점이 있습니다. ①은 컨트롤러 등의 입력기구가 부족한 스마트폰에서도 이용이 가능하며 복잡한 조작을 필요로 하지 않는다는 점에서 초보자도 쉽게 할 수 있습니다. ②는 기존 TV게임 등의 컨트롤러 조작과 동일하기 때문에 이해하기는 쉽지만 VR인 의미가 희미해집니다. ③은 공간의 깊이를 의식할 수 있기 때문에 VR 특유의 체험이긴 하나 버튼의 위치가 멀면 누르기 어렵고 입력이 많은 경우에는 적합하지 않습니다. ④는 다음으로 소개할 다이제틱 UI에 가깝고 직관적이며 체험으로서는 새롭지만 VR의 컨트롤러 조작에 익숙하지 않은 사람은 당황할지도 모릅니다.

또한 문자의 입력 인터페이스에 관해서도 시행착오가 계속되고 있으며 업계의 표준이 아직 확립되어 있다고는 할 수 없습니다.

(2) 다이제틱 UI

다이제틱 UI란 연결하다, 당기다, 나누다, 뒤집어쓰다, 치다, 먹다, 마시다 등과 같이 VR에서의 행위, 행동이나 물체 그 자체를 UI로 한 것입니다. 예를 들어 VR공간에 있는 디스크 모양의 물체를 손에 들고 옆에 있는 PC형 객체에 넣으면 PC가 작동하거나 이벤트가 일어나게 됩니다.

그 밖에도 오큘러스사가 개발한 『퍼스트 콘택트(First Contact)』에서는 자신의 손으로 직접 플로피 디스크를 기계에 삽입하면 3D프린터로 보이는 기계가 작동합니다. 메뉴에서 컨트롤러 조작으로 선택하는 것보다 직관적이고 알기 쉬우며 체험으로서도 자연스럽습니다.

3.5 VR콘텐츠의 전시상 고려점

VR콘텐츠를 전시할 경우 VR 특유의 주의점이 몇 가지 존재합니다. 체험 전체의 만족도를 높이거나 차질 없이 전시하기 위해 위생 문제나 체험 전 도입, 체험자의 VR 조작능력을 고려한 콘텐츠 만들기, 기기의 문제점 등을 배려하면 좋습니다. 몰입감과 실재감을 향상시키기 위해서는 콘텐츠 디자인 외에도 실제 체험장소에서 유의점도 알아두는 것이 바람직합니다.

다음은 전시회장에 체험부스를 마련하여 VR콘텐츠를 전시하는 것을 가정하여 그때의 주의점에 대해 정리합니다.

(1) 위생 문제

여러 명이 헤드셋 등의 기기를 공유할 경우 인체와의 접촉부분에 대한 위생 문제를 배려하는 것이 바람직합니다. 헤드셋은 안면에 바짝 대는 성질상 땀이나 화장품 등이 묻거나 머리가 흐트러질 가능성이 있습니다. 체험의 만족도를 높이기 위해 VR헤드셋용 위생마스크를 준비하거나 헤드셋에 커버를 이용하거나 헤드셋을 물티슈 등으로 닦는 방법이 있습니다.

(2) 체험 전 안내

일정한 장소 어딘가에 체험부스를 마련하고 전시를 할 경우 VR체험이 시작될 때까지(예를 들어 헤드셋을 착용할 때까지)의 체험도 배려해야 합니다. 대기시간에 무엇을 시킬 것인지, 어떤 상황에서 헤드셋을 씌울 것인지와 같은 세심한 배려가 콘텐츠의 세계관 형성에 도움이 되기 때문입니다. 또한 안내하는 직원이 「이는 어디까지나 허구이다」와 같은 멘트로 VR컨텐츠의 이해도를 한 번 더 상기시킴으로서 체험 후 콘텐츠에 대한 긍정적인 인식과 좋은 컨디션이 유지되도록 해야 합니다.

(3) 체험자의 조작능력 고려

최근 VR을 체험할 기회는 점차 증가하고 있으나 아직 VR헤드셋을 한 번도 착용해 본 적이 없는 사람도 많습니다. 원활하고 쾌적한 체험을 위해 타깃이 되는 체험자에게 어느 정도 복잡한 조작을 요구할 수 있는가에 대해 배려해야 합니다. 특히 TV게임을 전혀 경험한 적이 없는 사람은 핸드 컨트롤러를 제공해도 잡는 법조차 모르는 경우가 적지 않습니다. 이벤트 등에서 「1회 한정」 체험을 제공할 경우에는 체험자가 조작을 연습할 수 있는 충분한 시간을 가지지 못하는 경우가 많기 때문에 사용성(usability)이라는 관점을 잊지 말고 염두에 두어야 합니다.

(4) 배터리 및 발열

VR체험에 사용되는 기기 중에는 충전이 필요한 것도 많습니다. 특히 스마트폰을 사용할 경우에는 배터리 외에도 발열 문제가 있습니다. VR체험으로 기기의 프로세서에 큰 부담이 되므로 본체가 발열되기도 합니다. 이러한 기기 문제를 고려하여 전시형 VR체험 시에는 여분의 기기를 준비해 두는 것이 바람직합니다.

(5) 비(非)체험자에 대한 배려

VR헤드셋을 통한 체험의 단점 중 하나는「체험자가 무엇을 보고 있는지 외부에서는 전혀 알지 못한다는 것」입니다. 무엇을 체험할 수 있는지 알 수 없기 때문에 고객을 모으는데 어려움이 있습니다. 그 해결책 중 하나로는 모니터나 스크린을 준비하고 거기에 헤드셋이 묘화하는 것과 동일한 영상을 비추는 것입니다. 더 여유가 있다면 크로마키 촬영 등을 이용하여 체험자가 보고 있는 것뿐만 아니라 체험자가 가상공간에서 놓여있는 상황, 주변 상황 등을 동시에 비추는 것도 좋습니다.

(6) 연령제한

VR헤드셋에는 각 제조사로부터 연령제한이 설정되어 있는 경우가 많습니다. 13세 미만의 양안 입체시는 주의할 필요가 있다는 주장도 있어 지금까지 많은 VR전시에서는 체험 연령제한이 실시되어 왔습니다. 또한 그 밖에도 양안 입체시를 필요로 하지 않는 하코스코사의 일안타입과 같은 단안용 기기(하나의 구멍을 두 눈으로 들여다보는 타입의 헤드셋)로도 즐길 수 있는 옵션을 준비해 두고 어린이가 체험할 때에는 이를 사용하도록 하는 배려도 볼 수 있었습니다.

CHAPTER

04

AR콘텐츠의 분류

4.1 증강현실(AR)

VR과 마찬가지로 급속히 퍼지고 있는 기술에 증강현실(AR)이 있습니다. 이는「현실환경에 VR환경의 정보를 겹쳐서 표시함으로써 현실세계에 VR환경이 갖는 기능을 부여하고 현실에서의 정보활동을 지원한다」는 개념입니다. 2016년은 각 미디어에 의해「VR원년」으로 불렸지만, 2016년에 세계적인 히트를 기록한『포켓몬 GO(Pokémon GO)』나 2017년에 iPhone 시리즈에 도입된「ARKit」등 AR분야의 발전도 눈부시다고 할 수 있습니다. AR콘텐츠를 제작할 때에는 어떤 특징의 AR기술을 어떤 기기로 작동시킬 것인지를 고민할 필요가 있는데 여기에서는 컴퓨터를 이용하여 현실공간을 확장하는 AR기술에 대해 특징별로 분류하여 소개하겠습니다.

4.2 기기에 의한 분류

CG표시에 이용되는 기기라는 관점에서 AR을 분류해 보겠습니다. 기존형 디스플레이로 체험할 수 있는 것이나 저렴한 고글형 기기로 할 수 있는 것, 그리고 최근 등장한 하이엔드 웨어러블 디바이스 등은 각각에 장점이나 제한이 존재합니다. 또한 각각 비디오 패스스루(Pass Through : 화면이 인간의 눈에서 떨어져 있는 것)와 시스루(see-through : 인간이 화면을 통해 그 건너편을 보는 것)라는 2가지 접근방식이 존재합니다.

기기에 의한 분류

대항목	중항목	소항목	구체적 예시
대화면형	a. 비디오 패스스루 (대형 디스플레이 표시)		디지털 사이니지, 점포 이용 (착탈식 시스템 등)
	b. 시스루		HUD, 자동차 앞유리, 창유리
모바일	비디오 패스스루 (일반 스마트폰)	일반적인 범용 단말 특수 센서를 탑재한 고성능형	스마트폰/태블릿 3DS나 Vita도 포함 Google Tango
웨어러블	비디오 패스스루 (헤드셋 타입)		Cardboad/하코스코, HADO
	시스루 (스마트글라스 타입)	(1) 스마트폰 표시 반사형	Holokit, Aryzon
		(2) 간이 경량형	Google glass
		(3) 고성능형	Hololens Meta2 Magic Leap

4.2.1 대화면형

카메라로 촬영한 영상을 TV모니터나 스크린 등의 고정된 디스플레이에 비추는 타입, 디지털 사이니지(비디오 패스스루 타입)나 자동차의 창에 CG를 중첩하는 것(시스루 타입)을 그 예로 들 수 있습니다. 사용 가능한 인식기술의 폭은 넓으나 디스플레이가 비교적 크기 때문에 개인 소유가 어렵거나 별도의 장소를 필요로 하는 등의 문제점이 있습니다.

4.2.2 모바일

스마트폰이나 태블릿 단말의 카메라를 이용하여 실시하는 AR은 모바일로 분류됩니다. 많은 사람들이 이용할 수 있는 반면 기기의 스펙에 따라 사용 가능한 기술에 제한이 존재합니다. 대응 콘텐츠로서는 『Pokémon GO』나 iPhone 시리즈에 도입된 「ARKit」를 이용하여 제작된 앱 등이 해당됩니다.

4.2.3 웨어러블

고글이나 안경과 같이 기기를 장착한 채로 체험할 수 있습니다. 스마트폰 등의 기기를 헤드셋에 세팅하여 고글처럼 장착하고 카메라 너머로 현실세계를 보는 것이 비디오 패스스루형이 있습니다. 또한 안경과 같은 이른바 「스마트글라스」로 불리는 (반)투명한 렌즈에 CG를 표시하여 렌즈 너머로 현실세계를 보는 시스루형이 있습니다. 이 시스루형 AR에는 (1) 스마트폰 표시 반사형, (2) 간이 경량형, (3) 고성능형의 3가지를 예로 들 수 있다.

(1) 스마트폰 표시 반사형

스마트폰의 디스플레이에 표시된 것을 반투명한 렌즈에 비춰 현실에 CG를 중첩한 것처럼 보이게 하는 기구입니다.

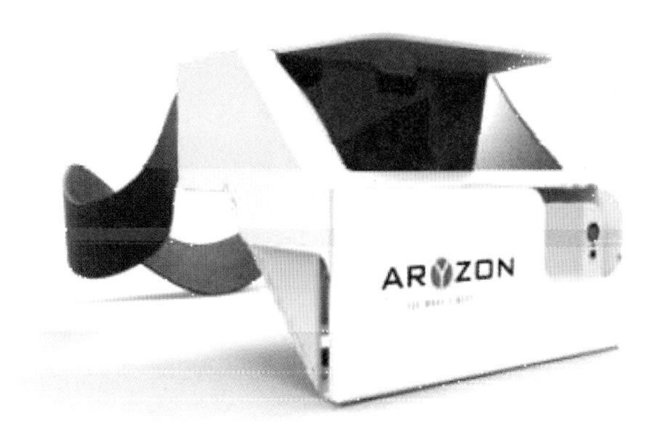

2017년에 크라우드 펀딩으로 등장한 골판지로 제작할 수 있는 스마트폰용 AR헤드셋 「Aryzon120」

(2) 간이 경량형

완전한 안경모양을 실현했으며 경량화도 도모하고 있지만 스마트폰과 동일한 정도의 인식기술 밖에 사용할 수 없기 때문에 후술하는 고성능형과 비교하여 할 수 있는 것이 제한됩니다.

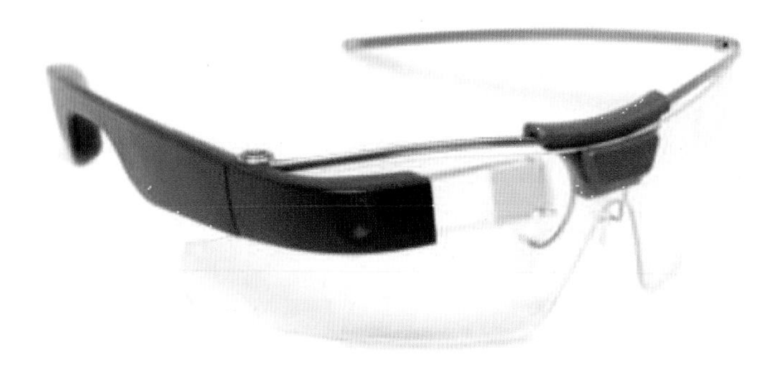

Google의 「Google Glass121」. 2013년부터 존재하는 기기

(3) 고성능형

마이크로소프트의 홀로렌즈(HoloLens)는 시스루형이며 또한 PC와 마찬가지로 OS(Windows 10)를 탑재하고 있습니다. HoloLens에는 다양한 센서가 탑재되어 있으며 보다 고도의 인식기술도 있습니다. 다만, 가격이 고가이고, 중량이 약간 크며, 시야각(CG표시가 가능한 시야의 각도)이 좁다는 등의 과제도 있습니다. 인터랙션이 가능한 형태로 보다 현실세계에 녹아 든 AR을 실현할 수 있는 타입의 기기입니다.

Microsoft의 홀로렌즈(Microsoft HoloLens)

4.3 인식방법에 의한 분류

AR이라고 하면 현실에 CG가 겹쳐 보이는 타입이 많으나 그 실현에는 다양한 접근방법이 존재합니다. 예를 들어 마커(특정 화상 등)를 카메라로 식별하는 것, 화상은 이용하지 않고 기기의 기울기나 GPS를 이용하는 것, 그리고 카메라에서 3차원 공간 지도를 작성하여 자기위치를 추정하는 고도의 기술이 적용된 것 등이 있습니다. AR을 실현하기 위한 기술을 외부세계의 인식방법이라는 관점에서 분류해 보겠습니다.

AR을 실현하기 위한 외부세계의 인식방법

대항목	중항목	구체적 예시
인식 없음		스티커사진 프레임형 스마트글라스에 자막 표시
카메라 이외의 센서 사용	(1) 자이로	포켓몬 GO
	(2) GPS	세카이 카메라
	(3) 모션 센서	Kinect를 이용한 전시
화상인식	(1) 마커인식	마커타입의 AR앱(Vuforia, Kudan, AR toolkit 등 AR SDK를 이용한 것)
	(2) 얼굴인식	Snow 등의 셀카 앱
	(3) 물체인식	blipper Google Vision API
환경인식	(1) SLAM	Hololens, Tango
	(2) SLAM 기반 마커리스(기존 기기)	Snapchat SDK(Kudan, Wikitude, SmartAR)
	(3) VIO(카메라와 가속도 센서를 통합한 솔루션)	AR kit

4.3.1 인식 없음

현실환경을 아무것도 인식하지 않았다고 해도 AR콘텐츠는 작성이 가능합니다. 예를 들면, 스티커사진 등의 사진촬영 콘텐츠에서의 「프레임」은 카메라에 무엇이 찍혀 있는지에 관계없이 화면의 정위치에 CG가 표시됩니다. 이 외에도 2013년에 등장한 「구글 글라스(Google Glass)」와 같은 스마트글라스나 차 앞유리 등에 CG표시를 할 경우에는 외부환경의 상태를 불문하고 디스플레이의 정위치에 CG표시를 합니다. 이 「인식 없음」 타입은 개발난이도가 낮고 표시의 안정성이 높다는 등의 장점을 가지고 있습니다.

4.3.2 카메라 이외의 센서 사용

AR기술을 실현하기 위해 카메라 이외의 센서를 사용하는 것으로는 (1) 자이로, (2) GPS, (3) 모션센서의 3가지가 있습니다.

(1) 자이로

스마트폰 등의 기울기만을 이용하여 AR표시에 반영시킨 것입니다. 예를 들어 『Pokémon GO』에 등장하는 포켓몬 AR표시에는 자이로가 이용되며 스마트폰 방향에 맞춰 포켓몬의 위치가 바뀝니다.

(2) GPS

장소에 대응한 AR표시를 가능하게 합니다. 예를 들어 2014년에 서비스가 종료된 『세카이 카메라』는 사진이나 텍스트를 현실의 특정 장소에서 투고할 수 있으며 이를 복수의 사용자 간에 공유할 수 있었습니다. GPS와 연동하여 그 장소(특정 건물 등)에 카메라를 향하면 CG표시 등이 나타나는 구조입니다.

(3) 모션센서

외부 센서를 통해 사람이나 사물의 움직임을 감지하고 거기에 맞춰 AR표시를 하는 것입니다. 인터랙티브한 콘텐츠를 개발하기 쉽지만 특별한 외부 센서나 개발 노하우가 필요합니다.

4.3.3 화상인식

화상을 인식함으로써 실현하는 AR에는 (1) 마커인식, (2) 얼굴인식, (3) 물체인식의 3가지 기법이 있습니다.

(1) 마커인식
마커인식은 QR코드와 같이 특정 화상(개발자가 지정 가능)을 인식하면 발현하는 타입의 AR입니다. 예를 들어 전용 코드를 카메라로 읽으면 그 장소에 CG가 중첩되는 것 등이 있습니다. 일반적인 스마트폰이 보유한 기능만으로 실현이 가능하며 지금까지의 이용사례가 많고 기술적으로도 성숙하여 사용하기 쉬운 기술이라고 할 수 있습니다. 다만, 체험이 물리적인 마커에 얽매인다는 단점도 있고 사용자가 마커를 분실하거나 카메라에 찍히지 않으면 AR체험이 불가능하게 됩니다.

(2) 얼굴인식
카메라로 얼굴인식을 실시하여 얼굴이 인식되면 발현하는 타입의 AR입니다. 예를 들어 「스노우(Snow)」 등의 셀피(자신의 사진을 찍는 것)를 즐길 수 있는 앱에서는 사진을 찍을 때 사람의 얼굴에 맞춰 동물의 귀를 중첩하거나 볼연지를 바른 듯한 가공이 이루어집니다. 얼굴인식기술 자체는 일반적인 스마트폰으로 이용이 가능하며 마커인식과 마찬가지로 기술적으로 안정되어 있습니다. 한편 얼굴인식에 특화된 경우 사람 얼굴 이외의 것에는 사용할 수 없으며 이용범위가 제한적입니다.

(3) 물체인식
얼굴 등 특정한 것에 한정하지 않고 화상인식이 가능한 모든 물체를 마커로 하는 타입이 물체 인식입니다. 화상처리기술과 기계학습의 진보에 따라 컴퓨터가 물체를 식별하는 능력은 크게 향상되고 있어 사진에 찍힌 것이 무슨 동물인지 판단하고 그것을 트리거로서 AR을 발현시키는 것 등이 있습니다. 이러한 물체인식을 이용한 AR은 응용범위가 넓다는 장점이 있지만 아직 기술적으로 발전단계에 있으며 인식제도가 비교적 낮다는 문제점도 있습니다.

4.3.4 환경인식
최근에는 외부에 마커를 필요로 하지 않고 기기 자체만으로 주변의 3차원 공간 형상을 측정하는 기술도 존재합니다. 그 중 하나는 SLAM(슬램)이라고 불리는 기술로, 각종 센서에서 취득한 정보를 바탕으로 기기가 자기위치추정과 현실공간의 지도작성을 동시에 실시합니다.

마이크로소프트의 HoloLens는 현실공간에 있는 임의의 장소에 현실의 물리법칙을 반영한 CG중첩을 실시할 수 있습니다. 현실환경을 인식함으로써 책상 위에 올려놓은 개가 책상에서 떨어지지 않는 범위에서 움직이거나 현실세계에 존재하는 장애물에 부딪치지 않도록 걷는 소인을 만들어내는 것도 실현이 가능합니다. 이러한 최신 환경인식을 이용한 AR를 (1) SLAM, (2) SLAM 기반 마커리스, (3) VIO의 3가지로 나누어 보도록 하겠습니다.

(1) SLAM

현실세계의 형상을 측정하여 3차원 지도를 작성하는 SLAM기술을 이용한 것입니다. 마이크로소프트의 AR기기「홀로렌즈(HoloLens)」나 구글이 개발한 특정 스마트폰용「탱고(Tango)」 등의 플랫폼에서 이용이 가능합니다. 3차원 지도를 작성하는 성질상 AR을 설치한 장소를 기억할 수 있다는 특징이 있으나 일반 모바일 단말에서는 이용이 어려우며 특수한 기기나 스마트폰을 사용해야 합니다.

(2) SLAM 기반 마커리스(기존 기기)

통상 SLAM을 충분히 실시하기 위해서는 기존의 스마트폰 단말로는 스펙이 불충분한 경우가 많으므로 SLAM기술을 바탕으로 처리를 간략화한 것입니다. 사진공유 SNS앱인「스냅챗(Snapchat)」이나 쿠단 SDK(Kudan SDK) 등 다양한 스마트폰용 AR개발 툴에서 이용할 수 있습니다.

일반적인 스마트폰에서 마커가 불필요하며 SLAM과 같은 AR(스마트폰을 상하좌우로 움직이면 AR표시가 재계산되어 표시된다)을 체험할 수 있다는 장점이 있는 반면, 처리를 간략화하기 때문에 일부 동작이 불안정해지는 환경도 있습니다.

3) VIO(카메라와 가속도 센서를 통합한 솔루션)

카메라와 가속도 센서를 통합하여 실현된 기술입니다. 2017년에 iPhone 시리즈에서 이용이 가능해진 「ARKit」는 이 기술을 사용하고 있습니다. SLAM 기반 마커리스기법의 장점과 더불어 안정성의 제고와 여러 장소에 설치 가능, 거리계측이 가능하다는 등의 장점이 있습니다. 그러나 현재 대응 단말은 비교적 최신기종으로 한정되며 이용가능한 플랫폼도 한정적입니다.

참고문헌

1. 일본가상현실학회, 가상현실학, 초판, 일본가상현실학회 편, 도쿄: 코로나사, 2011.
2. Paul Milgram and Fumio Kishino, "A Taxonomy of Mixed Reality Virtual Displays," IEICE TRANSACTIONS on Information and Systems, 제 권77, 제 12, pp.1321-1329, 1994.

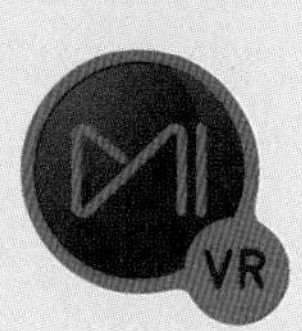

PART
02

Mistika VR 매뉴얼

mistika vr

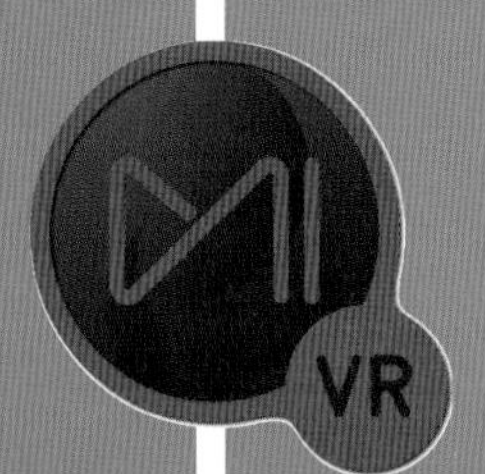

CHAPTER
01

Mistika VR 소개

Mistika VR은 단 한 번의 클릭으로 4K VR 미디어 인코딩 시간을 실시간 속도보다 빠른 속도로 가능하게 하고 360° 영상을 Mistika VR의 강력한 기능인 Optical Flow를 통해 빠르고 완벽하게 스티칭 할 수 있는 VR 전용 소프트웨어 솔루션입니다.

Mistika VR은 혁신적인 기능 등을 통해 보통 멀티 카메라 스티칭 작업 과정에서 영상 클립들을 수정하는 데 걸리는 시간을 몇 시간에서 몇 분으로 줄였습니다.

많은 VR 카메라 제조업체들은 Mistika VR을 카메라 메타 데이터를 제공하는 첫 번째 솔루션으로 채택하여 Mistika VR을 통해 더 빠르고 정확한 스티칭 작업이 가능하게 합니다.

Mistika VR의 또 다른 기능들에는 실감 나는 몰입형 콘텐츠를 제작할 수 있는 스테레오 3D 툴셋, 흔들리는 장면을 쉽고 빠르게 한 번의 클릭으로 안정화시킬 수 있는 Stabilization 프로세스 기능, 360° 후반 작업 프로세스에서 전문적인 스티칭 작업에 향상된 유연성과 VR 제어 기능을 모두 제공하는 키 프레임 애니메이션 기능이 포함되어 있습니다.

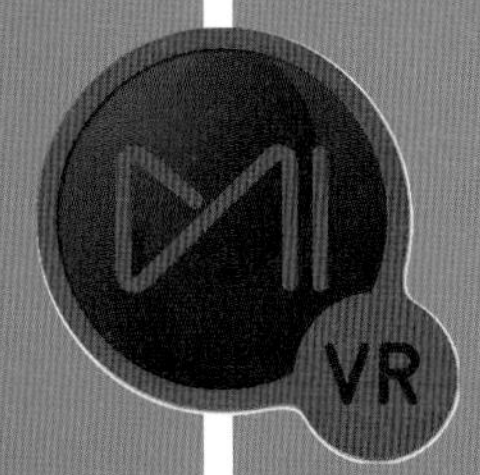

CHAPTER

02

Mistika VR 설치 및 구성

먼저 SGO에 사이트에 접속합니다.

- **해외 본사 사이트** https://www.sgo.es/
- **한국 지사 사이트** https://sgo.kr/

Log in 페이지 Sign Up 메뉴를 통해 계정을 만듭니다.

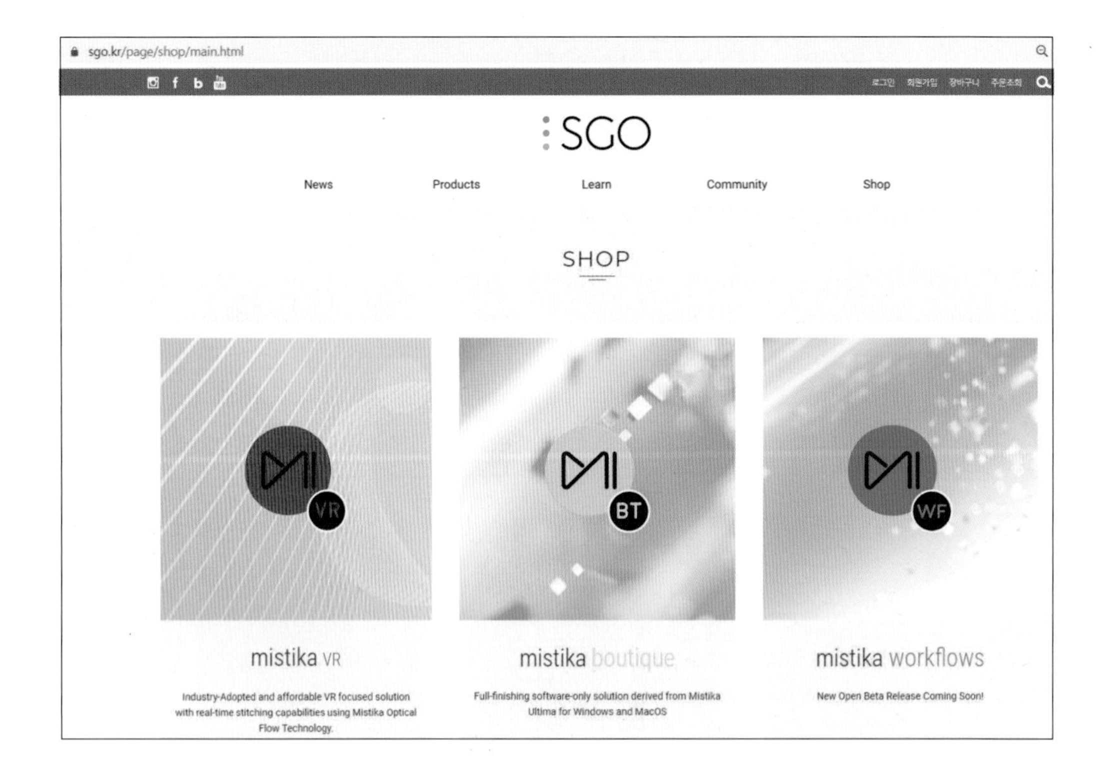

상단 메뉴에서 Shop 페이지로 이동 후 mistika VR을 선택합니다.

VR Plans – SGO
sgo.es/vr-plans/
SGO
News Products About Learn Community Contact Shop Log In

MISTIKA VR PLANS

Eval Monthly Subscription Annual Subscription 30-Day 1-Year

Free evaluation version of Mistika VR (7-Day License)

Evaluation Version
Add to Cart
Free!
VR mode ✔
Rig Presets ✔
PTgui support ✔
Hugin support ✔

MISTIKA VR PLANS에서 설치 계획을 선택한 다음 Add to Cart 합니다.

MISTIKA VR PLANS에서 7일간 무료로 사용할 수 있는 평가판은 Render, External Render Farms를 제외한 모든 기능을 체험해 볼 수 있습니다.

MISTIKA VR PLANS에서 구매한 정식 라이선스도 설치 방법이 동일합니다.

상세 정보를 입력한 후 PLACE ORDER를 클릭합니다.

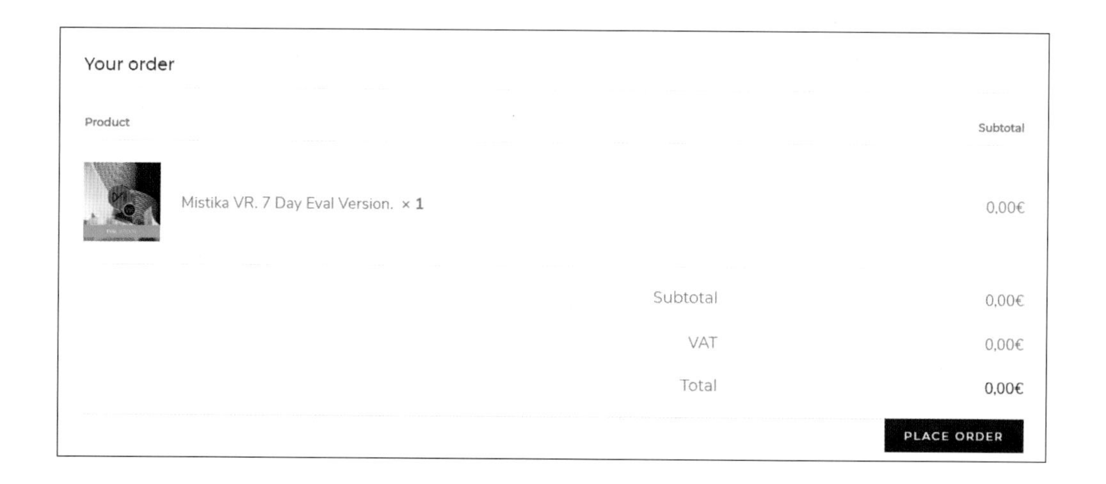

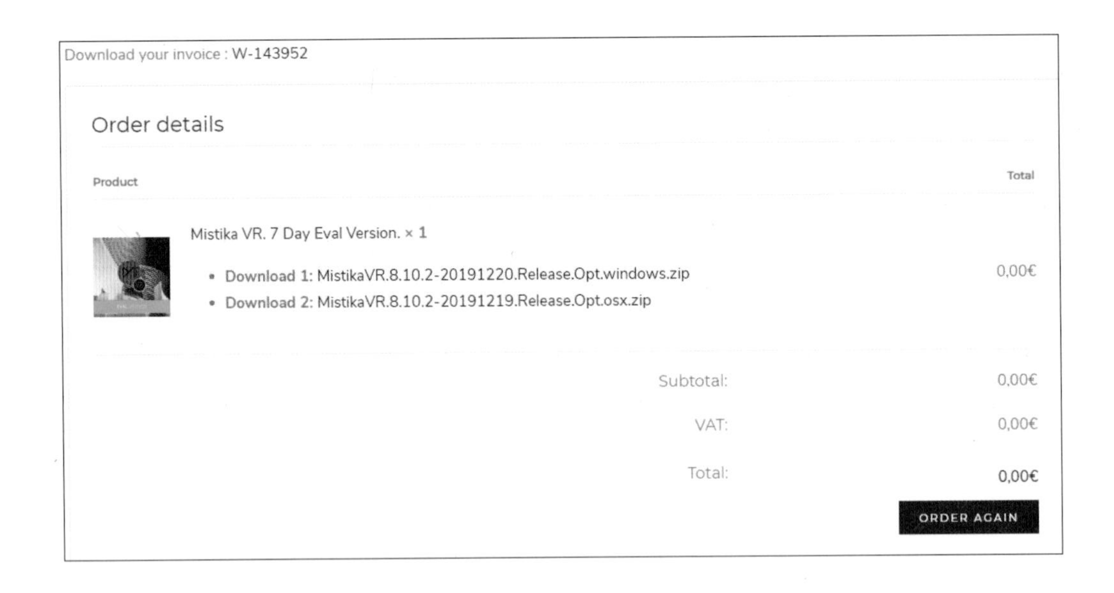

각자의 운영체제에 맞는 압축파일을 선택하여 다운로드 받습니다.
다운로드가 끝나면 압축을 풀고, 프로그램을 설치합니다.

2.1 Mistika VR 라이선스 활성화

라이선스를 구매하면 계정으로 등록된 Email로 프로그램 파일과 Activation Code가 자동으로 전송됩니다.
Activation Code는 SGO 홈페이지 My Account 페이지에서도 확인할 수 있습니다.
발급받은 Activation Code를 등록하지 않으면 프로그램 설치 후 실행 시 다음과 같이 라이선스 에러 메시지가 나타납니다.

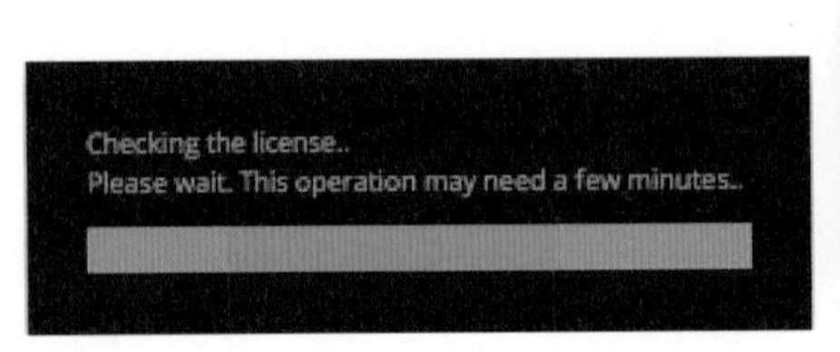

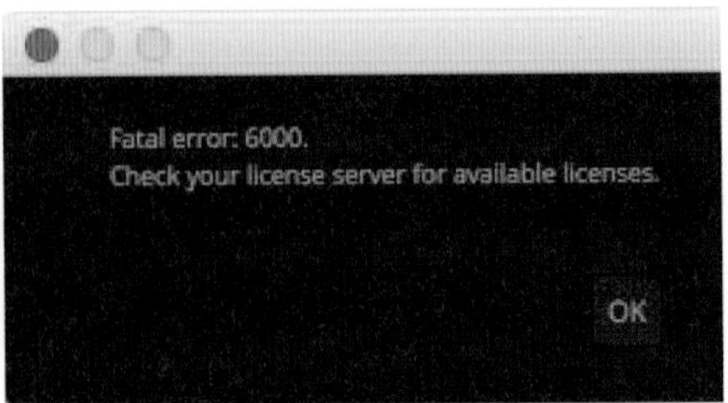

OK 버튼을 누르면 그림처럼 SGO License Activation 창이 뜹니다.

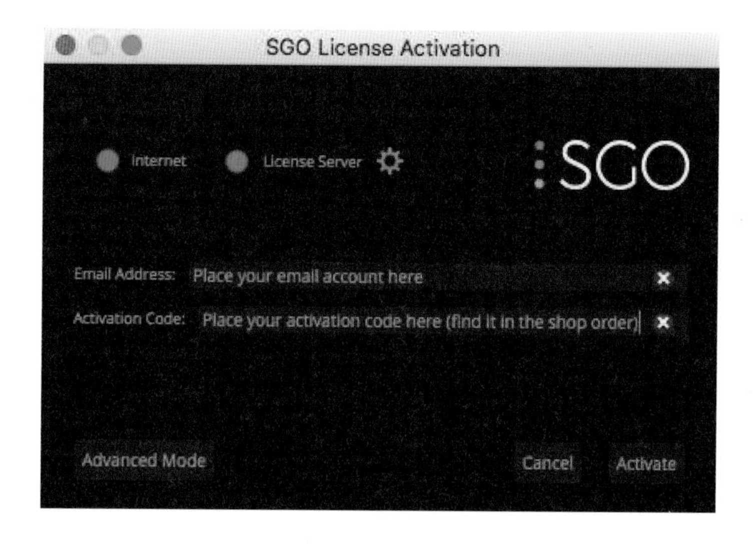

이 창에 라이선스 구매 시 사용한 Email과 Activation Code(SGO 홈페이지 My Account 또는 라이선스 구매 시 전송된 Email에서 확인가능)를 입력하고 "Activate" 버튼을 누르면 라이선스가 활성화 됩니다.

2.2 Mistika VR 라이선스 관리

시스템에 연결된 모든 활성화된 라이선스는 SGO Activation Tool 프로그램의 "Advanced Mode"에서 찾을 수 있습니다.

다음과 같이 기능 비활성화를 두 번 클릭하여 라이선스를 비활성화 할 수 있습니다.

하나의 라이선스로 시스템을 여러 개 사용할 경우에는 하나의 시스템의 라이선스를 다음과 같이 비활성화한 후, 다른 시스템에서 라이선스를 활성화해야 프로그램이 정상적으로 작동합니다.

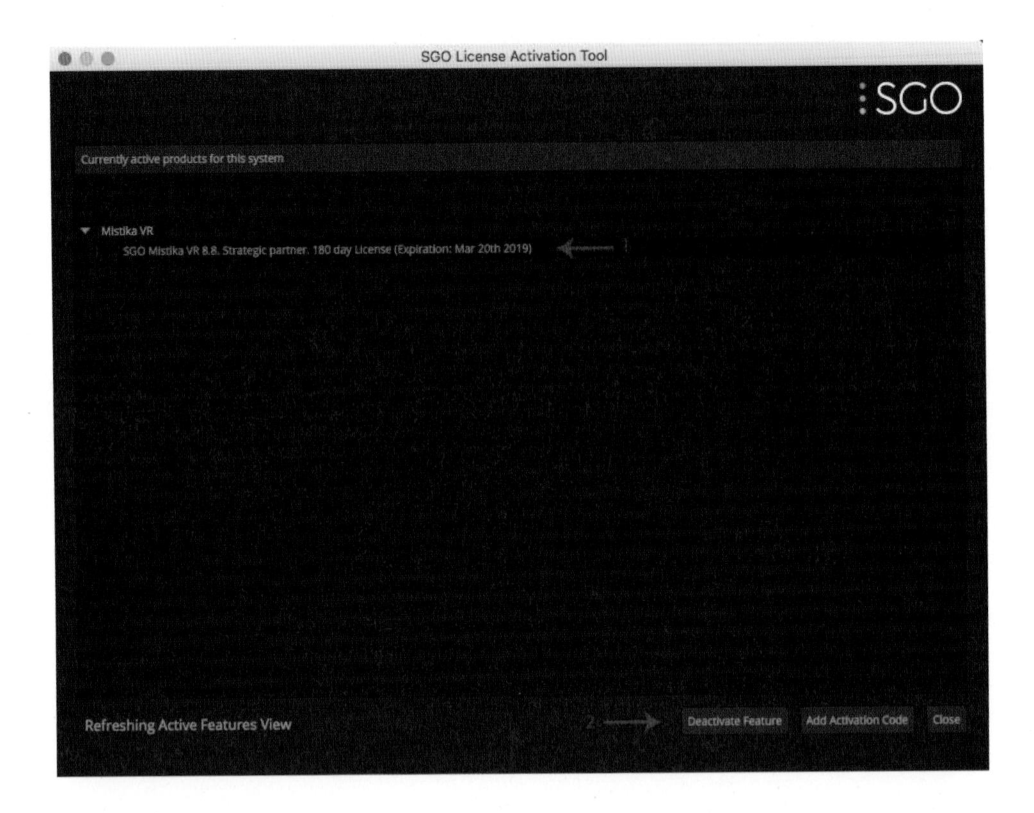

2.3 Mistika VR 실행

처음 Mistika VR을 실행하면 SGO 소프트웨어 라이선스 계약서 창이 뜹니다.
Mistika VR에 엑세스하려면 소프트웨어 라이선스 계약에 동의해야 합니다.
이 창을 다시 표시하지 않으려면 창 상단에서 다시 묻지 않음을 클릭하십시오. 라이선스 계약에 동의하면 Mistika VR 사용을 위한 기본 메뉴들이 열립니다.

mistika vr

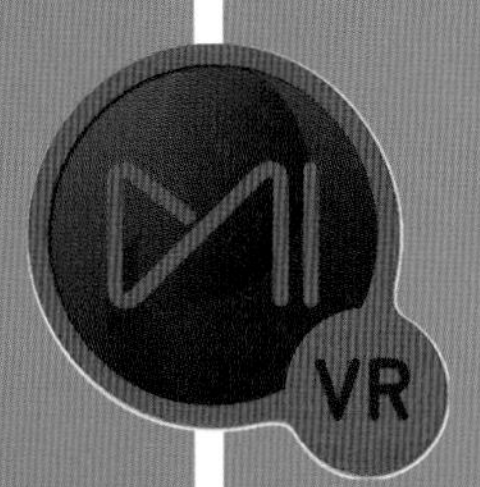

CHAPTER

03

Mistika VR 폴더 구성

Mistika VR 설치가 끝나면 두 개의 기본 폴더가 생성됩니다.

- C:/user/사용자이름/SGO Data/Media :
  미디어 파일이 있는 기본 폴더입니다. audio, images, media, movies 파일이 저장되는 폴더입니다.

- C:/user/사용자이름/SGO Data/Projects :
  모든 프로젝트 파일이 저장되는 기본 폴더입니다.

해당 기본 폴더들의 위치는 Mistika VR을 실행할 때 보이는 대화상자에서도 언제든지 변경할 수 있습니다.

3.1 프로젝트 하위 폴더

새 프로젝트를 만들게 되면 여러 개의 하위 폴더가 생성됩니다.
Mistika VR 사용자는 생성된 프로젝트 파일의 하위 폴더를 볼 수 있습니다.

- C:/user/사용자이름/SGO Data/Projects/project name/DATA :
  모든 스티치 정보를 포함한 시퀀스가 저장되는 위치입니다. 시퀀스에서 수행 된 모든 작업은 .vrenv 파일로 저장되며, 하나의 프로젝트에 여러 개의 .vrenv 파일이 있을 수 있습니다.

- C:/user/사용자이름/SGO Data/Projects/project name/DATA/RENDER/RenderName :
  렌더링이 완료될 때마다(또는 렌더링 대기열에 추가될 때) 렌더링 작업파일(.rnd)이 저장되는 위치입니다. 각 샷마다 렌더링 과정에 필요한 정보들을 기록해 놓은 파일로, 이 파일에는 렌더링 해상도, 렌더링 경로 및 렌더링 형식을 포함하여 .vrenv에 정의되지 않은 모든 렌더링 메타 데이터가 있습니다.

3.2 VR 카메라 스티칭 Preset 폴더

- AppData/VR/etc/CameraPresets :

  이 폴더에는 VR 카메라 스티칭을 위한 Preset 파일들이 있습니다. Mistika VR 사용자는 손쉬운 스티칭 작업을 위해 촬영 시 사용한 VR 카메라의 모델을 이 Preset에서 찾아 쉽게 적용할 수 있으며, 직접 VR 카메라 Preset 파일을 만들어 이곳에 저장할 수도 있습니다.

즐겨찾기
Creative Cloud Fil
내 PC
3D 개체
Desktop
다운로드
동영상
문서
사진
음악
로컬 디스크 (C:)
네트워크

이름	수정한 날짜	유형	크기
360Rize_SeaDak.grp	2019-09-30 오...	Microsoft 프로...	7KB
Boxfish360Dry.grp	2019-09-30 오...	Microsoft 프로...	7KB
Boxfish360Wet.grp	2019-09-30 오...	Microsoft 프로...	7KB
DetuF4.grp	2019-09-30 오...	Microsoft 프로...	7KB
DetuF4Plus_3840x2160.grp	2019-09-30 오...	Microsoft 프로...	7KB
DetuMax.grp	2019-09-30 오...	Microsoft 프로...	8KB
DKVision_Aura.grp	2019-09-30 오...	Microsoft 프로...	10KB
F360Broadcaster.grp	2019-09-30 오...	Microsoft 프로...	7KB
Garmin_VIRB.grp	2019-09-30 오...	Microsoft 프로...	7KB
GoPro360Rize3DPro_12-14.grp	2019-09-30 오...	Microsoft 프로...	8KB
GoPro360RizeAbyss.grp	2019-09-30 오...	Microsoft 프로...	7KB
GoPro360RizePro7v2.grp	2019-09-30 오...	Microsoft 프로...	8KB
GoPro360RizePro10v2.grp	2019-09-30 오...	Microsoft 프로...	8KB
GoProFreedom360.grp	2019-09-30 오...	Microsoft 프로...	7KB
GoProFusion.grp	2019-09-30 오...	Microsoft 프로...	7KB
GoProKolorAbyss.grp	2019-09-30 오...	Microsoft 프로...	8KB
GoProOdyssey.grp	2019-09-30 오...	Microsoft 프로...	9KB
GoProOmni.grp	2019-09-30 오...	Microsoft 프로...	7KB
GoProX2Entaniya250_4to3ratio.grp	2019-09-30 오...	Microsoft 프로...	7KB
GoProX3Entaniya220_4to3ratio.grp	2019-09-30 오...	Microsoft 프로...	7KB
GoProX3Entaniya220_16to9ratio.grp	2019-09-30 오...	Microsoft 프로...	7KB
GoProX4Entaniya220_16to9ratio.grp	2019-09-30 오...	Microsoft 프로...	7KB
IndieCam.grp	2019-09-30 오...	Microsoft 프로...	7KB
Insta360EVO_VR180_3D.grp	2019-09-30 오...	Microsoft 프로...	7KB
Insta360EVO_VR360.grp	2019-09-30 오...	Microsoft 프로...	7KB
Insta360One.grp	2019-09-30 오...	Microsoft 프로...	7KB
Insta360OneX_2880x2880.grp	2019-09-30 오...	Microsoft 프로...	7KB
Insta360OneX_3008x1504.grp	2019-09-30 오...	Microsoft 프로...	7KB
Insta360OneX_3040x6080.grp	2019-09-30 오...	Microsoft 프로...	7KB

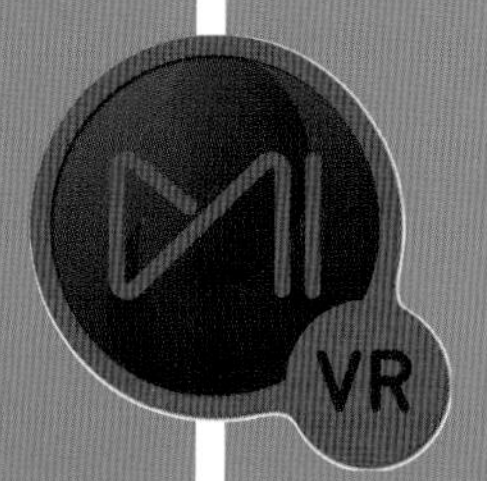

CHAPTER
04

Mistika VR 인터페이스

Mistika VR을 처음 시작하면 다음과 같은 초기 화면이 나타납니다.

Window－Autohide tabs 메뉴를 사용하여 녹색의 탭을 꺼내 놓으면 각각의 영역을 확인할 수 있으며, 이 탭은 독립적으로 컨트롤 할 수 있습니다.

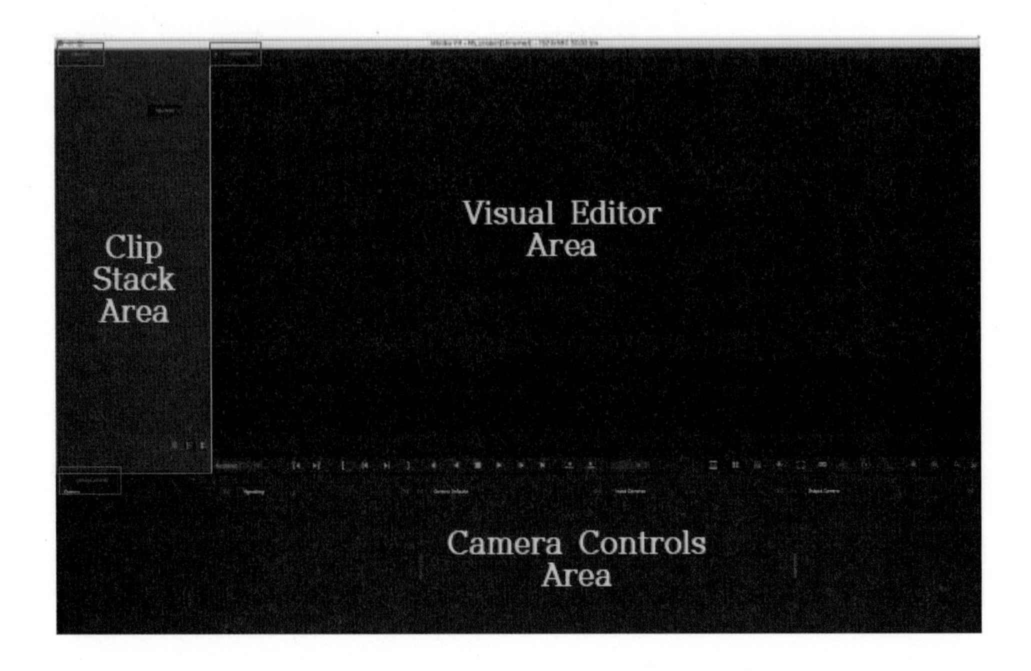

전체 레이아웃의 각각의 패널은 서로 독립적으로 구성할 수 있습니다.

또한 각각의 패널은 아래의 그림처럼 하나로 연결해서 구성할 수 있습니다.

사용자가 구성해 놓은 레이아웃은 Window–Layout–Save 메뉴로 저장할 수 있고, Window–Layout–Load 메뉴로 불러올 수 있습니다.

4.1 클립 스택(Clip Stack)

클립 스택은 클립을 업로드하는데 사용되는 데이터 영역입니다. 클립 스택의 하단에는 스티치 도구와 관련된 메뉴들이 있습니다(Sync, Stitch, Color, Positions, Edge Points, Stabilize).

촬영한 영상 클립들을 선택하여 드래그 앤 드롭으로 쉽게 클립 스택 영역에 가져올 수 있습니다.

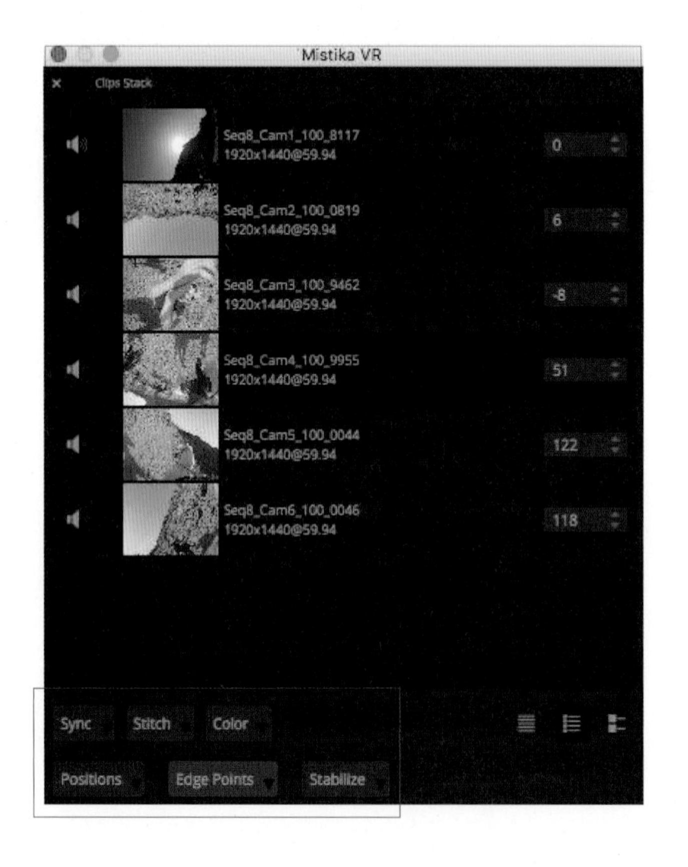

- Sync : 한 번의 촬영으로 여러 개의 클립이 생성되는 VR 촬영의 특성상 각각 클립들의 시작점이 다를 수 있습니다. 이때 박수 같은 오디오 신호로 시작점을 동기화시켜 모든 컷들의 Sync를 맞출 수 있는 기능입니다.

- Stitch : VR 전용 카메라로 촬영된 각각의 클립들을 가상의 360°/180°의 VR 영상으로 만들기 위해 하나의 샷으로 연결해 주는 기능입니다.
- Color : 샷을 구성하는 각각 다른 클립들의 색을 자동으로 맞춰주는 기능입니다.
- Positions : 연결된 VR 영상의 위치를 잡아줍니다.
- Edge Points : 스티칭 후 클립들이 연결된 부분의 영역을 수정할 수 있는 기능입니다.
- Stabilize : 샷의 흔들림을 잡아주는 역할을 합니다.

클립 스택 영역의 아무 곳에서 마우스 오른쪽 버튼으로 클릭하면 다음과 같은 메뉴가 열립니다.

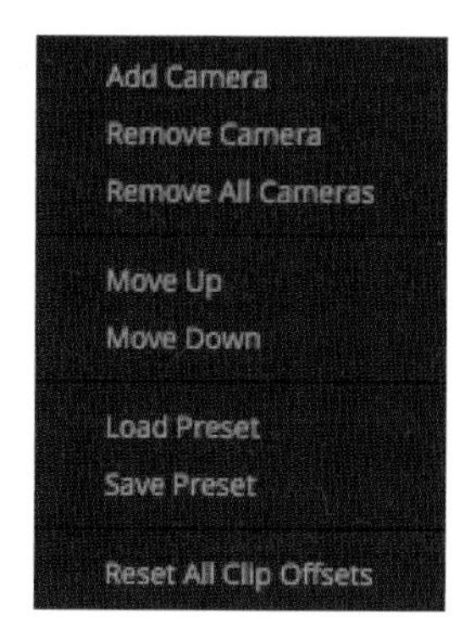

다양한 작업을 할 수 있는 메뉴 옵션들이 보입니다.

- Add/Remove : 선택한 샷에서 카메라를 추가하거나 제거합니다.
- Move up/down : 클립 스택에서 카메라를 위 또는 아래로 이동합니다.
- Load Preset : Mistika VR Rig 프리셋에서 원하는 카메라 프리셋을 로드합니다.
- Save Preset : 샷에 사용된 스티칭 설정을 저장합니다.
- Reset All Clip Offsets : 모든 클립들의 스티칭 데이터를 초기화 하고 싶을 때 사용하는 기능으로 재설정하면 모든 클립의 오프셋이 원래 위치로 재설정됩니다.

4.2 비주얼 에디터(Visual Editor)

클립 스택에 로드된 클립은 비주얼 에디터 3개의 영역에 표시됩니다.

① 메인 클립 영역(main clip representation area)

② 스토리보드(storyboard)

③ 비주얼 에디터 컨트롤(visual editor controls)

4.2.1 메인 클립 영역(main clip representation area)

메인 클립 영역은 로드된 카메라를 미리보기 위한 영역입니다.

4.2.2 **스토리 보드**(storyboard)

스토리 보드 영역에서는 여러 장면을 컨트롤할 수 있습니다. 오른쪽 마우스를 클릭하면 다양한 메뉴들이 보입니다.

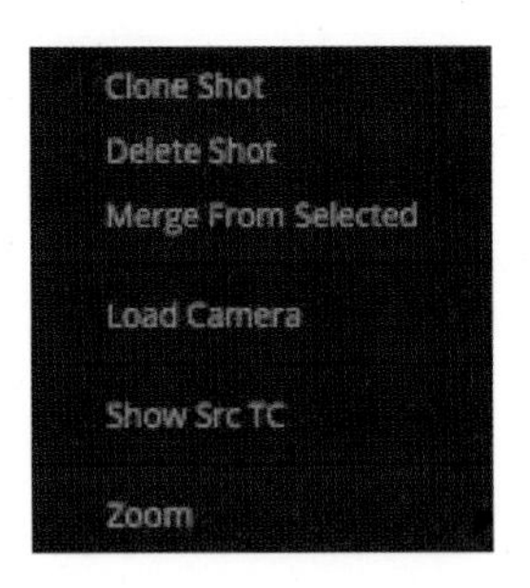

- Clone/Delete Shot : 샷을 복제 또는 삭제 기능을 수행합니다.
- Merge From Selected : 병합 도구를 사용하여 여러 샷을 합칩니다.
- Load Camera : 로드 옵션을 선택하여 카메라를 추가합니다.
- Zoom : 스토리보드 패널을 확대합니다.

4.2.3 **비주얼 에디터 컨트롤**(visual editor controls)

비주얼 에디터 컨트롤 영역 왼쪽에 있는 드롭 다운 메뉴에는 메인 클립 영역에 표시된 콘텐츠를 보기 위한 다양한 보기 옵션들이 있습니다.
이 메뉴는 특히 스테레오 3D VR 영상작업에서 좌안과 우안의 영상 거리 차이를 쉽게 볼 수 있도록 해주는 유용한 보기 옵션들입니다.

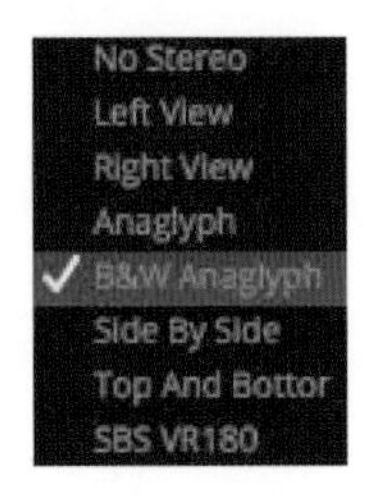

키 프레임 탐색을 위한 컨트롤 도구로 삽입된 키프레임들의 위치를 아래 그림의 도구를 통해 앞뒤로 찾아갈 수 있습니다.

칼라 매치할 지점이나 렌더링 할 클립의 지점을 선택하기 위해 사용합니다.

메인 클립 영역에서의 영상을 보기 위해 필요한 여러 도구 즉, 클립 네이게이션 도구들입니다.

① Home : 샷의 첫 프레임으로 이동

② Frame Backward : 한 프레임 뒤로 이동

③ Play Backward : 뒤로 플레이

④ Shuttle Stop : 정지

⑤ Paly Forward : 플레이

⑥ Frame Forward : 한 프레임 앞으로 이동

⑦ Goto Tail : 샷의 마지막 프레임으로 이동

⑧ Prev Shot : 뒤쪽 샷으로 이동

⑨ Next Shot : 앞쪽 샷으로 이동

⑩ Time Code : 타임 코드 입력

오른쪽 부분에는 콘텐츠 보기와 관련된 다양한 도구들이 있습니다.

① Storyboard : 스토리 보드 패널을 사용하면 여러 장면 사이를 탐색할 수 있습니다.

② Show Mosaic : 모든 카메라의 클립들을 한 화면에 볼 수 있는 메뉴로 오디오 동기화 작업에 필요한 프레임을 찾기에 유용한 모드입니다.

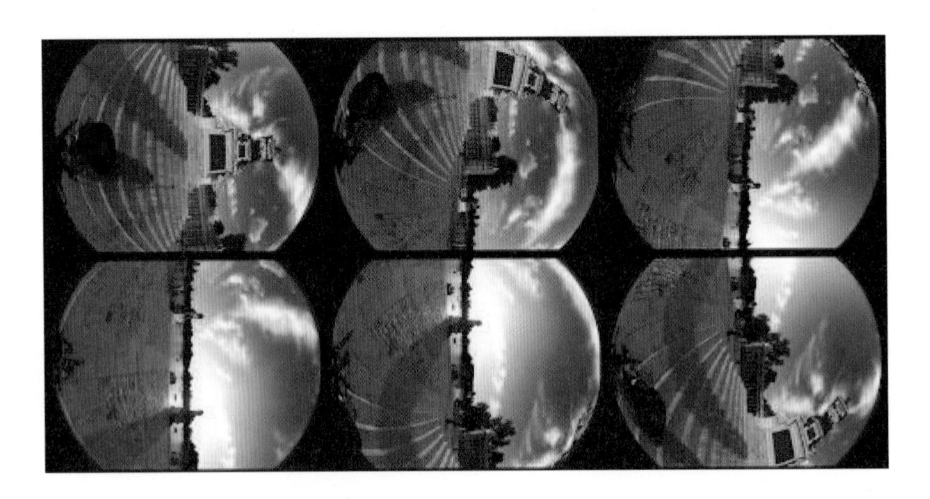

③ One Input Mode : 클립에 로드된 카메라 중 하나를 볼 수 있습니다.

④ Align Mode Tool : 수직 시차 문제를 해결할 수 있습니다.

⑤ Full Screen Mode : 전체 화면 모드로 볼 수 있습니다.

⑥ VR Mode : 스티칭된 클립을 360° 영역에서 탐색할 수 있습니다.

⑦ Camera Overlay : 두 가지 기능이 있습니다.

첫째, Input mode가 선택되면 렌즈 자르기가 가능합니다.

둘째, 카메라의 이름과 위치를 제어할 수 있습니다.

카메라와 카메라가 어떻게 겹쳐졌는지 볼 수 있습니다.

카메라 사이의 edge포인트를 추가하거나 제거할 수 있습니다.

⑧ Feather Overlay Tool : 카메라들의 연결 부분들이 녹색 및 빨간색 선으로 표시됩니다.

⑨ Grid Overlay : 선택한 클립의 수직 수평을 분석하고 맞추기 위한 가이드 역할을 합니다.

⑩ Zoom in/out : 미리보기 화면을 확대/축소할 수 있습니다.

⑪ Quick View : 퀵 뷰를 사용하면 스티칭 된 영상을 낮은 품질로 미리 볼 수 있습니다. 렌더링하지 않고 영상을 재생합니다.

4.3 카메라 컨트롤(Camera Controls)

이 패널에서 다음 Mistika VR 탭을 제어할 수 있습니다.

- Options Tab.

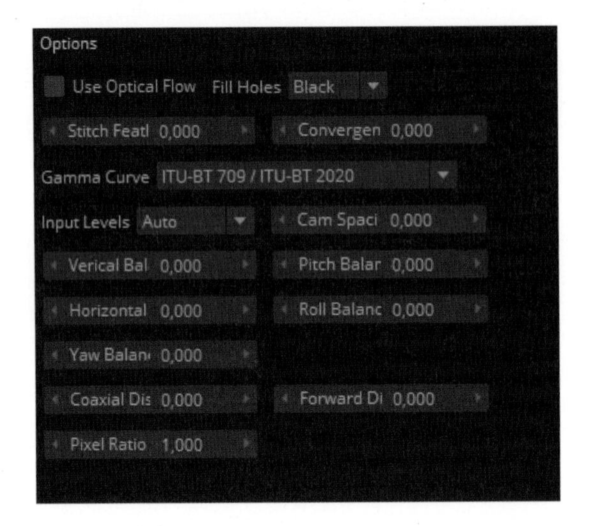

- Vignetting Tab.

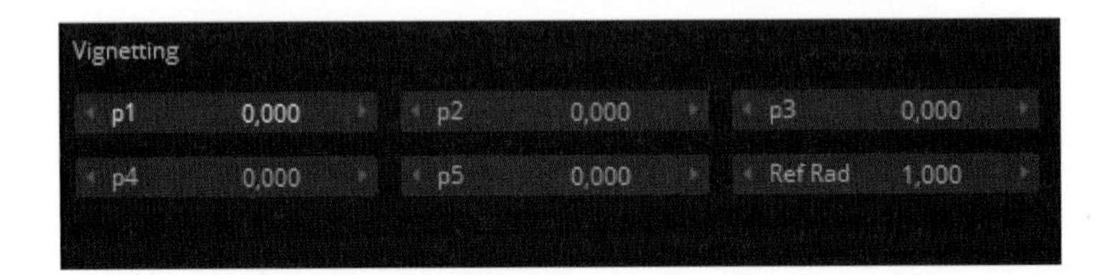

- Optical Flow Tab.

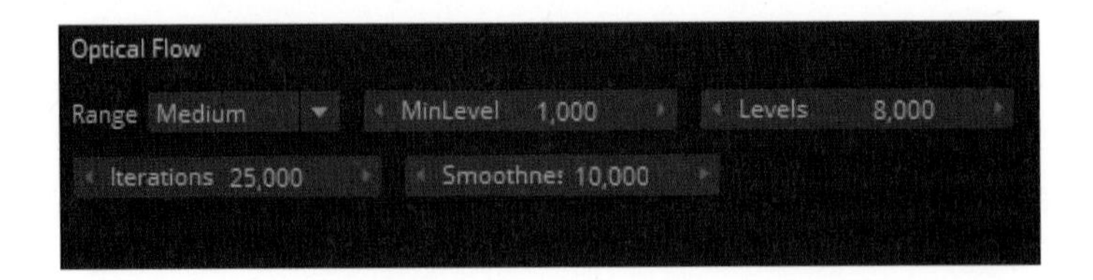

• Camera Default Tab.

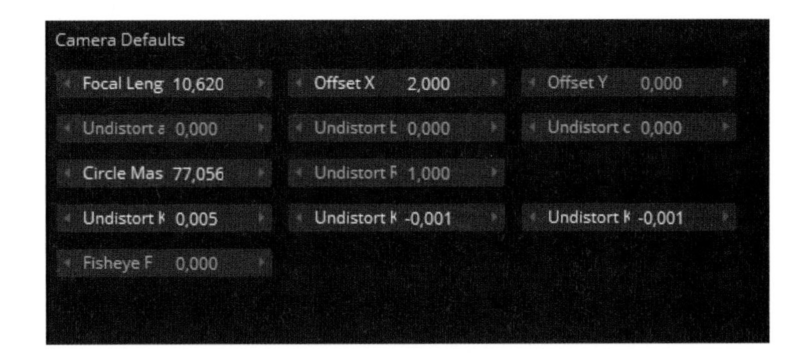

• Input Cameras Tab.

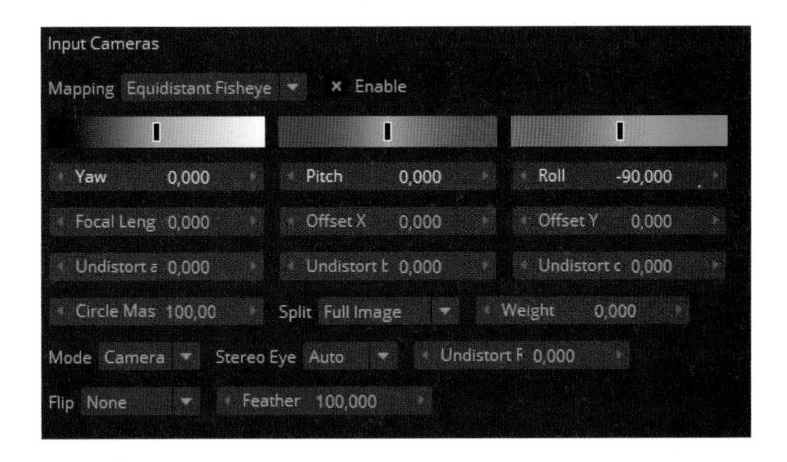

• Edge Point Tab.

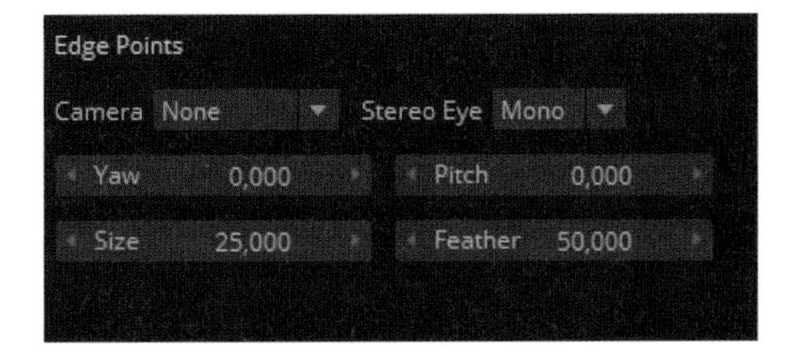

• Output Camera Tab.

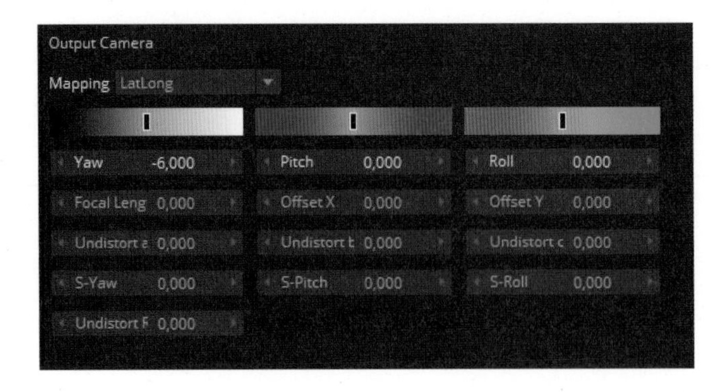

4.4 환경 설정

환경 설정창 또는 Mistika VR 옵션은 File－Options에 있습니다.

이 메뉴는 사용자가 MIstika VR 내에서 다른 파라미터를 지정할 수 있습니다.

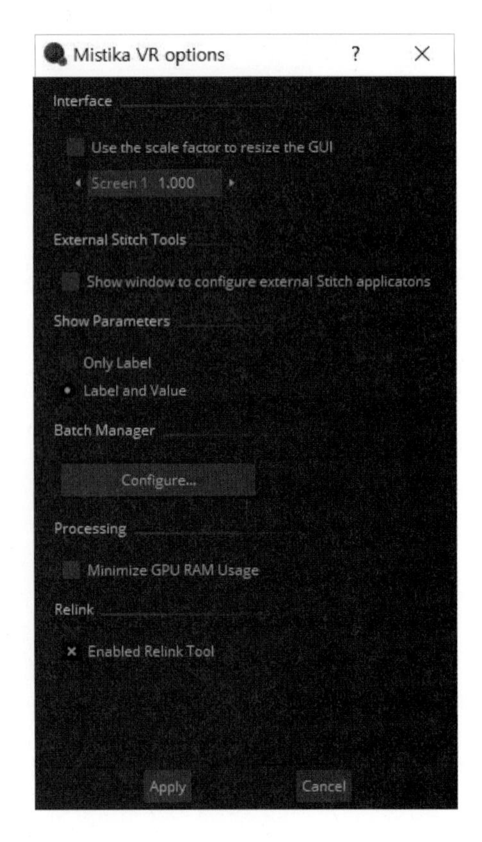

• **Interface** : 이 메뉴는 고해상도 모니터에서 Mistika VR 작업창의 사이즈가 작게 보일 경우 작업창의 크기를 조정하는 메뉴입니다. 4k 모니터를 사용할 경우에는 Mistika VR 메뉴들이 작게 보입니다. 이럴 경우에 Interface 창의 Screen 사이즈 숫자를 조금씩 올려 메뉴 글씨 사이즈를 작업자에 맞춥니다.

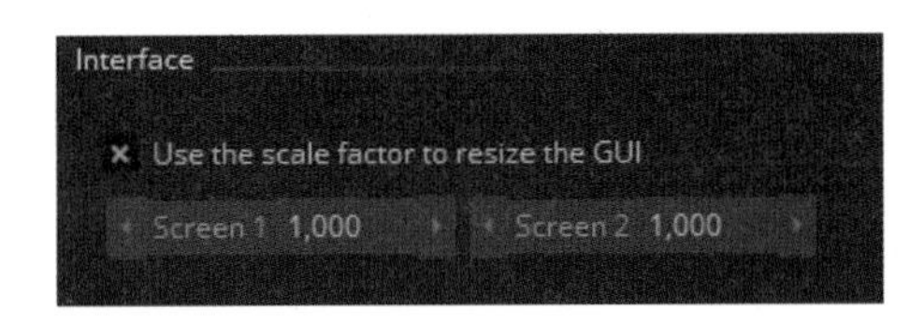

* 이는 4K 이상의 고해상도 모니터 사용시에만 해당되며, 일반 HD 모니터를 사용할 경우에는 기본 세팅값으로 사용하시면 됩니다. 즉 일반 HD모니터를 쓰는 경우에는 설정하지 마십시오.

- **External Stitch Tools :** 이 메뉴를 사용하면 PTGUI 또는 Autopano Giga와 같은 외부 스티칭 프로그램을 연동할 수 있습니다. 카메라 프리셋에 데이터가 없거나 별도 제작된 Rig로 촬영 시 수동으로 스티칭 데이터를 만드는데 사용되는 프로그램들로 Mistika VR에 프로젝트 데이터가 연동됩니다.

4.5 내보내기 옵션

내보내기 옵션 메뉴는 File－Render 메뉴를 사용합니다. 내보내기 할 파일의 타입, 이름 및 경로 설정, Audio 포함 여부, inject Spatial Media Metadata 체크 여부를 설정하고 Render 합니다.

mistika vr

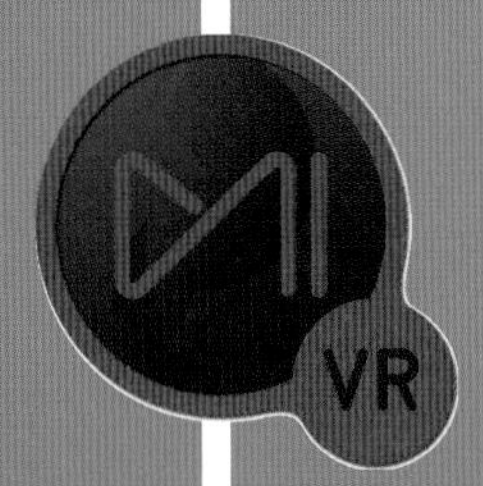

CHAPTER

05

새로운 프로젝트 만들기

5.1 프로젝트 만들기

프로젝트를 만들려면 다음 단계에 따라 설정합니다.

- File – Project Manager – New Project로 이동하여 새 프로젝트의 이름을 지정합니다.
- 해상도는 360 VR 제작 표준인 2 : 1의 비율로 설정해야 합니다.
- Frame Rate는 촬영된 클립의 속성대로 선택합니다.

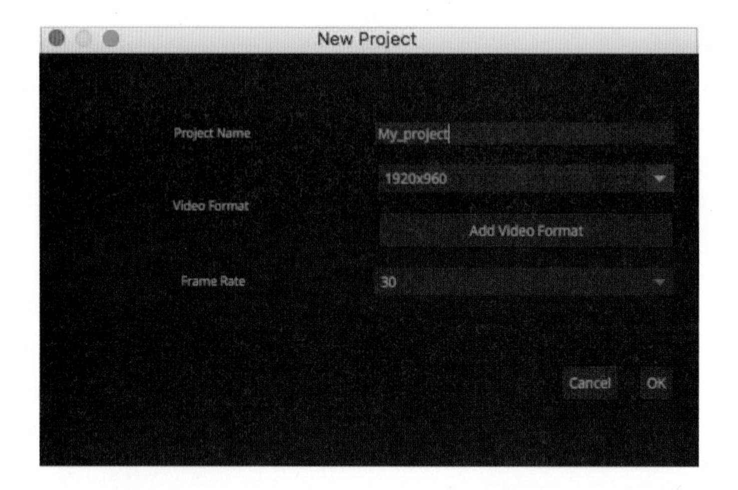

5.2 새로운 시퀀스 생성

File – New Sequence에서 새 시퀀스를 만듭니다.

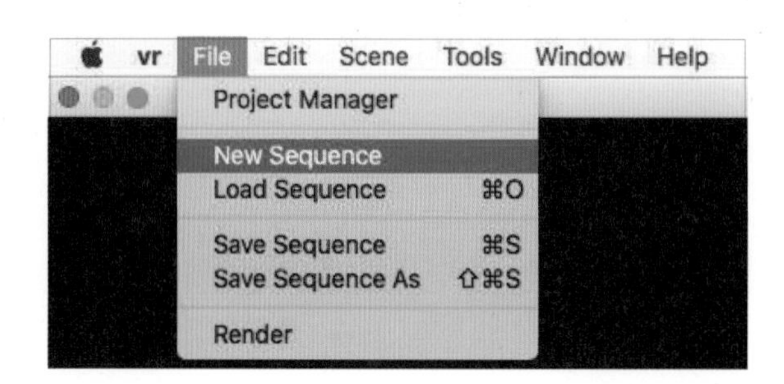

• **미디어 가져오기**

① 첫 번째 방법으로 미디어를 가져오려면 Scene – Add Camera 또는 오른쪽 마우스 – Add Camera 합니다.

② 두 번째 방법으로 탐색기에서 원하는 영상을 선택하고 작업창으로 드래그 앤 드롭 하면 됩니다.

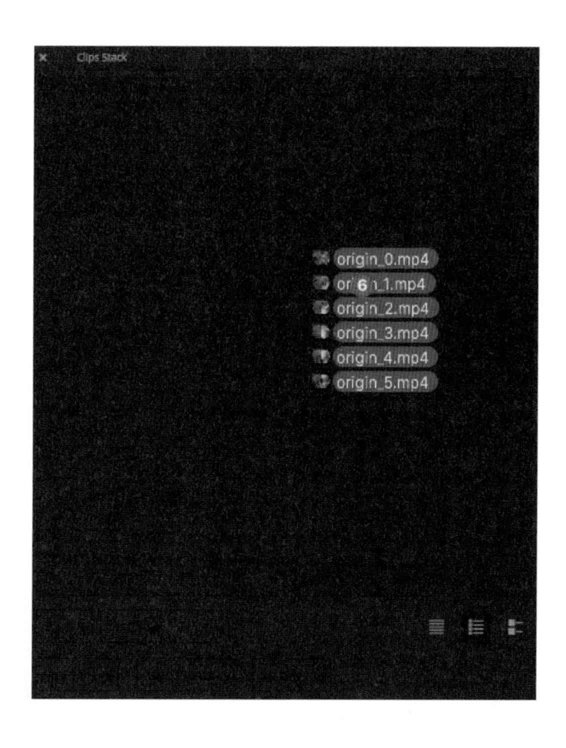

mistika VR

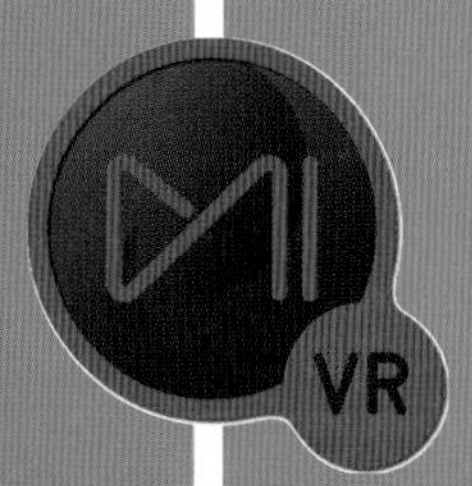

CHAPTER

06

Mistika VR 스티칭

단계별 가이드

이 장에서는 VR 스티칭에 대한 단계별 과정에 대해 소개합니다.

GoPro Freedom VR 카메라로 촬영한 영상을 바탕으로 미스티카 VR의 스티칭 프로세스 및 가장 중요한 기능을 설명합니다.

아래 스크린 샷을 통해 보이는 동기화(Sync) 메뉴에서부터 안정화(Stabilize) 메뉴까지의 사용법을 소개합니다.

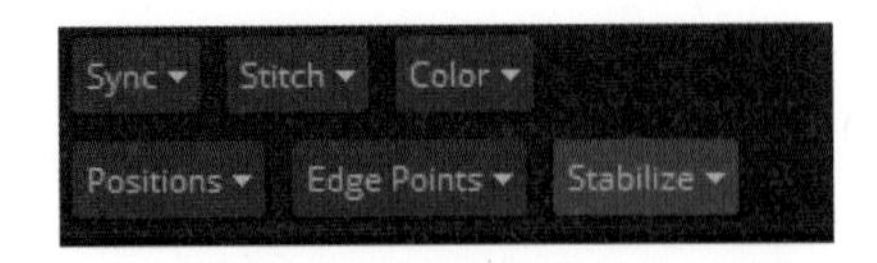

6.1 미디어 가져오기

앞 장의 설명대로 Scene-Add Camera 또는 오른쪽 마우스-Add Camera를 통해 미디어를 불러오거나 원하는 영상을 탐색기에서 선택하고 드래그 드롭하여 작업창으로 불러옵니다.

6.2 동기화(Sync)

샷을 가져온 후에는 각 클립들의 Sync를 맞추기 위해 오디오 신호(박수 또는 다른 소리)가 있는 프레임을 찾아 이동합니다.

Show Mosaic 버튼을 눌러 Mosaic mode로 놓으면 아래 그림과 같이 정확한 오디오 신호의 위치를 찾는데 도움이 됩니다.

GoPro Freedom VR 카메라는 촬영 시 Sync를 동기화 시켜주는 장치가 별도로 없기 때문에 기본 카메라로 촬영한 경우에는 Sync가 어긋나서 촬영됩니다.

이렇게 Sync가 맞지 않게 촬영된 경우에는 영상 안에 손뼉을 치는 부분의 위치를 찾아 Sync－Audio Sync 메뉴를 적용합니다.

Sync－Audio Sync 메뉴를 적용하면 오른쪽과 같은 창이 나타납니다.

- Search length : 현재 프레임 위치와 비교할 사운드 샘플의 앞뒤 1000프레임을 뜻합니다.
- Maximum Offset : false matches를 피하기 위한 카메라의 동기화되지 않은 정도입니다. 즉, 같은 음향을 찾기 위한 오프셋을 왼쪽 오른쪽의 200프레임입니다.
- Sample Size : 샘플 크기는 기본으로 남겨 두어야 합니다.

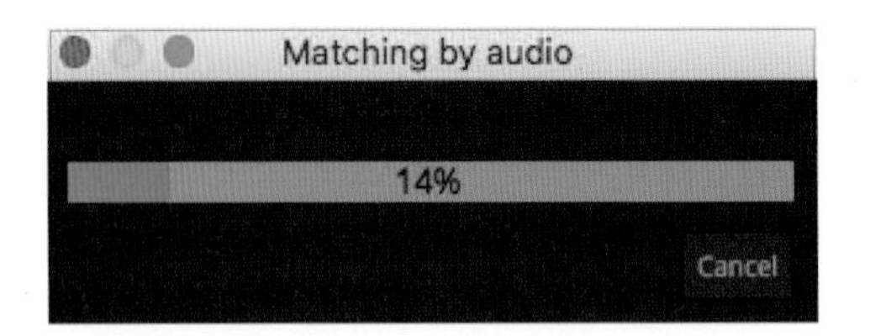

프로세스가 끝나면 정렬을 적용하라는 메시지가 표시됩니다.

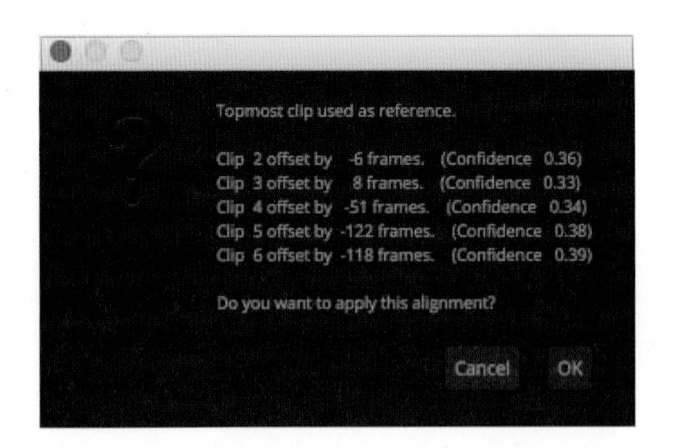

OK를 클릭하여 샷들의 Sync를 맞춰줍니다.

6.3 프리셋 적용(Applying the preset)

이제 Mistika VR 프리셋 라이브러리에서 프리셋을 적용합니다. 마우스 오른쪽 버튼을 클릭하여 Load Preset으로 라이브러리에 있는 카메라 프리셋을 선택합니다.

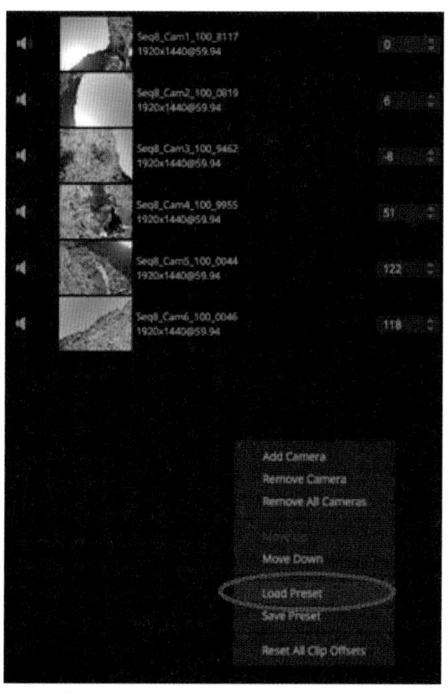

프리셋 라이브러리에는 현존하는 VR카메라의 종류들과 렌즈의 해상도, 각각 모델들을 보여줍니다.
촬영한 카메라 기종과 사이즈를 찾아 선택하면 각각 독립적이었던 카메라가 자동으로 스티칭 된 것을 볼 수 있습니다. 여기에서는 GoproFreedom36p.grp 프리셋을 선택합니다.
Ctrl+상하드래그 또는 Ctrl+좌우드래그하여 화면이 정면에 잘 보이도록 조절합니다.

6.4 수평선 조정(Adjusting the horizon)

프리셋 설정을 하고 화면의 정면과 상하가 맞춰졌으면, 수평을 맞추어야 합니다.
Alt+드래그로 수평을 맞추는 작업을 여러 번 반복합니다. 가장 좋은 방법은 이미지에서 건물과 전봇대와 같이 세로의 기준이 되는 이미지를 찾아 맞추는 것입니다.
Alt+드래그를 화면 그림과 같이 노란색의 가이드 선이 보입니다. 이를 기준으로 수직, 수평선을 조정할 수 있습니다.

6.5 매칭 컬러(Matching colors)

매치 컬러(Match Color)는 모든 카메라의 색상을 자동으로 맞춥니다.

매치 컬러(Match Color)는 선택한 현재 프레임 안의 컬러들을 일치시킵니다.

범위 안의 색상 일치(Match Color in Time)는 타임라인 에디터에서 전체 샷 또는 in-point와 out-point로 범위를 정해 프로세스를 시작합니다.

범위 안의 색상 일치(Match Color in Time)는 타임 라인 편집기에서 In-Point와 Out-Point 범위의 색상을 일치시키는데 사용할 수 있습니다

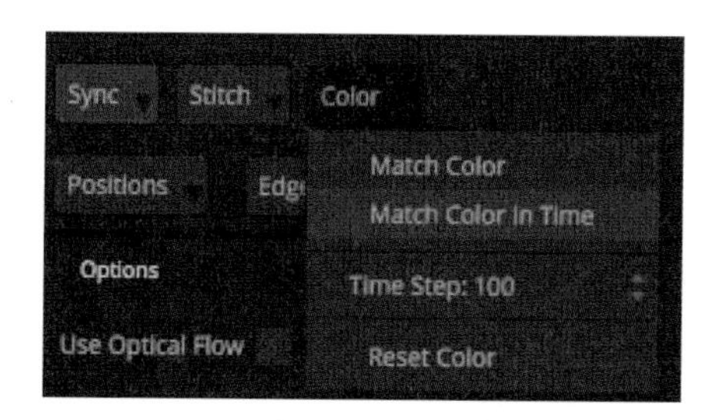

6.6 패더 오버레이(Feather Overlay)

페더 오버레이는 카메라들이 연결된 위치를 빨간색으로 표시해줍니다. Storyborad의 다음 아이콘 버튼을 클릭하여 설정합니다.

(Feather Overlay)

6.7 스티치 패더(Stitch Feather)

Camera Controls에 있는 스티치패더(Stitch Feather)는 서로 다른 클립의 오버레이 범위의 정도를 보여주는 메뉴입니다.

스티치패더(Stitch Feather)값을 넣어 준다면 아래 그림과 같이 녹색선으로 카메라와 카메라 사이의 겹쳐진 부분으로 표시됩니다.

여러 카메라 사이의 인위적으로 잘리는 영역을 일정 범위씩 겹쳐서 부드러운 영역을 만들어 냅니다.

6.8 위치 향상(Improve Positions)

Offsets 향상과 Angles 향상이라는 두 가지 기능이 포함되어 있습니다.

아래 그림처럼 카메라들의 위치가 잘 맞지 않아 불안정해 보이는 부분을 잡아줄 필요가 있습니다.

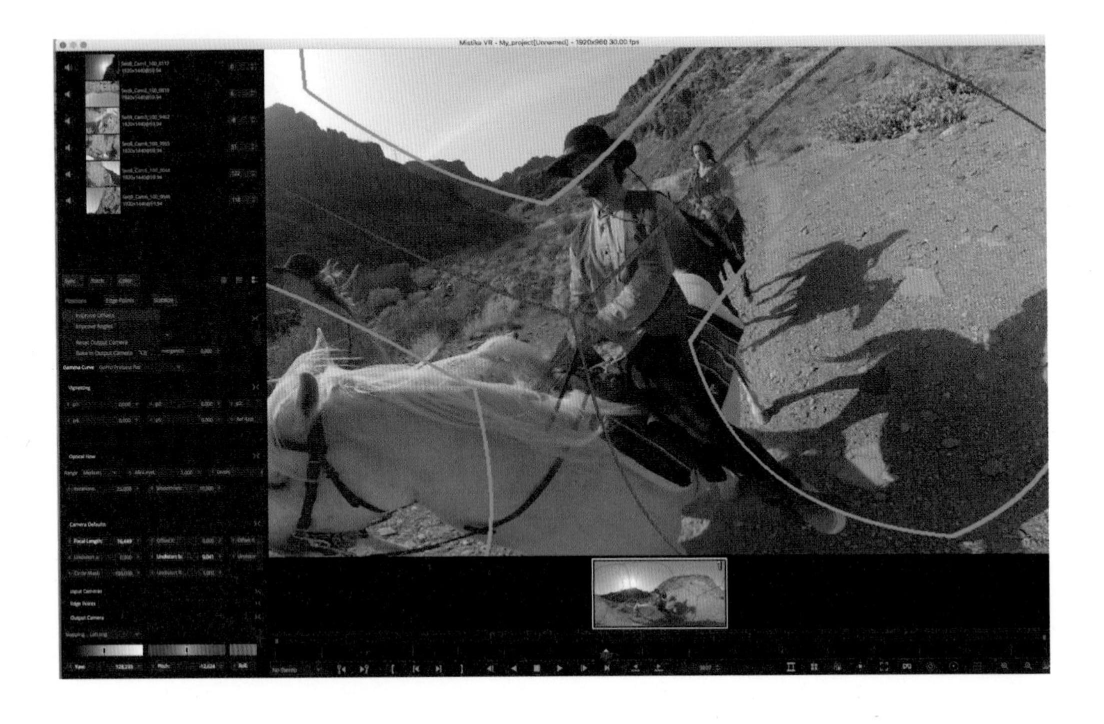

- positons−improve offset을 클릭합니다.
  이 기능은 카메라와 카메라 사이의 위치를 가장 최적의 위치로 이동시켜 줍니다. 카메라의 움직임이 거의 없을 때까지 반복해서 메뉴를 클릭해 줍니다. 카메라의 움직임이 거의 없다는 것은 카메라가 최적의 위치를 찾았다는 뜻입니다.
- positons−improve을 클릭합니다.
  이 기능은 카메라 렌즈자체가 가지고 있는 앵글을 잡아줍니다. 이 메뉴도 카메라의 변화가 거의 없을 때 까지 반복해서 클릭해 줍니다.

6.9 옵티컬 플로우(Optical Flow)

Optical Flow는 이미지들 사이의 정확한 픽셀들을 분석하기 위해 겹치는 두 이미지의 작은 형상을 모두 식별합니다. 두 영상의 가장자리를 재구성하여 매우 정밀한 스티칭 결과를 제공합니다.

6.10 엣지 포인트(Edge Points)

엣지 포인트는 카메라와 카메라 사이에 겹쳐진 부분에 이미지가 걸쳐있다면 부자연스러워 보일 수 있습니다. 예를 들어 사람의 얼굴이나 복잡한 부분이 카메라와 카메라 사이에 걸쳐 있는 경우입니다.

카메라의 엣지 포인트를 추가하여 그 걸쳐진 이미지를 피해 엣지 포인트를 다른 위치로 스티치라인을 밀어주는 것입니다.

기본적으로 카메라 주변의 패치를 넓혀서 문제가 있는(얼굴 중간에서 얼굴 옆 벽으로) 스티치 라인을 밀어줍니다.

카메라 C1을 선택하고 Edge Points-Add Edge Point하고 추가된 엣지 포인트를 드래그하여 스티치라인을 밀어줍니다.

6.11 안정화(Stabilization)

Stabilize는 카메라의 움직임으로 생성된 흔들림과 불안감을 제거합니다.

다음 샘플예제는 SamsungGear360으로 촬영된 영상입니다.

Load Camera 메뉴로 360_0007.MP4 파일을 불러와 SamsungGear360.grp 프리셋으로 스티칭을 해줍니다.

스티칭 완료 후 재생시켜보면 촬영 시 움직임으로 인한 흔들림을 볼 수 있습니다. 이 부분을 안정화 시키기 위하여 in-point와 out-point로 범위를 지정하고 Stabilize 메뉴를 적용하여 안정화 작업을 해줍니다.

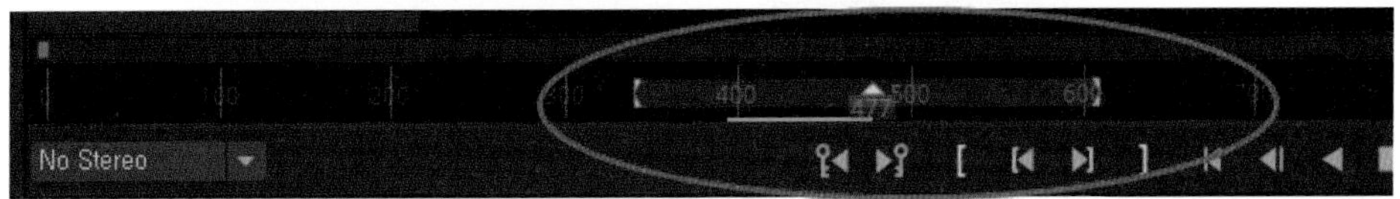

안정화 기능은 기본 매개변수를 사용하여 분석하고 적용합니다. 매개 변수로 안정화 된 결과는 아래 그림에서처럼 Output Camera패널의 S-Yaw, S-Pitch, S-Roll의 값이 수정된 것을 볼 수 있습니다.

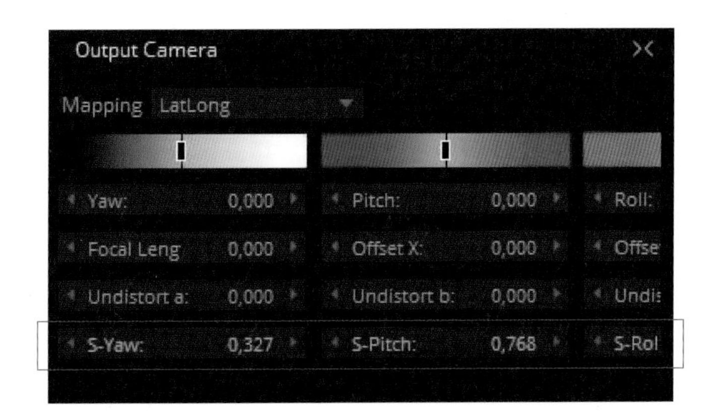

6.12 로고 또는 CG 추가하기

VR은 360도의 scene이기 때문에 찍고 있는 사람이나 카메라의 삼각대가 노출될 수 밖에 없습니다. 따라서 이런 바닥쪽의 홀이나 카메라 삼각대처럼 이를 대체할 수 있는 이미지(로고)를 추가할 필요가 있습니다.

아래의 이미지처럼 찍고 있는 사람의 이미지를 이미지(로고)로 대체하여 VR이미지의 완성도를 높일 수 있습니다.

다음의 절차대로 이미지(로고)를 추가합니다.

- Add camera로 이미지(로고)를 추가합니다.

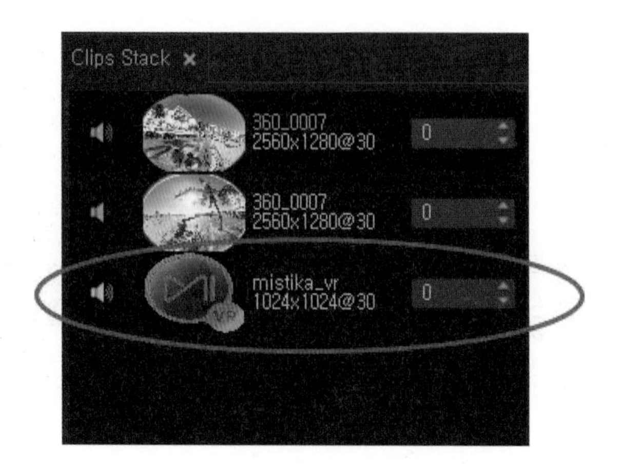

- 추가된 이미지(로고)를 겹쳐놓아야 하므로 input Cameras 패널의 작성모드를 오버레이 합니다. 삽입된 로고가 뒤쪽 화면 위에 오버레이 되어 겹쳐지게 됩니다.

- 이 이미지(로고)를 바닥에 평평하게 매핑시키기 위해 Mapping : Tiny Planet를 선택합니다. 이미지가 바닥에 펼쳐져서 직선으로 놓이는 것을 볼 수 있습니다.

- 로고의 크기를 조절하기 위해 Focal Length값을 조절합니다. 이것은 카메라의 거리로 로고의 크기를 조절하는 것입니다. 또한 Yaw/Pitch/Roll 매개변수값을 사용하여 로고의 위치와 방향을 조절합니다.

6.12 키프레임 애니메이션(Keyframe Animation)

Stabilization으로 안정화작업을 하여 영상의 흔들림과 불안감을 제거했다면, 키프레임을 추가하여 영상의 수직과 수평의 중심을 잡아주어 애니메이션을 줄 수 있습니다.
즉, 안정화작업을 한 영역에 키프레임을 주고 재생하면서 수평과 수직을 자세히 맞춰주면 키프레임 애니메이션이 추가되면서 영상을 안정적으로 재생시킬 수 있습니다.
우선, inpoint와 outpoint를 지정하고 Stabilization을 하고 go to Mark in으로 처음으로 돌려놓습니다.

Output Camera패널의 Yaw매개변수에서 오른쪽 마우스-Add keyframe을 선택합니다. 아래 그림에서처럼 초록색의 키프레임이 삽입된 것을 볼 수 있습니다. 영상의 중심점을 기준으로 정중앙으로 바로 올 수 있도록 ctrl키로 맞춰줍니다.

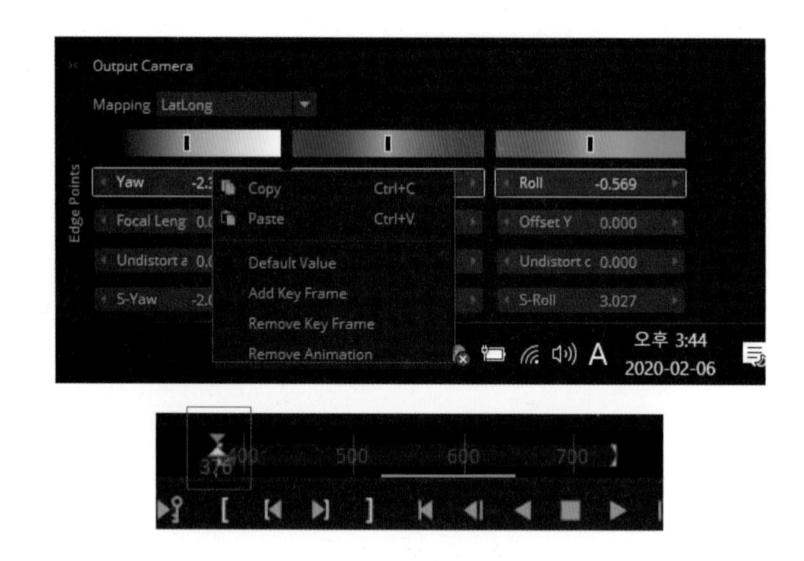

조금씩 영상을 재생시키면서 영상의 중심이 흔들린다면 멈추고 ctrl키로 바로 잡아줍니다. 그럴 때마다 Keyframe이 추가됩니다.

이런 방법으로 인점과 아웃점 범위의 영상을 재생하여 화면중앙에서 벗어날 때마다 멈추고 ctrl키로 바로 잡음으로써 여러 개의 Keyframe을 삽입해 줍니다.

이렇게 키프레임 애니메이션을 여러 개 추가하여 영상의 중심을 잡아줌으로써 훨씬 더 안정적인 VR영상을 볼 수 있습니다.

mistika vr

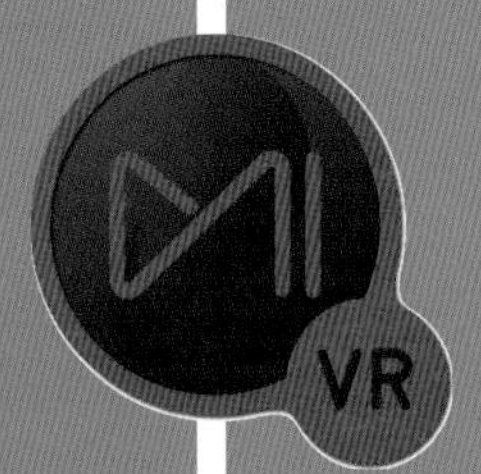

CHAPTER

07

옵티컬 플로우 (Optical Flow) 고급설정

옵티컬 플로우 기능의 목적은 겹쳐져 있는 두 개의 이미지 사이의 정확한 픽셀들의 특징들을 찾아 정확한 하나의 대표 픽셀로만 대응하도록 설정하는 것입니다.
미스티카 VR은 이 기능을 통해 두 이미지의 가장자리를 재구성하여 매우 정밀한 스티칭 결과를 제공할 수 있습니다. 이런 복잡한 계산은 여러 프레임을 분석하여 결과를 도출해 내기 때문에, 결과가 인위적으로 보이지 않다면 기본값을 유지하는 게 좋습니다.
옵티컬 플로우의 설정 값들을 수정하고자 할 경우에는 다음의 Parameters를 통해 수동으로 수정할 수 있습니다.

7.1 파라미터(Parameters)

7.1.1 Gamma Curve

이 메뉴는 옵티컬 플로우만을 위한 매개변수가 아닙니다. 실제로, 이 메뉴는 별도 위치에 옵션 탭으로 있으나 옵티컬 플로우 알고리즘에 많은 영향을 미치기 때문에 가장 먼저 확인해야 하는 매개변수입니다.

Gamma Curve는 소스 클립들의 속성 중 일부이며, Mistika에게 VR 소스 이미지의 감마 곡선을 알려줍니다(보통 Gamma Curve 속성은 촬영시 카메라들의 기본 설정값 그대로 사용하는데, 이 설정 값이 수동으로 변경되었거나 후반작업을 거친 클립이라면, 촬영담당자에게 해당 속성 값을 반드시 확인해야 한다). 정확한 색상 값을 구현하려면 정확한 값을 설정해야 합니다.

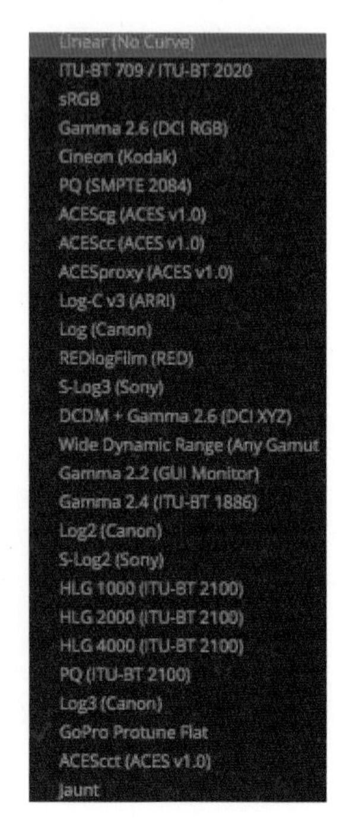

7.1.2 Range

Range 옵션은 옵티컬 플로우 기능 적용 시 영상의 일그러짐 현상이 발생할 경우 Mistika가 분석해야 하는 픽셀 범위를 수동으로 설정하여 더 나은 결과를 만들어내기 위한 옵션입니다.

일그러짐 현상이 발생하는 스티칭 영역을 잘 나타내는 크기를 선택하는 게 좋습니다. 예를 들어 수천 명의 관객이 있는 공연장 영상에서 관객들 이미지에 일그러짐 현상이 있다면 관객은 작은 몇 픽셀만으로 구성되어 있으므로, Range 값을 작게 설정하면 스티칭 영역이 선명하게 보이게 될 것입니다.

또 다른 예는 큰 빌딩같이 큰 영역에서 일그러짐 현상이 보인다면, Range 값을 좀 크게 하여 이를 보정할 수 있습니다.

7.1.3 Smoothness

Smoothness는 스티칭 구간에서 이동하고 있는 이미지들이 부드러운 경로를 따르고 있는지 아니면 방향이 갑작스럽게 변경되는지에 따라 알고리즘을 변경할 수 있는 옵션입니다.

예를 들어 두 명의 비슷한 사람들이 동일한 옷을 입고 스티칭 구간을 걷고 있다고 상상해 보십시오. 알고리즘 관점에서 두 사람이 서로 충돌하고 겹쳐지는 동작은 서로 비슷한 이미지를 생성할 수 있습니다.

즉, 이럴 경우 스티칭 구간에서 두 사람의 이미지가 하나로 합쳐지는 이상한 그림을 만들어 냅니다. 이렇게 비슷한 이미지가 스티칭 구간에서 겹쳐지는 경우 Smoothness 수치를 낮게하면 그 구간은 동작을 부드럽게 처리하는 모션벡터 대신 각각의 기존 픽셀들을 병렬을 생산하는 모션 벡터를 선택하여 다른 두 개의 비슷한 이미지가 하나의 이미지로 분석되어 이미지가 겹쳐지는 현상을 줄일 수 있습니다.

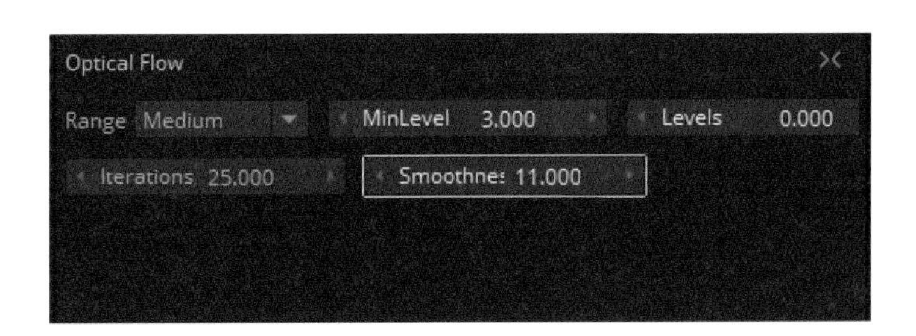

7.1.4 Minlevel

Minlevel은 영상의 해상도와 관련된 옵션입니다. 값이 클수록 추적하고 분석해야 할 가장 작은 픽셀의 크기가 커지기 때문에 처리속도는 빨라지지만 결과의 정확성은 떨어질 수 있습니다. 값을 0으로 하면 픽셀 단위로 영상을 추적하게 되며, 값이 높아질수록 픽셀의 단위가 아닌 해상도를 구성하는 픽셀 그룹단위로 추적하여 결과 값을 가져오게 됩니다. 이 수치를 사용할 경우에는 다음 사항을 고려하십시오.

- 이 매개변수를 0으로 줄이면 정확도가 향상되거나 작은 형상과 미세한 텍스처가 잘 살아나지만, 영상의 움직임이 작거나, 노이즈가 거의 없고 포커스도 잘 맞은 뛰어난 이미지의 경우에만 추천할 수 있습니다. 그렇지 않으면 역효과를 낳을 수 있습니다.
- 이 매개 변수 값을 늘리면 처리 속도가 빨라지지만 스티칭 구간의 영상이 일그러지게 보일 수 있습니다. 하지만 영상의 화질이 좋지 않을 경우에는 수치를 올려 처리하는 것이 더 나은 결과를 만들어 낼 수 있습니다.

7.1.5 Levels

모션 벡터 방향의 계산을 구체화 할 수 있는 옵션입니다.
스티칭 구간에 여러 개의 이미지가 교차로 있고, 복잡한 동작들이 있는 경우 매개변수 값을 증가하십시오.

7.1.6 Iterations

디테일이 충분하지 않은 영역에서 영상의 움직임을 확인합니다. 영상의 화질이 낮거나 디테일이 충분하지 않은 경우, 스티칭 구간 안의 작은 형상을 정확하게 추적하지 못할 수 있습니다.
그럴 경우 이 매개변수를 증가시키면 함수는 가능한 더 많은 해결책을 찾기 위해 더 많이 반복 계산을 하도록 하고, 각 솔루션의 정확도를 비교하여 최적의 방법을 찾을 것입니다.

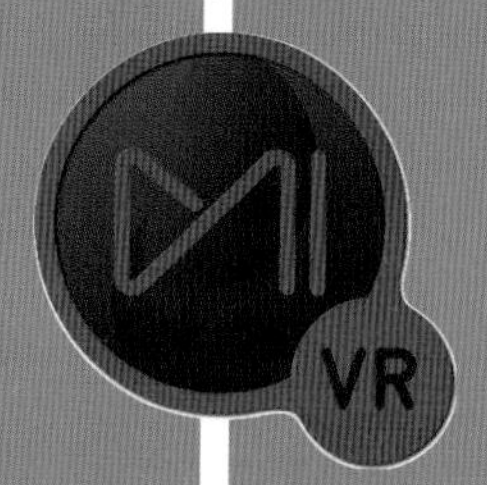

CHAPTER 08

Mistika VR 파일출력과 코덱

8.1 Mistika VR 렌더

파일을 출력하기 위한 메뉴는 File – Render에 있습니다.

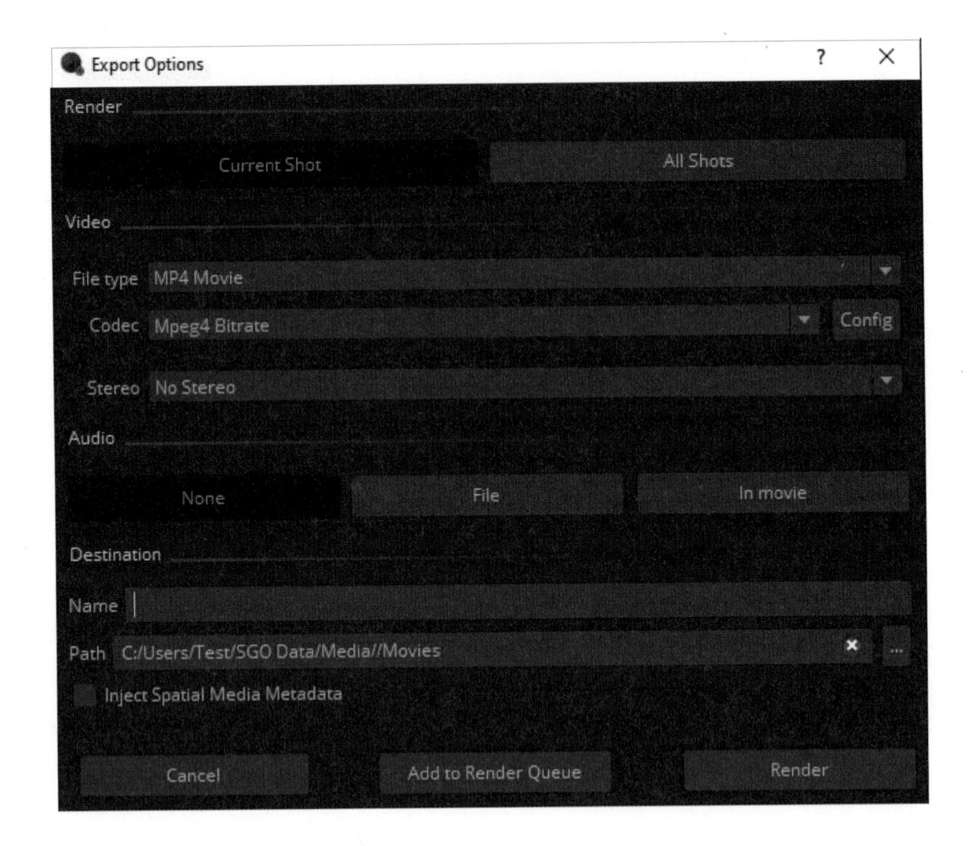

- **Render** : 스토리보드에서 작업 중인 현재 샷만 출력할지 아니면 스토리보드 상에 있는 모든 샷들을 출력할지 결정합니다. 모든 샷은 렌더링을 위한 In-Out 점이 없는 경우 클립의 전체 길이가 출력될 것 입니다.
- **Video** : 출력 파일의 유형을 선택합니다.
  - MP4 Nvidia movie(available for Nvidia graphics cards users)
  - Mistika
  - Image sequence
  - Quicktime ProRes

각 출력 파일 포맷들은 워크플로우 상에 필요에 따라서나 압축률이 높거나 낮은 코덱이 필요한 미디어에 따라서 서로 다른 코덱을 선택할 수 있습니다.
다음 장에서는 각 렌더 파일의 사양과 해당 코덱에 대해 자세히 설명합니다.
MP4코덱은 다른 Bitrate와 GOP 사이즈 옵션으로 구성할 수 있습니다.

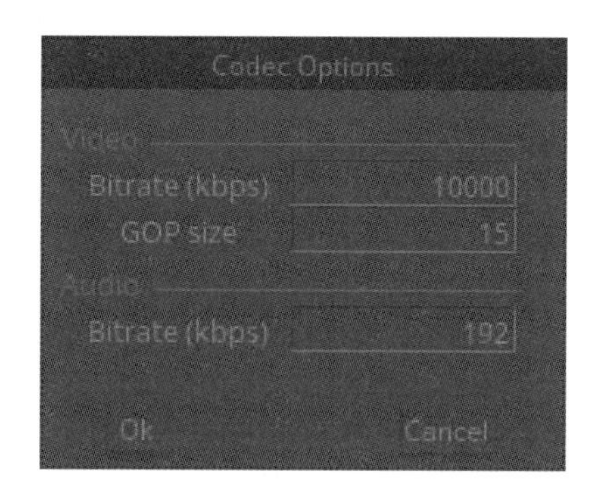

- **Stereo** : 다양한 스테레오 디스플레이 옵션이 있습니다.
  - Top and Bottom
  - Left/Right
  - Left/Right VR180
  - Left view
  - Right view
  - Anaglyph
  - B&W Anaglyph

- **Audio**
  - Non audio : 오디오 출력을 안 할 경우 선택합니다.
  - File : 영상 파일과 별도로 오디오 파일을 출력할 경우 선택합니다.
  - In movie : 별도의 오디오 파일로 출력하지 않고, 영상 파일에 오디오를 실어서 출력할 때 선택합니다.

- **Destination** : 렌더링 이름을 작성하고 출력되는 파일의 경로를 선택할 수 있습니다.
기본적으로 렌더링 경로는 Users/* Username */SGO Data/Media//Movies입니다.

Spacial Media Metadata는 타사 플레이어의 360VR 메타데이터와 호환되는 VR 메타데이터 옵션입니다. 이를 활성화 할 경우 파일 출력 후 다른 플랫폼이나 디바이스에서 바로 360VR 보기가 가능합니다. 하지만 이는 모든 렌더 파일에서 사용 가능하지는 않습니다.

설정이 완료되고 렌더 버튼을 누르면 렌더링 프로세스가 시작되며, 렌더가 완료될 때까지 렌더링 프로세싱 로딩바를 통해 렌더링이 되는 과정을 확인할 수 있습니다. 이를 통해 파일 출력이 완료되는 시간을 예측할 수 있습니다.

8.2 렌더 포맷(Render Formats)

많은 코덱은 Mistika VR의 렌더링 속도에 비해 상대적으로 느리므로 전체 렌더링 성능에 병목 현상이 발생할 수 있습니다. VR 후반 작업 과정을 위해 전달되는 파일에 사용되는 가장 적합한 파일 옵션은 일반적으로 다음과 같습니다.

- **mp4 NVIDIA Movie** : 이 코덱은 매우 빠르지만 몇 가지 제한이 있습니다.
  - H264 코덱의 해상도는 4K x 4K로 제한됩니다.
  - HEVC 코덱의 해상도는 8K x 8K까지 지원되지만 구형 NVidia GPU일 경우 4K x 4K로 제한됩니다.
  - QP 모드는 안정된 품질 제공으로 후반 작업으로 전달하기 위한 중간 파일 포맷으로 적합합니다.

    무손실(QP=0) / 시각적 판단되는 무손실(QP=1.5) / 고품질(QP=약 10) / 일반 품질(QP=약 20) / 완전히 압축된 상태(QP=50)

    다른 앱에서 더 나은 플레이 성능을 위해 중간 파일로 출력해야 하는 경우 낮은 GOP 값을 사용하십시오.

    GOP란 Group of Pictures의 약자로 동영상 압축 시 I-frames, P-frames and B-frames의 수를 어떻게 가져갈까 하는 것으로 동영상 화질 및 비트레이트 그리고 파일 사이즈에 많은 영향을 미칩니다.

먼저 I-frame은 압축에서 기본이 되는 Frame으로 Key frame이라고도 하며, 완전한 한 장의 이미지라고 보면 됩니다. 그리고 P-frame과 B-frame은 I-frame을 기준으로 변환된 부분(움직인 부분)의 정보만 가지고 있는 Frame입니다. 따라서 I-frame이 없으면 P & B Frame은 의미가 없습니다. 그래서 I-frame 수가 많으면 화질은 좋아지는 반면 비트레이트가 올라가고 파일 사이즈가 커집니다.

그래서 압축 시 움직임이 많고 장면변화가 심한 동영상은 I-Frame이 많아 상대적으로 움직임이 거의 없는 동영상(I-Frame 수가 적음)보다 비트레이트가 높고 파일 사이즈가 커지게 됩니다.

결론적으로 수동으로 GOP Size를 설정할 경우 액션이 많은 동영상은 GOP Size를 적게(하나의 I-frame당 P-frame과 B-frame의 수를 적게) 가져가고 움직임이 적은 동영상은 GOP Size를 크게(하나의 I-frame당 P-frame과 B-frame의 수를 많이) 가져갈 수 있습니다.

- 비트 전송률 형식은 최대 비트 전송률이 135.000Kb/s입니다. 이 전송률은 6K 이미지의 경우에는 매우 낮으며 각 GOP마다 주기적으로 품질 저하를 일으킬 수 있습니다.

- **ProRes** : 이 형식은 훌륭한 전달 파일 형식이지만 많은 CPU 성능이 필요합니다. 코덱 속도는 시스템의 CPU 코어 수와 매우 잘 맞습니다.
- **DPX Sequence** : 이 형식은 최대 품질을 위한 표준 포맷입니다, 무손실 10비트까지 지원되며, 사용 중인 스토리지 속도에 의해서만 제한되며 렌더 속도가 매우 빠릅니다.
- **EXR Sequence** : 이는 ILM에서 개발 한 이미지 형식이며 주로 VFX 워크플로우의 중간 파일 형식으로 사용됩니다. 아마도 가장 인기 있는 코텍은 DWA(DreamWorks Animation에서 만든) 일 것입니다. 가장 높은 화질을 유지할 수 있어, 많은 VFX 워크플로우에 이상적이며 실제로 대부분의 VFX 응용 프로그램은 이 형식을 지원합니다.

여기에는 기술적인 내용이 요약된 가장 일반적인 코덱만 언급되어 있습니다. 좀 더 자세한 내용은 다음 장에 설명되어 있습니다.

Mistika VR이 렌더링을 지원하는 트랙은 다음과 같습니다.

- 1 Video track 또는 분할 이미지 모드로 설정된 Stereo 3D 영상
- 2 Audio channels : 오디오 소스로 사용되지 않아도 되는 카메라의 오디오는 음소거를 하고, 선택된 2개의 오디오 트랙은 영상 파일에 포함된 오디오 또는 별도의 파일로 선택하여 출력할 수 있습니다.
- 다음 두 개의 세션은 Compressed codecs(압축 코덱)과 Uncompressed codecs(무압축 코덱)으로 나누어 설명합니다.

8.3 압축 코덱(Compressed codec)

압축 코덱은 낮은 대역폭을 요구하는 작은 용량의 파일을 생성하지만 일부 정보가 손실됩니다(일부 무손실 코덱도 있음). 일반적으로 실제 서비스를 위한 최종 파일로 출력할 때 사용하기 적합하며 후반 작업에서 많은 수정 작업이 필요 없는 파일에 적합합니다. 출력된 파일이 다른 후반 응용 프로그램에서 기본적인 편집 작업 이외에 후반 작업을 많이 해야 할 경우에는 손실이 없는 코덱만 사용해야 합니다.
대부분의 카메라는 1차적으로 압축을 수행하며, 최종적으로 소비자에게 서비스 하기 위해서도 파일 출력을 위한 압축이 이루어집니다. 이렇게 렌더링 과정에서 많은 압축 단계가 추가되면 이미지 품질이 빠르게 저하됩니다.

- **NVidia hardware codecs vs. software codecs** : NVidia 코덱은 소프트웨어 코덱과 유사한 품질을 제공함과 동시에 소프트웨어 코덱보다 훨씬 빠르게 렌더링 할 수 있습니다(일반적으로 10배 더 빠름). 그러나 사용할 수 없는 몇 가지 경우도 있습니다.
  - Latest generation NVidia board : 각 NVidia 모델마다 지원 가능한 최고 해상도가 다릅니다. 이는 NVdia 사이트를 통해 확인할 수 있습니다.
  - Windows or Linux OS : NVidia 코덱은 Apple Mac 시스템을 제외한 Windows/Linux OS에서만 사용 가능합니다.

NVidia 코덱의 렌더링 속도는 GPU에만 의존하지만 다른 모든 코덱의 속도는 CPU에만

의존합니다(주로 스토리지 속도에 의존하는 비압축 코덱의 경우 제외).

- **444 vs. 420 :** 간단히 표현하면, YUV(420)는 영상의 휘도신호인(Luminance-Y) 값은 모두 유지하면서 색차신호(Chroma-UV) 정보는 인접한 라인들 간에 공유하도록 하여 색의 정보 값을 반으로 줄이거나 무시하는 방식으로 처리하는 것을 의미하며, 영상의 모든 정보를 표현하고 있는 RGB(444)는 영상을 표현하고 있는 모든 센서 정보를 유지한다는 것을 의미합니다.
420은 시각적으로 큰 영향을 주지 않으면서 파일 크기를 작게 생성할 수 있지만, 크로마 Key 작업 및 기타 VFX 작업에 필요한 중요한 정보들은 전달할 수 없어 복잡한 후반 작업이 필요한 파일에는 적합하지 않습니다. 결과적으로 420은 미리보기 및 최종 소비자에게 최종 전송에 적합한 형식이며, VFX와 같은 후반 작업이 필요한 경우에는 RGB가 더 적합합니다.
또한 이것은 원래 카메라에서 촬영된 품질에 따라 달라질 수 있습니다. 촬영 클립 자체가 이미 420으로 압축되어 촬영된 경우 420의 형식을 유지하는 것이 좋습니다. 444로 촬영되어 있지 않은 파일을 444로 전달하는 것이 크게 효과적이지 않기 때문입니다. 이 정보 확인을 위해 클립들을 촬영한 카메라 사양을 확인해야 합니다.

- **H264 vs. H265 :** H265 코덱은 같은 비트레이트에서 더 높은 화질을 제공하는 코덱입니다. 또한 H265는 8K 해상도까지 출력 가능합니다(H264는 4K 해상도까지만 출력 가능합니다). 그러나 H265 코덱은 H264 코덱보다 디코딩되는 시간이 느리며, 시스템에 따라 재생 속도가 느릴 수 있습니다. 이런 이유로 H264는 HD & 4K 영상 코덱으로 H265는 6K & 8K 영상 코덱으로 사용하는 것을 권장합니다.

- **GOP factor :** 많은 코덱들은 전체 클립 안에 정의 가능한 GOP(Group Of Pictures)들을 포함하고 있습니다. GOP는 기본적으로 키 프레임 사이의 프레임 수를 정의합니다. 간단히 말해 키 프레임 압축은 인접한 프레임에 의존하지 않고 다음 또는 이전 키 프레임과의 '차이'만 포함됩니다. 높은 GOP 값은 스트리밍 응용 프로그램에 필요한 파일 크기와 대역폭을 줄일 수 있습니다. 하지만 편집 응용 프로그램에서 사용될 파일은

GOP 설정을 낮게 하는 것을 추천합니다. 왜냐하면 특정 프레임으로 이동하려면 많은 처리가 필요해서 작업 퍼포먼스가 떨어지거나 일부 응용 프로그램은 GOP 편집을 전혀 지원하지 않으므로 편집 및 VFX 작업을 위해서는 GOP 설정을 낮게 유지하고 최종 파일 전달이나 미리보기일 경우에는 GOP 값을 높이는 것을 추천합니다.

- **Lossless compression vs. QP :** 렌더링된 이미지가 전문적인 색보정 작업 및 전문 VFX 처리를 해야 할 경우 가능한 무손실 압출 파일로 출력하는 것을 추천합니다.
  간단히 말해서, Lossless 코덱은 이미지를 변경하지 않습니다. 반면 QP는 Quantization Parameter(낮은 값=더 큰 품질)를 설정하여 사용자 정의 압축을 허용합니다. QP를 사용할 때 주관적인 '품질'은 일정합니다. 하지만 비트 전송률은 일정하지 않습니다. 비트 전송률은 목적하는 화질을 만들어내기 위해 콘텐츠 내용에 따라 더 많거나 적은 비트 전송률을 사용하여 지속적으로 변화합니다).
  결과적으로 QP 값의 해석은 내용에 따라 다르므로 따라야 할 정확한 규칙이 없습니다. 평균 콘텐츠의 경우 10 이하의 값은 고품질 무손실 결과를 생성하며 출력 파일을 다른 후반 작업 응용 프로그램에서 사용해야 할 경우 이상적인 설정 값입니다.
  11에서 24 사이의 값은 추가적인 포스트 프로덕션 작업을 하기에는 충분한 값은 아니지만 우수한 시각적 품질을 제공하여 최종 서비스를 위한 파일에 적합한 설정 값입니다. 25보다 큰 QP 값은 출력 파일 사이즈가 작아야 할 경우 사용될 수 있으며, 작은 파일 사이즈와 낮은 품질의 파일을 출력하기 위한 설정 값입니다.

- **QP compression vs. Bitrate :** 일관된 품질을 유지하고 추가 작업이 필요한 파일에 적합한 QP 모드는 데이터 무손실 (QP=0)과 시각적 무손실 (QP=10)입니다. 다시 말해, 고품질은 (QP=약 10), 일반 품질은 (QP=약 20)에서 높은 압축률 (QP=50)까지입니다.

- **Bitrate :** 비트 전송률 모드는 최대 135.000kb/s의 전송률을 허용합니다. 하지만 이 전송률은 6K 이미지에서는 너무 낮습니다. 낮은 전송률은 이미지 해상도가 클 경우 각 GOP마다 품질 저하를 주기적으로 생성할 수 있습니다. 특정 비트 전송률을 정의하는

것이 중요한 경우에만 비트 전송률 모드를 사용하는 것을 추천합니다. 그렇지 않으면 항상 QP를 사용하는 것이 좋습니다. 비트 전송률 모드의 옵션은 GOP 및 비트 전송률입니다.

- **Inject spatial metadata** : 이 설정은 미디어가 VR 360 파일임을 재생 응용 프로그램에 알리기 위해 메타데이터를 추가하는 메뉴입니다. 이 메타데이터를 추가하기 않을 경우, VR 플레이어는 360 모드로 전환하지 못하고 360을 지원하더라도 이미지를 그대로 재생하지 못할 수 있습니다.

- **Main lossless codecs**
  - NVidia HEVC 444 10b Lossless : 유용한 정보가 손실되지 않으며 압축되지 않은 코덱에 비해 파일 크기가 크게 줄어듭니다. 그러나 디코딩 속도가 느릴 수 있으며 모든 응용 프로그램이 HEVC를 지원하는 것은 아니므로 사용 목적에 따라 사용해야 합니다.
  - NVidia HEVC 420 8b Lossless : 더 작은 파일 크기로 출력되지만, 420 8비트 코덱은 YUV420을 기반으로 촬영하는 저가 카메라 클립에서만 화질 손실이 없어 보이고, 그 이상으로 촬영된 파일인 경우에는 화질 손상이 보일 수 있습니다.

- **Main general purpose codecs**
  - NVidia mp4 H264/H265(HEVC) QP : 이것은 아마도 범용적인 파일에 가장 적합한 코덱일 것입니다. 동일한 비트 전송률에서 최상의 압축 및 속도를 제공합니다.
  - H264 : 뛰어난 호환성을 제공하고 디코딩 속도가 빠르며 최대 4K의 실시간 재생에 이상적인 파일 코덱입니다. 파일을 출력할 때 어떤 코덱을 사용해야 할지 잘 모른다면 이 코덱을 기본값으로 사용하는 것을 추천합니다.
  - H265/HEVC : 8K 인코딩을 지원하고 동일한 비트 전송률로 더 품질을 제공하지만 디코딩 속도가 훨씬 느릴 수 있습니다.
  - Apple Prores : Mac 컴퓨터용 표준 코덱 제품군입니다. 일반적으로 H264 변형과 비슷한 품질과 크기를 제공합니다. 최신 Apple ProRes SDK에 대한 공식 지원은 Mistika

최신 릴리스에서 제공됩니다. 최신 Mistika 버전에서는 ProRes 재생 및 렌더링 성능을 모두 향상시키고, 보다 정확한 메타 데이터 관리 기능을 제공합니다. 공식 웹에서 Apple ProRes 코덱 지원과 관련된 모든 정보를 찾을 수 있습니다.

- JPG 8b image sequence : 이미지 시퀀스이므로, 영상의 형태로 압축할 수 없고 렌더링 속도가 느려 압축 측면에서 효율적이지 않습니다. 하지만 몇 가지 장점이 있습니다. 첫 번째로 오래된 응용 프로그램과도 매우 잘 호환됩니다. 두 번째로 영상 파일과는 달리 Smedge, Deadline 또는 Mistika Ultima BatchManager와 같은 렌더 관리자와 함께 병렬로(같은 클립을 렌더링하기 위해 함께 작동하는 여러 렌더 노드) 렌더링 할 수 있습니다. 마지막으로 파일 출력 실패 시 렌더링을 처음부터 다시 시작해야 하는 동영상 파일과는 달리 문제되는 구간만 부분적으로 '수정 렌더링' 할 수 있는 장점이 있습니다.

참고 : QP 형식에서 품질은 사용자가 정의한 설정 값에 따라 결정됩니다(값이 낮을수록 화질이 우수하고 파일 사이즈가 큽니다).

8.4 무압축 코덱(Uncompressed codec)

이 포맷은 비트 심도 및 샘플링 설정 이외의 압축을 적용하지 않습니다. 미디어를 전문 VFX 및 후반 작업으로 전송하는데 이상적인 파일 형식입니다. 일반적으로, 무압축 코덱은 무손실 코덱보다 파일 크기가 크지만 빠른 스토리지 볼륨을 필요로 하기 때문에 사용 중인 스토리지가 빠르면 성능을 가지고 있다면 파일 호환성과 디코딩 속도가 빠릅니다.

Uncompressed Movie Formats

- Mistika .js : 사용 가능한 무압축 파일 포맷 중 유일한 동영상 파일 형식입니다. 완벽한 메모리 사용 및 최적의 실시간 재생 성능(최대 무압축 8K 60p 파일 실시간 성능)을 위해 설계되었습니다. 또한 Mistika Ultima Totem 도구로 병렬 렌더링이 가능하며, 일반

이미지 시퀀스 파일 렌더가 가지고 있는 파일 시스템의 조각화 문제를 방지할 수 있습니다. 이 형식은 Mistika 응용 프로그램에서만 지원되지만 사용자가 Mistika 응용 프로그램에서 작업하려는 경우 일반적으로 가장 적합한 파일 형식입니다.

- Uncompressed Image Sequences : 무압축 이미지 시퀀스 파일이므로 최상의 품질을 유지할 수 있고, Smedge, Deadline 또는 Mistika Ultima BatchManager와 같은 렌더 노드를 이용하여 병렬로 렌더링 할 수 있습니다.
  - DPX RGB 10b : 이것은 VFX 업계에서 가장 표준으로 사용하는 파일 형식이며 출력 이미지 해상도에 제한이 없습니다.
  - Tiff 16b : 이 파일 형식은 전문가 카메라에서 촬영된 HDR 영역의 데이터를 보존하기 위한 파일의 형식으로 사용됩니다. 대부분의 경우에는 실질적인 이점이 없이 파일 사이즈가 매우 큰 파일을 생성하기 때문에, 꼭 필요한 경우에만이 형식을 사용하는 것을 추천합니다.
  - EXR DWA : ILM에서 개발한 이미지 형식이며 주로 전문 VFX 작업을 위해 최고 화질을 유지하기 위한 파일 형식으로 사용됩니다. 아마도 가장 인기 있는 파일 형식은 DWA(DreamWorks Animation에서 만든)일 것입니다. 이미지 시퀀스로 많은 VFX 워크플로우에 이상적이며 실제로 대부분의 VFX 응용 프로그램은 이 파일 형식을 지원합니다. 동영상 파일과의 차이점은 병렬로 렌더링 할 수 있어, 렌더링 속도를 향상시킬 수 있습니다. 또한 파일 출력시 문제가 있는 구간의 이미지 시퀀스만 부분 수정 렌더링이 가능합니다.

    이를 통해 Mistika VR 사용자에게는 효율적인 워크플로우를 제공할 수 있습니다. 초기 검토를 위해 첫 번째 스티치 클립을 렌더링 한 다음 수정 사항이 포함된 부분만 조정하고 다시 부분 렌더링을 할 수 있습니다. 이렇게 하면 Mistika는 선택한 프레임만 덮어 씁니다.

    EXR 형식의 또 다른 장점은 채널당 16비트를 지원한다는 것입니다. 이는 일반적으로 HDR 및 고급 카메라 촬영본으로 작업하는 워크플로우에 이상적입니다. EXR DWA는 기본 압축 값(45)으로 정의하는 압축 기능을 제공하며 고급 카메라에서도 이는 "무손실" 형식으로 간주 됩니다.

EXR DWA 형식은 CPU 재원을 많이 사용하지만, jpg 형식과는 달리 인코딩 및 재생 속도가 빠르므로 적절한 CPU가 있을 때 Mistika 응용 프로그램에서 4K 파일을 재생할 수 있습니다.

다른 EXR 파일은 EXR ZIP입니다. 이것은 원본 이미지를 내부적으로 ZIP 형식으로 압축하는 파일입니다(ZIP 압축은 손실이 없고 완전 가역적입니다). 그러나 DWA와 비교할 때 파일 크기 측면에서 효율성이 낮고 속도가 느리므로 VFX 부서에서 특별히 요구할 때만 사용하는 것이 권장됩니다.

mistika vr

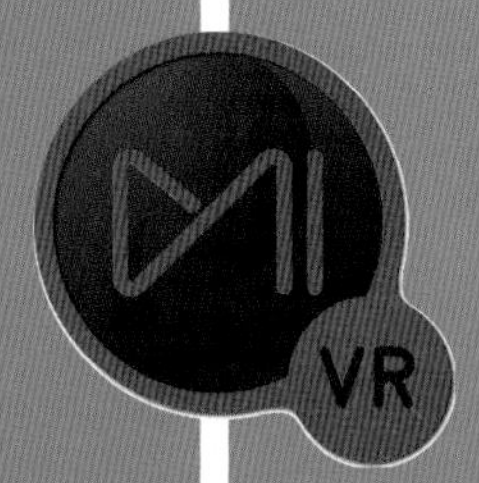

CHAPTER

09

문제 해결

SGO는 Mistika VR 커뮤니티의 다양한 의견을 반영한 매뉴얼을 지속적으로 업데이트하려고 노력하고 있습니다.
다음의 주소로 문제에 대한 설명과 해결을 위한 단계별 지침을 보냄으로써 미스티카 VR 관련 팁과 기술을 자유롭게 공유할 수 있습니다.

해외 본사 : marketing@sgo.es or support+vr@sgo.es
한국 지사 : support@sgo.kr

- Artifacts on edges of overlapping zones : 스티칭이 향상되는지 확인하려면 Optical Flow의 Range 설정 값을 Large 또는 Medium으로 설정하십시오. 더 큰 설정 값은 더 큰 범위가 스티칭 되어 카메라 사이의 범위가 자연스럽게 스티칭 되는 것처럼 보일 수 있으나. 겹치는 부분에 있는 작은 오브젝트들은 이그러지는 아티팩트를 생성할 수 있어, 결과에 따라 설정 값을 선택해야 합니다.
- **천정과 바닥의 블랙홀** : 카메라 사이에 겹치는 부분이 없거나 렌즈 왜곡이 불완전할 경우 또 특히 카메라 리그에 위/아래로 향한 카메라가 없는 경우에는 천정 또는 바닥에 블랙홀 또는 강하게 왜곡된 영역이 생길 수 있습니다. 이럴 경우 "Fill Holes" 파라미터를 "Extrude"로 변경하여 문제를 해결할 수 있습니다. 또한 각 카메라 별로 촬영된 원형의 소스의 Crop 사이즈를 줄여 이를 해결할 수도 있습니다.
  또한 로고 파일을 바닥 부분에 배치하고 이 파일을 '카메라'로 추가하고, 이 '카메라'를 오버레이 모드로 전환하면, 블랙홀 부분을 로고로 덮을 수 있습니다. 'Pitch'를 -90으로 설정하여 롤 다운 할 수 있습니다. VR뷰에서 로고를 평평하게 보이게 하려면 이 '카메라'의 매핑을 Planar Rectilinear로 변경합니다.

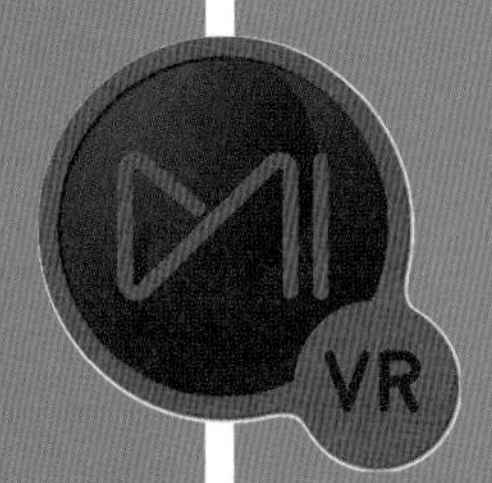

CHAPTER
10

Mistika VR과 Mistika Boutique 콜라보레이션

Mistika VR 프로젝트는 Mistika Ultima(v8.7 이상) 또는 Boutique에 로드할 수 있습니다. Mistika VR에서 불가능한 고급 후반 작업을 다음의 것들을 가능하게 해 줍니다.

- 온라인 편집
- 스테레오 3D 고급 조정 및 깊이 그레이딩
- VR 다층 합성 및 CG 통합
- 애니메이션 VR 모양 · 모션 추적
- VR 공간의 컬러 그레이딩
- 선택적으로 VR 헬멧으로 라이브 스트리밍되는 클라이언트 참석 세션
- EDL, AAF, XML에 적합한 도구
- 페인팅, 타이틀
- 마무리 및 VFX 워크플로우
- Mistika Totem multiGPU 기술로 실시간 렌더링보다 빠름

10.1 Mistika Boutique에 Mistika VR 프로젝트 보내기

Mistika VR 프로젝트를 Mistika Ultima 시스템으로 전송하려면 .vrenv를 로드합니다. 필요한 경우 다시 연결 도구를 사용하여 새 위치에서 미디어 파일을 찾으십시오. 보다 자동화 된 워크 플로우 및 자동화 된 경로는 다음 사항을 참조하십시오.
또는 Mistika VR에서 VR－Render－AddToQueue를 사용하여 .rnd 파일을 보낼 수 있습니다.

PART
03

Mistika Boutique 매뉴얼

mistika boutique

CHAPTER

01

Mistika Boutique 사전 설정

1.1 Mistika Boutique 권장 시스템 사양

Mistika Boutique는 PPU(Pay-per-Use) 구독 모델을 기반으로 하는 Windows 및 macOS 용 소프트웨어 전용 제품입니다.

따라서 Mistika Ultima Turnkey 시스템과 달리, Mistika Boutique에는 기본적인 하드웨어와 스토리지 연결을 위한 소프트웨어가 포함되어 있지 않습니다. SGO에서 제공하는 Mistika Workstation 또는 Mistika Storage 사용은 사용자의 선택 사항이며 요청 시 논의될 수 있습니다. (문의 : www.sgo.kr)

다음은 Mistika Boutique 소프트웨어를 사용하기 위한 하드웨어에 권장 사항입니다.

참고 : SGO에서 제공하지 않은 컴퓨터 및 스토리지에 대해서는 원격 지원 서비스를 제공할 수 없습니다. 그러나 Mistika Boutique는 비디오 I/O와 같은 특수한 하드웨어를 제외하고는 많은 브랜드의 시스템 부품 사용을 지원하기 때문에 시스템의 자유로운 확장성이 가능합니다. 따라서 일반적으로 빠르고 안정적인 시스템에서는 Mistika Boutique가 정상적으로 작동됩니다.

권장 운영체제

- Windows 10(64비트)
- macOS : High Sierra 및 Mojave(이전 버전은 지원되지 않으며 정상적으로 작동되지 않습니다). Catalina는 아직 테스트되지 않았으므로 지원되는 플랫폼이 아닙니다.

참고 : Linux OS에서는 Mistika Boutique가 지원되지 않습니다(Linux에서는 Mistika Ultima만 사용 가능합니다).

이미지 파일 형식별 시스템 고려사항

Mistika Boutique의 파일 프로세싱은 CPU 또는 스토리지 성능을 집중적으로 사용해야 하는 일부 미디어 코덱을 제외한 코덱들은 GPU에서 수행됩니다.

다음은 일반적으로 이미지 코덱별로 고려되어야 하는 시스템 사항을 정리한 내용입니다.

파일 재생 및 렌더 속도는 시스템에서 가장 느린 구성 요소에 의해 제한될 수 있습니다. 이것은 주로 특정 이미지 형식에 따라 다릅니다.

- **압축 코덱**(예 Apple ProRes, R3D, EXR 압축 파일 형식, XAVC, J2K, H264, H265/HEVC, …)
  해당 파일 코덱의 프로세싱은 주로 시스템 CPU에 의존합니다. 프로젝트에서주로 압축 파일 형식을 사용할 경우 가능한 빠른 CPU를 사용하는 것이 좋습니다. Mistika는 일반적으로 CPU 코어를 병렬로 사용하는 병렬 처리 기능을 제공하여 재생 및 렌더링을 빠르게 처리 할 수 있습니다. 클럭 속도가 3.0GHz 이상이고 가능한 많은 코어가 있는 CPU를 사용하는 것이 좋습니다. 최소 8코어 이상의 CPU 사용을 추천합니다.

참고 : 일부 압축 코덱은 더 빠른 프로세싱 처리를 위해 GPU를 사용할 수도 있습니다.

- **RED R3D 디코딩** : 기존의 "Cuda" 디코더 유형을 사용할 때는 CPU와 GPU가 모두 중요합니다. CPU 디코더 유형은 CPU만 사용하고, Cuda new 디코더 유형은 완전하게 GPU를 기반으로 처리 합니다. 일반적으로 RED 카메라의 RAW 파일인 R3D 파일은 GPU 기반의 프로세싱을 하기 때문에 기존에는 RED ROCKET이라는 전용 하드웨어를 추가해야만 디코딩 처리 성능이 향상되어 무거운 RED R3D 파일로 작업을 할 수 있었습니다. 하지만 최신 NVidia GPU의 새로운 Cuda New 디코더가 R3D 파일을 GPU 기반으로 처리하면서 기존 RED ROCKET 만큼의 성능을 제공하게 되었습니다. 하지만 Cuda new는 3GB 이상의 NVidia GPU 모델에서만 사용 가능합니다.
- **H264/H265 인코딩** : 이 파일 코덱들은 CPU를 사용하는 것보다 NVIDIA GPU 인코더를 사용해 훨씬 더 빠르게 렌더링 할 수 있습니다. 이를 위해서는 최신 NVidia GPU가 필요합니다(NVIDIA 웹 사이트에서 각 모델이 지원하는 코덱을 확인하십시오).

참고 : 현재 NVIDIA사는 Apple MacOS에서는 이 기능을 지원하지 않으므로 위 코덱 파일의 NVIDIA GPU 가속 인코딩은 Windows 및 Linux에서만 작동합니다.

- Arri RAW 파일 디코딩 : .ari, .arx 파일들의 빠른 프로세싱을 위한 Arri의 공식 GPU 디코딩 기능은 Mistika v8.10 이후 버전부터 지원합니다.

- **무압축 파일**(예 DPX, EXR 무압축 파일, Tiff16, Mistika .js, …)

  무압축 파일의 처리 속도는 주로 스토리지 속도에 따라 달라지므로 빠른 NVMe 디스크 드라이브나 RAID 디스크 어레이와 같은 사용을 권장합니다.

하드웨어 구성 요소

- CPU 및 스토리지

  이 두 개의 하드웨어 구성은 앞서 설명한대로 이미지 형식에 따라 달라집니다.
  앞에 정리된 내용을 다시 한 번 참고해주세요.

참고 : Apple 컴퓨터의 경우 2013년 이후 출시된 시스템에서만 Boutique가 정상 작동됩니다.

- GPU(그래픽 보드)

  GPU는 일부 파일 형식의 디코딩을 제외한 대부분의 Mistika Boutique 파일 디코딩 기능에서 가장 중요한 구성 요소입니다.
  GPU는 2012년 이후의 모든 모델을 지원하지만 최신 버전 일수록 좋습니다. Mistika는 다른 브랜드의 개별 GPU도 지원하지만 NVIDIA(Kepler 세대 이상) GPU 사용을 적극 권장합니다. NVIDIA는 개발자와 엔지니어가 Mistika Technology 소프트웨어를 위해 GPU를 최적화하고 테스트 과정을 거치기 때문에 Mistika Boutique를 최적의 GPU 환경에서 사용하기 위해 NVIDIA GPU 사용을 권장합니다.
  GPU 메모리의 크기도 중요합니다. 4K 작업의 경우 최소 11GB의 GPU 사용을 권장합니다. Mistika Boutique는 GPU 메모리를 절약하지 않고 고성능을 위해 최적화되어있기 때문에 메모리를 최대로 사용합니다. 따라서 작업에 따라서는 높은 메모리의 GPU 사용이 필요합니다.
  Mistika Boutique는 현재 멀티 GPU 사용을 지원하지 않습니다.

멀티 GPU는 Linux의 Mistika Ultima에서만 사용 가능합니다.
일반적으로 NVIDIA Quadro 보드는 다음과 같은 측면에서 동일한 세대 및 사양의 NVIDIA GeForce 모델보다 우수합니다.

- Quadro 보드는 이미지를 동시에 업로드, 다운로드 할 수 있습니다. 또한 비디오 출력 장치로 AJA 또는 Blackmagic 비디오 보드를 사용할 경우 더 빠른 실시간 재생이 가능한 성능을 제공합니다.
- RED R3D 파일 디코딩에서도 위에서 설명한 기능의 장점을 제공합니다.
- Quadro 보드는 같은 세대의 GeForce보다 많은 메모리를 제공하기 때문에 보다 복잡한 작업을 수행할 수 있습니다.

따라서 SDI 영상 출력 보드를 사용하거나 집중적인 처리와 많은 메모리가 필요한 복잡한 프로젝트일 경우에는 Quadro 보드를 사용하는 것이 좋습니다. 한편 GeForce 보드는 영상 입출력 보드가 없는 소규모 시스템에 효율적인 비용으로 사용 가능한 GPU입니다.
Mistika 사용을 위해 가장 권장되는 모델은 다음과 같습니다.

- NVIDIA GeForce 1080ti : 렌더 노드 및 AJA 또는 Blackmagic 비디오 보드가 없는 시스템에 추천
- NVIDIA Quadro P4000 또는 RTX 4000 : AJA 또는 Blackmagic 보드와 함께 작동할 때 우수한 성능 제공. 컬러 그레이딩, 프레이밍 및 기본 효과를 포함하여 최대 4K/UHD 60p 영상의 실시간 재생 가능
- NVIDIA Quadro P5000 또는 RTX 5000 : AJA 보드와 함께 작동할 경우 탁월한 성능 제공. 컬러 그레이딩, 프레이밍 및 기본 효과를 포함하여 최대 2개 레이어 UHD 60p 실시간 재생 가능. NVIDIA 하드웨어 인코더 사용시 최대 8K 영상 재생 가능.
  현재 이 모델은 성능대비 가격 효율성 측면에서 대중적으로 많이 추천되는 그래픽 카드입니다.
- NVIDIA Quadro P6000 또는 RTX 6000 : AJA 보드와 함께 작동할 경우 최고의 성능 제공, 복잡한 4K/UHD 워크 플로우 및 NVIDIA 하드웨어 인코더를 사용할 경우 8K

이상의 작업 가능, 복잡한 VR 워크플로우에도 권장되는 그래픽 카드입니다.

참고 : Mistika의 경우 RTX 와 Pascal 동등 모델은 모두 유사한 성능을 제공하므로 위 목록에서 참고 바랍니다.
Quadro와 Geforce 그래픽 카드의 차이점에 대한 자세한 내용은 다음 페이지를 통해 확인할 수 있습니다.
https://support.sgo.es/solution/articles/1000247927-nvidia-quadro-or-geforce-

- RAM

8GB는 교육 시스템 및 간단한 프로젝트 작업을 할 경우 권장됩니다. 또한 CPU 코어가 적은 노트북 또는 컴퓨터에서 기본적인 HD 작업을 할 때 허용됩니다.
16GB는 최대 16개의 CPU 코어가 있는 시스템에서 HD/2K 작업을 할 경우 권장됩니다.
64GB는 레이어가 적은 일반 4K 작업을 할 경우에 권장됩니다. 많은 CPU 코어가 있는 워크스테이션에서 복잡한 멀티 레이어를 가진 워크플로우에서는 더 많은 RAM이 필요합니다.
128GB는 복잡한 멀티 레이어로 이루어진 4K 작업 또는 기본 UHD, 8K 제작 워크플로우에서 권장됩니다.
256GB는 복잡한 UHD, 8K 프로덕션 및 16K, 32K 영상 제작의 경우 권장됩니다.

참고 : 위의 예는 대략적인 것으로 참고용으로만 제공됩니다. 예를 들어, 기본 8K VR 프로젝트는 일반적으로 하나의 8K 레이어와 하나의 스티치 효과로 만들어지기 때문에 너무 많은 RAM이 필요하지는 않습니다. 그러나 일반적인 UHD 및 8K 제작에는 훨씬 더 많은 복잡성과 RAM이 필요합니다.

1.2 Mistika Config Tool

Mistika Config Tool은 프로젝트와 작업 환경에 관련된 모든 것을 설정할 수 있는 툴입니다.

Mistika Boutique를 실행하기 전에 Mistika Config Tool에서 작업할 프로젝트의 환경 설정을 해야 합니다.

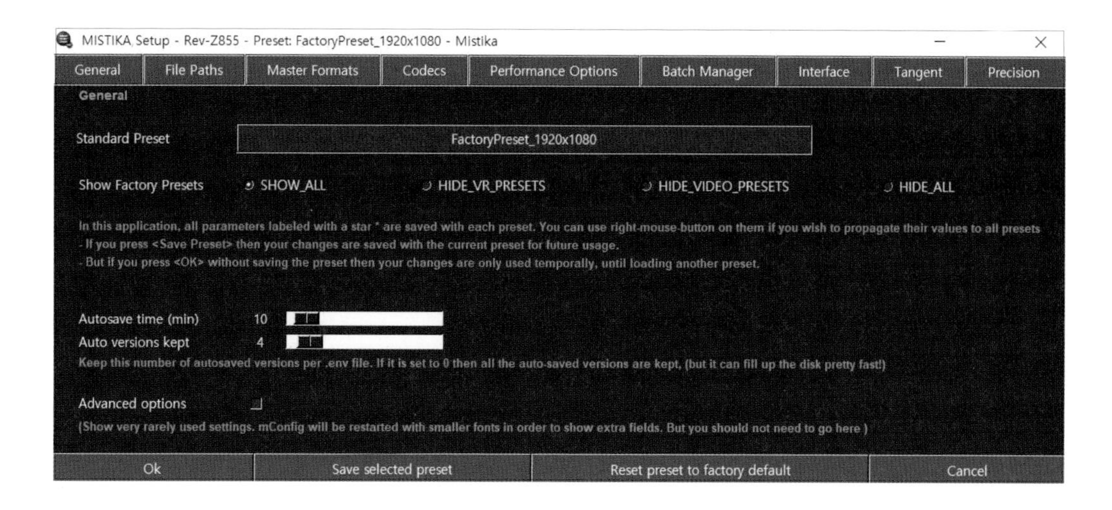

General 탭

- Standard Preset 메뉴에서 프로젝트의 해상도와 프레임 레이트를 미리 설정해 놓은 Preset 중 작업하고자 하는 환경 설정과 일치하는 Preset을 선택합니다. 편의를 위해 Factory Preset이 기본적으로 제공되며, 사용자가 Preset을 새롭게 만들거나 기존 Preset을 수정할 수도 있습니다.
- 일반적인 영상의 해상도 비율과 VR 영상의 해상도 비율은 다르기 때문에 Preset도 VIDEO_PRESETS과 VR_PRESETS로 구분되어 있습니다. 따라서 Presets 목록이 너무 많아 보기 불편하다면 HIDE 옵션을 통해 작업하고자 하는 Presets 목록만 볼 수 있습니다.
- 효율적인 VR 마스터링을 위한 프로젝트 환경 세팅 방법은 다음과 같습니다. VR 작업의 경우에는 무거운 콘텐츠들로 인해 작업속도가 떨어지는 단점이 있습니다. 이럴 경

우 VR Preset 중 1920*960을 선택하여 작업은 저해상도 환경에서 하고, 작업 완료 후에는 고해상도로 작업 환경을 바꾸어 파일을 렌더링하면 고화질의 결과물을 얻을 수 있습니다.

- Autosave 메뉴는 프로젝트를 자동으로 저장하는 시간 간격과 몇 개의 버전까지 저장할지 설정하는 메뉴입니다.

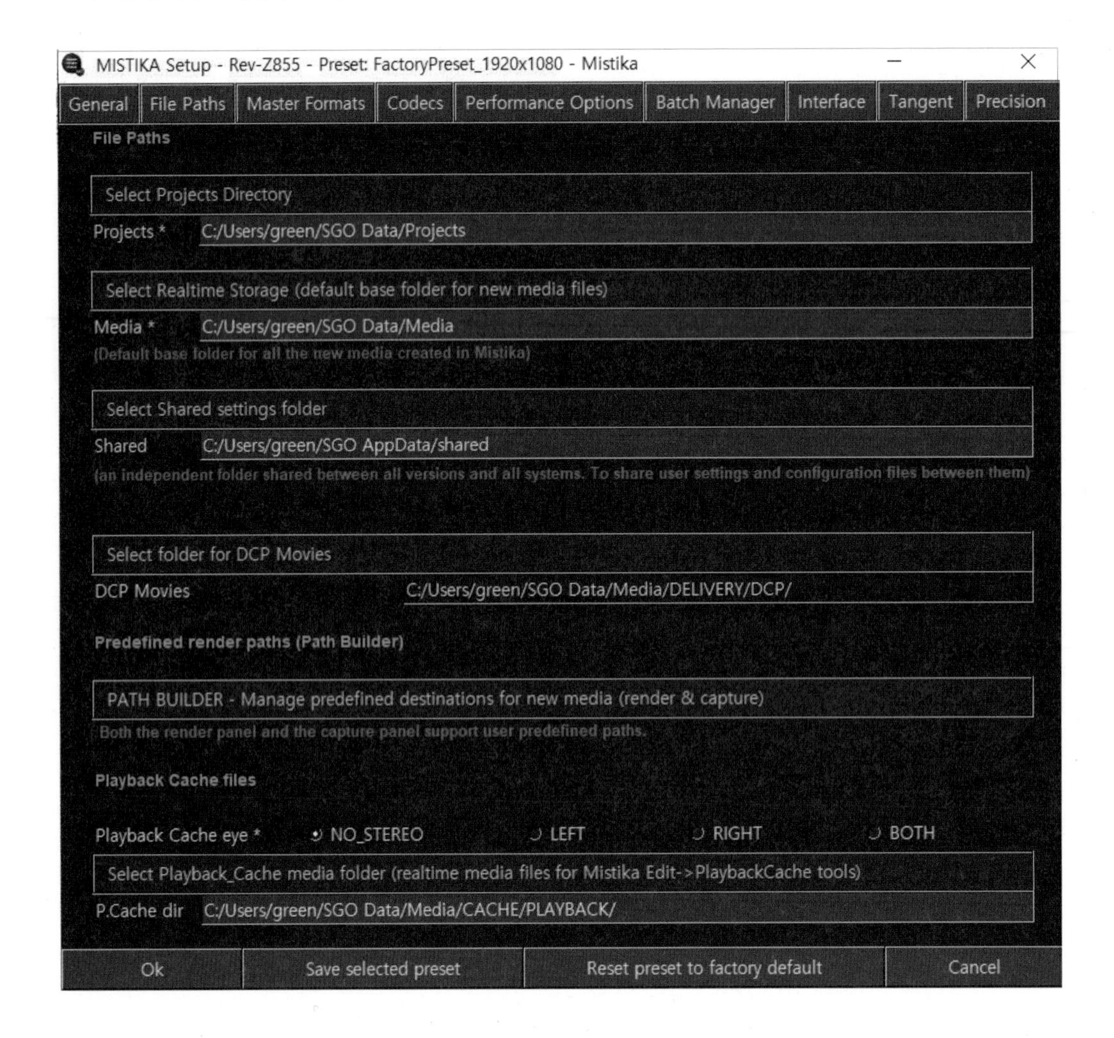

File Paths 탭

- Mistika는 시스템의 파일처리 성능과 파일 관리의 편의를 위해 프로젝트 파일과 작업 소스들이 저장되는 위치를 미리 설정해 놓았습니다. 설정된 위치들은 사용자가 변경할 수 있습니다.

- 또한 Mistika는 협업을 위한 워크플로우를 위해 설계된 프로그램이기 때문에 파일 출력 시 출력 파일 형식에 따라 미리 설정해 놓은 규칙대로 경로가 자동으로 정해지게 됩니다. 이렇게 미리 정해 놓은 규칙대로 파일이 출력되기 때문에 협업 시 파일 위치를 쉽게 찾을 수 있습니다. 이러한 규칙은 PATH BUILDER 메뉴에서 재설정 가능합니다.

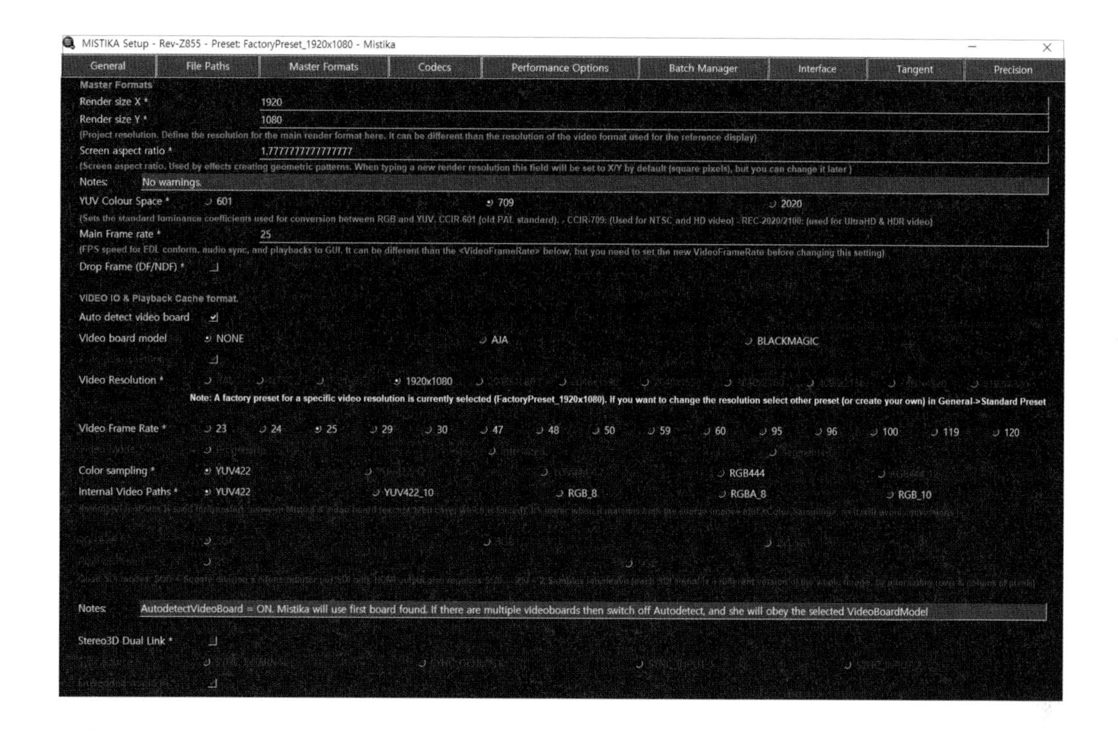

Master Formats 탭

- Master Formats 메뉴에서는 작업 프로젝트의 해상도와 색상 영역, 프레임 레이트를 결정합니다.
- VIDEO I/O Format 메뉴에서는 영상 출력 보드가 설치된 시스템에서 작업 영상을 TV나 전문 프리시젼 모니터로 출력해서 볼 때 영상의 해상도와 프레임 레이트, 컬러 샘플링 등을 설정할 수 있습니다. 영상 출력 보드가 없다면, Video board model을 None으로 선택하면 됩니다. 이럴 경우에는 영상을 작업 모니터를 통해 확인 가능합니다.
- 두 개의 설정이 별도로 되어 있는 이유는 I/O 보드 & 모니터의 해상도가 프로젝트 해상도와 같지 않아도 작업이 가능하도록 하기 위해서입니다. 예를 들어, 작업해야 할 프로젝트는 4K 해상도이고, 영상 출력을 위한 TV의 해상도는 HD이라면, Master Formats

해상도는 4K로 작업하고, I/O Board 해상도는 HD로 설정하여, 4K 작업 영상을 HD 화면으로 사이즈를 맞추어 볼 수 있습니다.

- I/O 보드는 별도의 하드웨어이기 때문에, 아래에 사용자를 위한 별도의 설명을 추가합니다.

VIDEO INPUT/OUTPUT

현재 Mistika에서는 AJA와 Blackmagic에서 공급하는 전문가용 영상 입·출력 보드를 통해 작업하는 영상을 TV 및 전문가용 모니터로 출력할 수 있습니다.

AJA I/O Support on Mistika Boutique (Windows and Mac)

- **Windows 지원 AJA I/O 모델**

  [AJA Kona4]

  - 연결 : 4 x SDI 3G connectors / 1 x HDMI connector
  - 해상도 : 4K / UHD 60p - QUAD SDI, HDMI 모두 지원
    HD Stereo3D dual link 지원

  [AJA Corvid88]

  - 연결 : 8 x SDI 3G connectors
  - 해상도 : 2 x 4K / UHD 60p – Quad SDI 지원
    4K Stereo3D dual link / UHD SDR + HDR 동시 출력 지원

  [AJA IO 4K]

  - 연결 : 4 x SDI 3G connectors / 1 x HDMI connector
  - 해상도 : 4K / UHD 60p – QUAD SDI만 지원
    HD Stereo3D dual link 지원

  [AJA IO 4K Plus]

  - 연결 : 4 x SDI 3G connectors / 1 x HDMI connector
  - 해상도 : 4K / UHD 60p – QUAD SDI, HDMI 모두 지원
    HD Stereo3D dual link 지원

- **macOS 지원 AJA I/O 모델**

  [AJA IO 4K]

  - 연결 : 4 x SDI 3G connectors / 1 x HDMI connector
  - 해상도 : 4K / UHD 60p - QUAD SDI만 지원

    HD Stereo3D dual link 지원

  [AJA IO 4K Plus]

  - 연결 : 4 x SDI 3G connectors/1 x HDMI connector
  - 해상도 : 4K / UHD 60p - QUAD SDI, HDMI 모두 지원

    HD Stereo3D dual link 지원

  [AJA Drivers and Firmware]

  - Driver : Mistika 8.8.1 이상 버전은 AJA driver 15.0 ver. 이상 설치
  - Firmware : 펌웨어를 인스톨할 때 "Io4K(4K Mode)"를 선택해야 합니다.

    이는 AJA 컨트롤 패널에서 선택 가능합니다.

    "Io4K (UFC Mode)"를 선택하지 않도록 주의합니다.

Blackmagic I/O Support on Mistika Boutique

- Blackmagic 보드는 모두 같은 드라이버를 사용하므로 Blackmagic의 모든 보드는 Boutique에서 사용 가능합니다.
- Blackmagic 드라이버는 Mistika 소프트웨어에 내장되어 있으므로 드라이버를 따로 설치할 필요가 없습니다.
- 최대 4K/UHD 해상도의 YUV422 YUV 10비트를 지원합니다.
- Blackmagic 보드는 현재 Mistika에서 RGB 모드를 지원하지 않습니다(향후 버전에서 변경될 수 있음).
- Stereo3D dual link를 지원하는 모델일 경우 지원합니다.

CHAPTER
02

Mistika Boutique 실행하기와 기본 컷 편집

2.1 작업환경 소개

프로젝트 환경 설정이 완료되었다면, 이제는 본격적으로 Mistika Boutique를 시작할 수 있습니다.
이번 장에서는 Mistika VR에서 작업한 VR 프로젝트를 Mistika Boutique에서 마스터링 하는 방법 소개에 좀 더 집중되어 있습니다. 하지만 소개되는 기능들 대부분은 일반 작업에도 동일하게 적용될 수 있습니다.

Mistika Boutique를 실행하면 자동 로그인에 의해 프로그램이 실행됩니다.

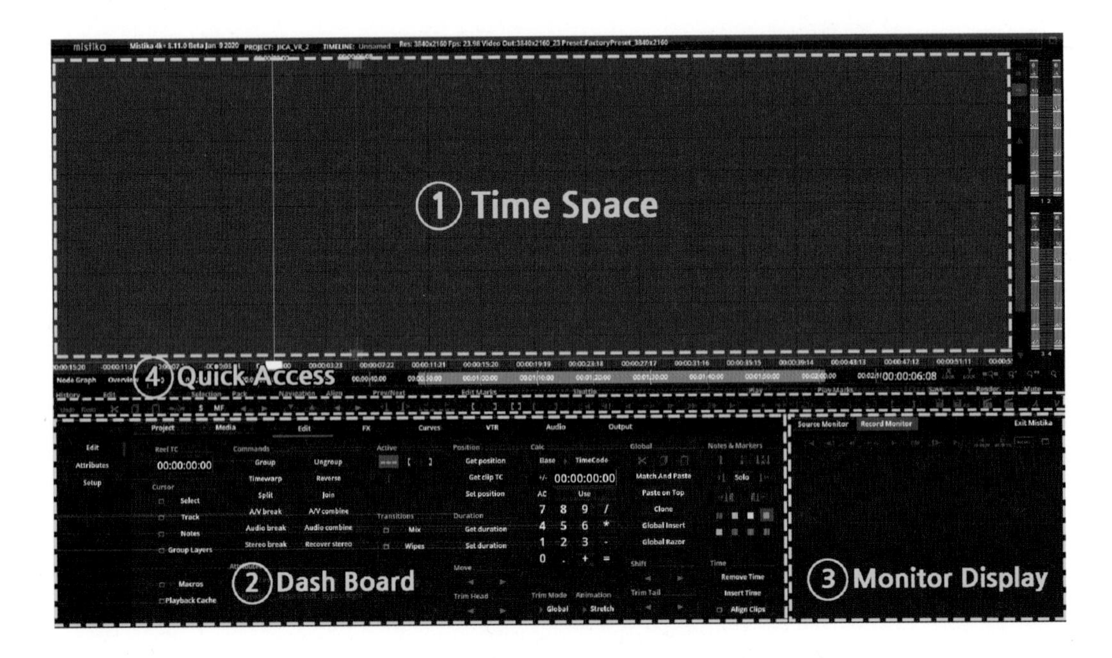

프로그램을 시작하게 되면 위와 같은 화면이 보여집니다. Mistika Boutique의 메인화면은 크게 4개의 영역으로 구분됩니다.

① Time Space는 미디어 클립들이 놓여지는 영역입니다. Mistika Boutique의 Time Space는 일반적인 타임라인과 그 구조가 좀 다릅니다. 별도의 오디오, 비디오 트랙 구별 없이 자유로운 퍼즐 구조로 클립들을 제어하는 Time Space입니다.

② Dash Board는 작업에 필요한 모든 기능들을 모아놓은 영역입니다. 기본적으로 프로젝트와 미디어 관리, 편집, FX, 파일 출력 등과 같은 기능들이 그룹되어 정리되어 있으며, 각각의 기능들은 좀 더 정밀하게 제어할 수 있는 별도의 Visual Editor 창을 가지고 있습니다. 이 Visual Editor 창은 각 기능별로 자세하게 소개하겠습니다.

③ Monitor Display는 작업하는 Source 클립과 Master 클립을 볼 수 있는 창입니다. 앞서 Mistika Config Tool에서 설명했듯이, 별도의 I/O 보드가 있는 시스템의 경우에는 작업 Monitory가 아닌 별도의 외부 모니터를 통해 Master 영상을 확인할 수 있습니다.

④ Quick Access 창은 작업에 자주 쓰이는 도구들을 모아놓은 창입니다. 맨 왼쪽 도구들부터 살펴보겠습니다.

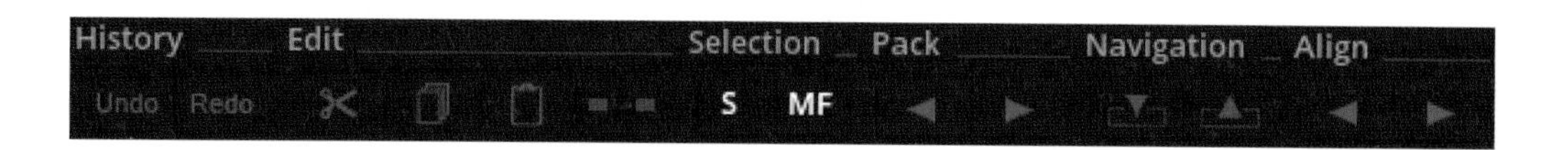

- History
  - Undo [Ctrl+Z] : 이전 작업으로 되돌아 가기
  - Redo [Ctrl+Shift+Z] : 실행 취소된 마지막 작업을 다시 실행

- Edit
  - Cut [Ctrl+X] : 선택한 클립 잘라내기
  - Copy [Ctrl+C] : 선택한 클립 복사하기
  - Paste([Ctrl+V] : 커서 위치에 복사한 클립 붙여넣기
  - Remove [Del] : 선택한 클립 삭제하기
  - Source Selection : 선택한 클립의 원본 소스를 미디어 창에서 선택
  - Match Frame Selection : 현재 출력되는 프레임과 동일한 프레임을 원본 소스에서 선택

- Pack
  - Pack Left [Ctrl+<] : 클립 사이의 여백을 없애기 위한 도구로 선택한 클립들을 왼쪽 클립 기준으로 빈 여백 없이 붙임

- Pack Right [Ctrl+>] : 클립 사이의 여백을 없애기 위한 도구로 선택한 클립들을 오른쪽 클립 기준으로 빈 여백 없이 붙임

- Navigation
  - Navigation In [PgDown] : 소스 클립들이 이펙트들과 함께 그룹 레이어로 묶였을 경우 그룹 레이어 안으로 이동
  - Navigation Out [PgUp] : 그룹 레이어 안에서 밖으로 이동

- Align
  - Align In [Tab] : 수직으로 놓여져 있는 클립들 중 가장 왼쪽에 있는 클립의 시작점으로 모든 클립의 시작점을 맞춤
  - Align Out [Shift+BackTab] : 수직으로 놓여져 있는 클립들 중 가장 오른쪽에 있는 클립의 엔딩점으로 모든 클립의 엔딩점을 맞춤

- Prev/Next
  - Prev Mark [Shift+Left] : 마커들 간의 위치 이동시 왼쪽으로 이동
  - Next Mark [Shift+Right] : 마커들 간의 위치 이동시 오른쪽으로 이동
  - Prev Edit [Ctrl+Left] : 이전 컷(세그먼트)의 시작 프레임으로 이동
  - Next Edit [Ctrl+Right] : 다음 컷(세그먼트)의 시작 프레임으로 이동

- Edit Marks
  - Edit In [I] : 시퀀스의 Input 포인트를 설정
  - Edit Out [O] : 시퀀스의 Output 포인트를 설정
  - Edit In/Out [U] : 시퀀스의 In/Output 포인트를 자동으로 설정

    Time space 위에 선택된 클립이 선택되어 있다면 그 클립의 처음부터 끝까지 In/Out 포인터가 자동으로 설정됩니다. 선택된 클립이 없을 경우 커서가 놓여있는 위치

에 있는 클립 길이만큼 In/Out 포인터가 자동으로 설정됩니다.

- Remove Edit In [Shift+I] : Input 포인트를 지워주는 도구
- Remove Edit Out [Shift+O] : Output 포인트를 지워주는 도구

• Shuttle
  - Go To Start [Ctrl+Home] : Play In Mark가 설정된 위치로 이동, Play In Mark가 없을 경우 시퀀스 제일 처음으로 이동
  - Prev Frame [Left] : 1 frame 이전으로 이동
  - Play Reverse : 영상 역방향 재생
  - Stop : 재생 멈춤
  - Play/Stop [Space] : 재생 시작 및 멈춤
  - Play Buffer [Alt+Spcae] : 끊김없는 재생을 위해 설정해 놓은 프레임만큼 캐쉬에 저장한 이후에 재생. 캐쉬에 저장해야 하는 시간이 필요하기 때문에 일반 재생보다는 재생이 늦게 시작됩니다.
  - Next Frame [Right] : 1 frame 이후로 이동
  - Go To End [Ctrl+End] : Play Out Mark로 이동, Play Out Mark가 없을 경우 시퀀스 제일 끝으로 이동

• Play
  - Single : 한 번 재생되고 멈춤
  - Swing : 한 번 재생되고 다시 역방향 재생된 후 시작점에서 멈춤
  - Loop : 연속 재생

• Play Marks
  - Play In [S] : 재생되는 구간의 Input point 설정
  - Play Out [E] : 재생되는 구간의 Output point 설정
  - Play In/Out [W] : 영상을 재생하기 위한 구간의 In/Output 포인트를 동시에 설정해주는 도구. Time space 위에 선택된 클립이 선택되어 있다면 그 클립의 처음부터 끝

까지 In/Out 포인터가 자동으로 설정됩니다. 선택된 클립이 없을 경우 커서가 놓여 있는 위치에 있는 클립 길이만큼 In/Out 포인터가 자동으로 설정됩니다.

- Remove Play In [Shift+S] : 재생되는 구간의 Input point 설정
- Remove Play Out [Shift+E] : 재생되는 구간의 Output point 설정

• Save

- Save [Ctrl+S] : 작업 파일 저장
- Save as : 작업 파일 다른 이름으로 저장

• Render

- Render Foreground [Ctrl+Shift+S] : 선택된 영역 안에 작업된 클립을 렌더링 된 하나의 .clip 파일로 만들어 주는 기능. 이는 새로운 파일 포맷으로 출력하는 개념이 아닌 복잡한 작업으로 실시간 재생이 안되는 노드그래프 클립을 실시간 플레이하기 위해 Misitka 클립으로 렌더하는 기능입니다. 렌더 작업이 완료되면 작업의 최종 영상 클립이 설정된 영역 위에 놓여지게 됩니다. Render Foreground는 렌더링을 가장 우선으로 작업하는 기능입니다. 클립 이름은 Output에 설정된 Auto Name 규칙으로 생성됩니다.
- Render Background [Ctrl+Shift+B] : Render Background는 작업의 방해 없이 렌더링을 하는 방법으로 이는 Foreground 렌더보다 렌더 속도가 느리지만, 작업의 방해 없이 렌더 클립을 생성할 수 있는 장점이 있습니다.

2.2 프로젝트 만들기

새로운 프로젝트를 만들기 위해 Dash Board의 Project 버튼을 클릭하면, 다음과 같이 Project Manager 창이 열립니다.

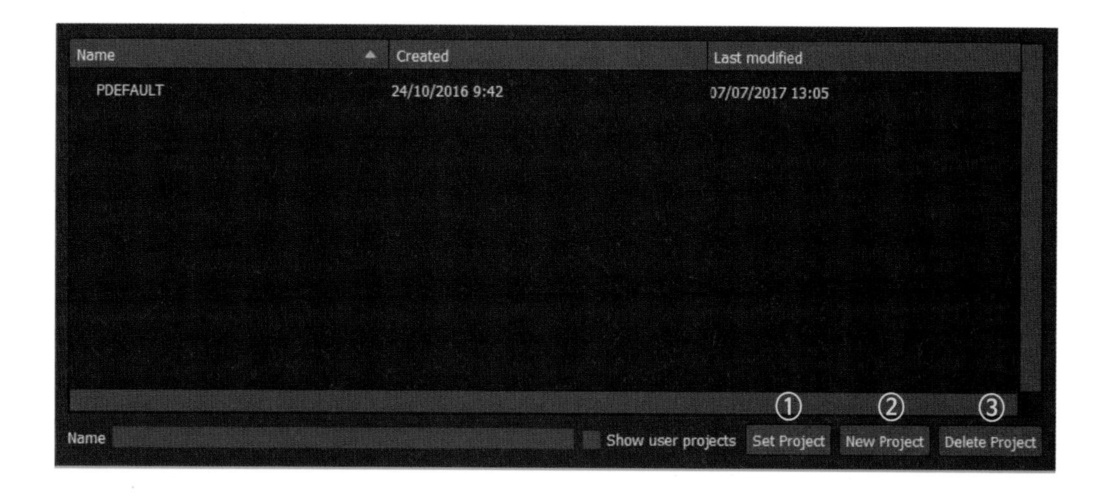

① Set Project : Boutique에서 만들어 놓은 프로젝트를 선택하는 메뉴

② New Project : 새로운 프로젝트를 생성하는 메뉴

③ Delete Project : 리스트에 있는 프로젝트를 삭제하는 메뉴

이렇게 프로젝트 파일을 만들게 되면 Mistika Config Tool에서 설정해 놓은 설정 값 그대로 프로젝트 설정 값이 만들어집니다. 하지만 이 속성은 Mistika Config Tool에 의해 언제든지 변경되기 때문에 영구적인 프로젝트 속성 값은 아닙니다.
위의 프로젝트 생성 방법은 Mistika Boutique에서 처음 프로젝트를 시작할 경우 사용할 수 있는 방법입니다. 만약 VR에서 스티칭 한 프로젝트를 불러와 마스터링을 해야 할 경우에는 Media File Manager 창을 이용해 Mistika VR 프로젝트를 불러와야 합니다.

2.3 Media File Manager 소개

Mistika VR 프로젝트를 불러오기 위해 Dash Board의 Media 버튼을 클릭하면, 다음과 같이 Media File Manager 창이 열립니다.

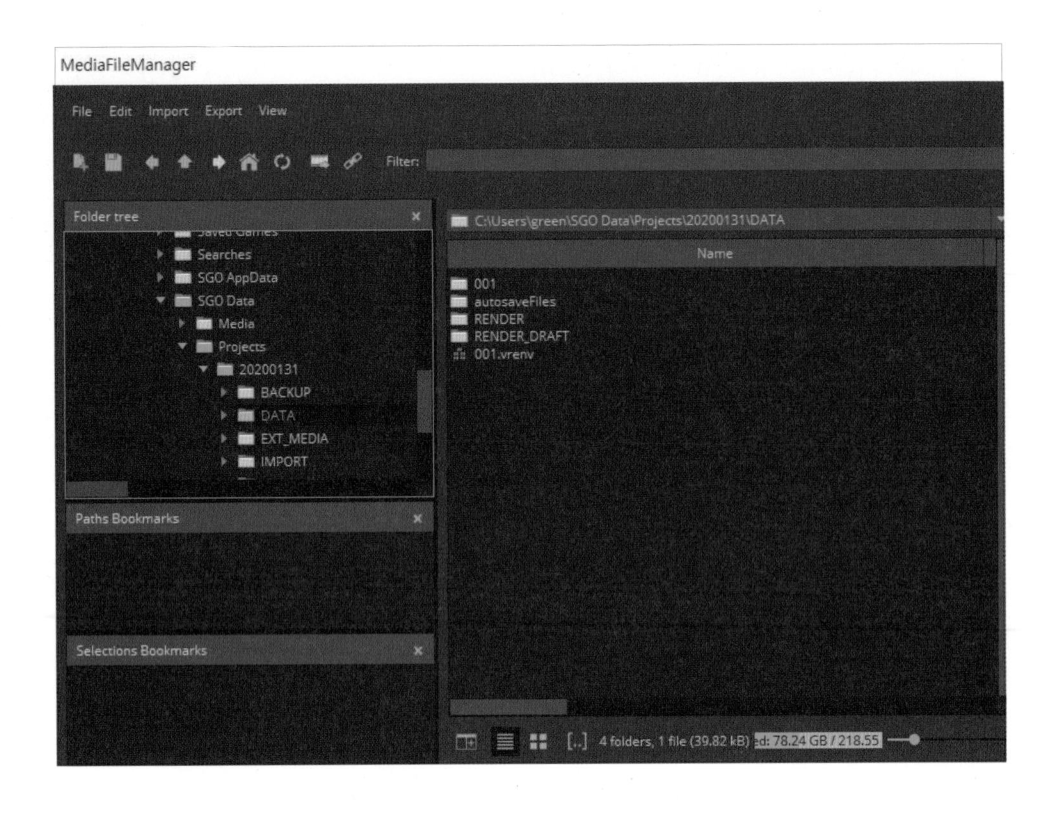

Media File Manager는 클립 및 프로젝트를 탐색하고 불러오는 등의 미디어 및 프로젝트 시퀀스들을 관리하는 창입니다. 작업하는 과정에서 가장 기본적으로 사용되는 메뉴이기 때문에 좀 더 자세히 소개하겠습니다.

Top Menu

Top Menu에는 Import, Refresh Directory, Save Project와 같이 Media File Manager에서 중요하게 사용되는 메뉴들이 있습니다. 이 중 자주 쓰이는 메뉴들은 바로가기 아이콘들로 만들어 놓았습니다.

• File

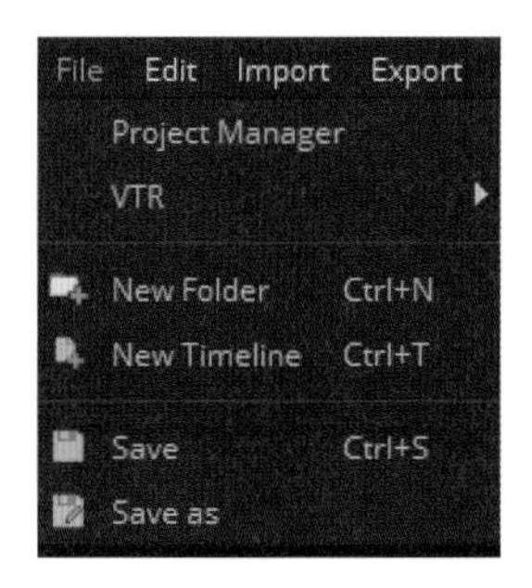

- New Folder [Ctrl+N] : 현재 선택된 디렉토리 안에 새로운 폴더 생성
- New Timeline [Ctrl+T] : 새로운 Time space 생성
- Save [Ctrl+S] : 현재 프로젝트 저장
- Save As : 현재 프로젝트 다른 이름으로 저장

• Edit

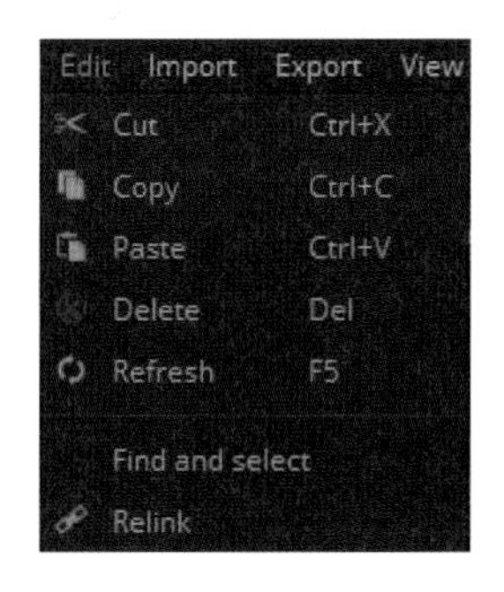

- Cut [Ctrl+X] : 미디어 브라우저에서 선택된 파일들 잘라내기
- Copy [Ctrl+C] : 미디어 브라우저에서 선택된 파일들 복사
- Paste [Ctrl+V] : 미디어 브라우저에서 복사된 파일 붙여넣기
- Delete [Del] : 미디어 브라우저에서 선택된 파일 삭제
  미디어 브라우저에서 제공하는 편집 툴들로 불러온 소스들의 링크 파일(.lnk), 렌더링된 Misitka 파일(.rnd), 작업 Timespace(시퀀스)를 저장하는(.env) 파일들을 편집할 수 있습니다. 하지만 이런 메타데이터 파일들을 삭제해도 링크된 원본파일은 Mistika 편집툴로 삭제할 수 없습니다. 원본 미디어를 삭제하면 그 원본을 링크해서 작업하는

다른 툴에서도 더 이상 원본 미디어를 사용할 수 없기 때문입니다. 따라서 원본 소스를 삭제해야 할 경우에는 외부 파일 탐색기에서 삭제해야 합니다.

- Refresh [F5] : 미디어 브라우저 새로 고침
- Find and Select : 미디어 브라우저에서 선택한 링크파일을 TimeSpace에서 사용하고 있는지 확인하는 메뉴
- Relink : TimeSpace에서 사용하고 있는 소스 링크 파일의 원본 소스 위치가 변경 또는 삭제되어 링크 파일이 깨졌을 경우 원본 파일의 링크를 재설정하는 메뉴

• Import

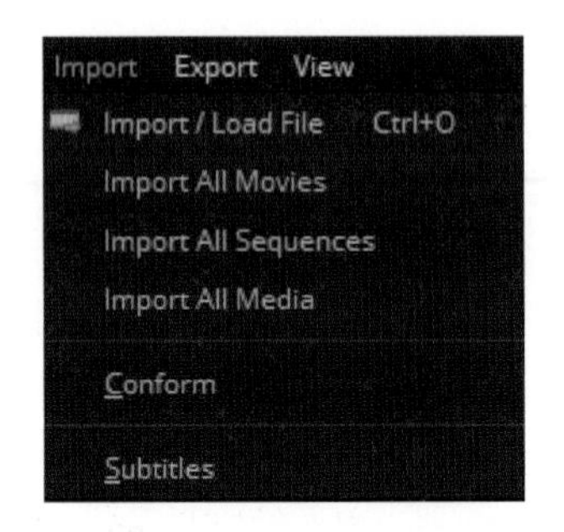

- Import/Load File [Ctrl+O] : 이미지나 오디오 파일들 불러오기. 기본적으로 미디어 브라우저에서 불러올 이미지나 오디오 파일을 선택하고 두 번 클릭하거나 TimeSpace로 드래그 앤 드롭해도 클립의 링크를 불러 올 수 있습니다.

  Shift 키를 이용해 여러 개의 이미지 파일들을 불러올 경우 아래와 같이 3개의 옵션 메뉴가 보여집니다.

  · Link single image only : 여러 개의 이미지 또는 연속되는 이미지 시퀀스를 각각 한 프레임의 독립적인 이미지 링크 파일로 불러오는 방법
  · Link as interlaced sequence : 연속적인 이미지 시퀀스를 Interlace 필드 타입의 단일 동영상 파일로 불러오는 방법
  · Link as progressive sequence : 연속적인 이미지 시퀀스를 Progressive 필드 타입의 단일 동영상 파일로 불러오는 방법

- Import All Movies : 선택된 클립이 아닌 다수의 동영상 클립들이 있는 폴더 전체를

불러오는 방법. 링크 파일들은 DATA 폴더 안에 새로운 폴더를 생성하면서 임포트 됩니다.

- Import All Sequences : 다수의 이미지 시퀀스 파일들이 있는 폴더 전체를 불러오는 방법. 링크 파일들은 DATA 폴더 안에 새로운 폴더를 생성하면서 임포트 됩니다.

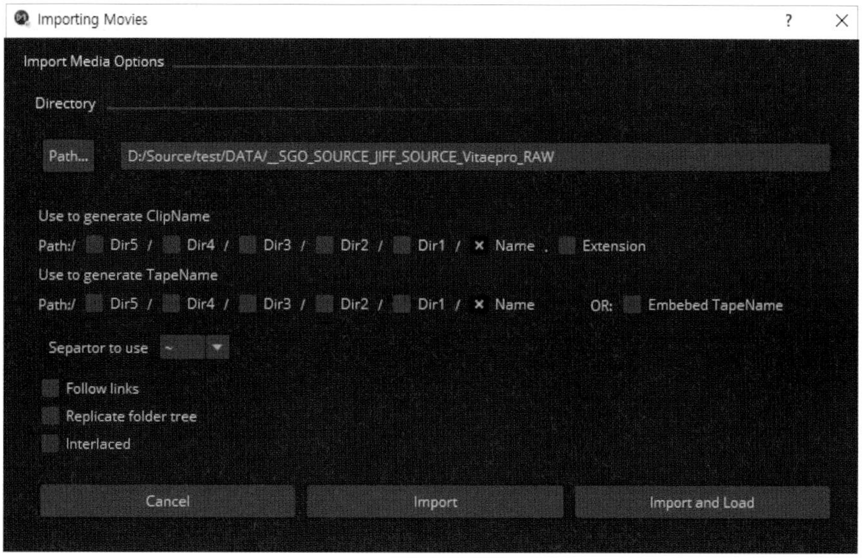

Import All 메뉴를 클릭하게 되면 위와 같이 폴더 규칙을 위한 메뉴 창이 열립니다. 기본적으로 링크 폴더의 생성 위치 및 폴더 이름을 생성하기 위해 어디까지 원본 폴더 규칙을 참조할지에 대해 선택할 수 있습니다.

이 중 살펴봐야 하는 내용은 다음과 같습니다.

- Separator to use : 리눅스 기반의 Mistika는 불러올 클립 이름들 사이에 띄어쓰기가 있을 경우 다른 편집 전용 프로그램에서 협업을 위해 제공하는 편집 메타데이터들을 Conform할 때 문제가 발생할 수 있습니다. 이는 Mistika만의 특징이 아닌 리눅스 기반의 프로그램에서 종종 발생하는 문제입니다. 이런 문제를 피하기 위해 클립 이름 사이에 띄어쓰기를 다른 문자로 바꿔주는 메뉴입니다.
- Replicate the Folder Tree : 불러올 파일이 가지고 있는 폴더 구조 모두를 복사하여 링크 폴더를 만드는 메뉴
- Interlaced : 불러올 클립들의 필드 속성이 Interlace일 경우 선택

모든 옵션이 선택되었다면 Import 버튼 또는 Import and Load 버튼을 눌러 파일들을 불러옵니다. Import는 미디어 브라우저에 링크 폴더를 생성하고, Import and Load는 링크 폴더 생성과 동시에 TimeSpace에 불러온 파일 모두를 올려놓을 수 있습니다.

- Export

- Export Copy Buffer : 복잡한 이펙트 작업을 한 클립들의 작업 데이터를 다른 Mistika 시스템으로 전달하기 위한 메뉴. 예를 들어 몇 개의 클립에 플러그인 작업을 포함한 페이팅, 쉐입, 키프레임 애니메이션 등과 같은 복잡한 작업을 하고 Export Copy Buffer 메뉴를 이용해 .grp 파일을 생성하면 쉽게 작업 데이터를 메인 시스템으로 전달할 수 있습니다.
  - Step 1. 전달할 클립들을 DashBoard Edit → Group 메뉴로 하나의 그룹 파일로 만듭니다.
  - Step 2. Media File Manager Export → Export Copy Buffer 메뉴로 .grp파일로 저장합니다. 저장된 파일은 프로젝트 Output 폴더에 있으며, 이 파일을 다른 Misitka에 전달할 수 있습니다.

  이 메뉴는 복잡한 작업을 해야 할 경우 일을 분업화하여 여러 사람들과 협업할 때 유용하게 사용할 수 있습니다. 하지만 이 메뉴로는 작업 데이터 값은 저장되지만 원본 클립들은 저장되지 않기 때문에, 필요시 별도로 원본 파일도 함께 전달해야 합니다.
- Source Monitor Load : 미디어 브라우저에서 선택한 클립 및 시퀀스를 소스 모니터 창에서 볼 수 있는 메뉴. 소스 클립 뿐만이 아니라 (.env, .grp, .rnd) 파일 모두 소스 모니터에 로딩할 수 있습니다.
- Source Monitor Save : 소스 모니터 창에 로드된 소스를 파일로 저장하는 메뉴. 일반적으로 .Sub 파일로 저장되나, 이펙트들이 많은 클립들은 .grp 파일로 저장됩니다.

- View

  Media File Manager에서 보이는 메뉴창들을 활성화/비활성화 하는 메뉴입니다.

Filter

- 필터는 원하는 파일들을 찾아서 볼 때 사용하는 메뉴입니다.
- 예를 들어 'f'로 시작하는 클립을 찾고 싶을 때 Filter 창에 'f'를 쓰면 'f'로 시작하는 클립들만 미디어 브라우저에 보입니다.
- 필터링 되는 기준을 설정할 수 있는 메뉴는 2개입니다.

- 위의 그림에서 ①번 아이콘을 클릭하면 아래와 같이 필터링의 기준을 설정할 수 있습니다.

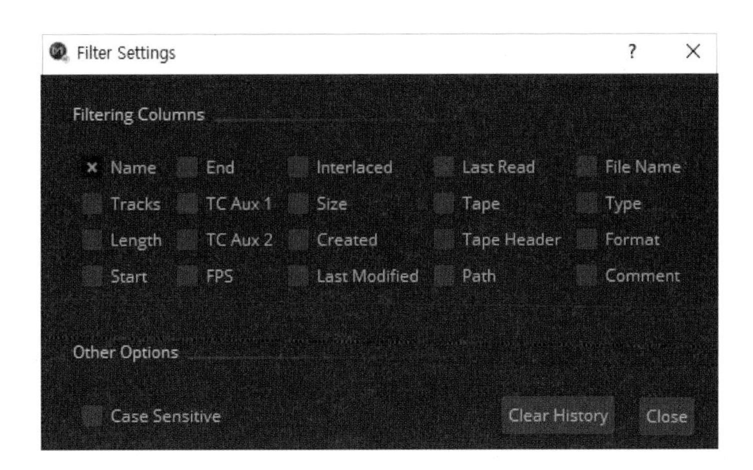

- 기본으로 'Name'으로 설정되어 있으며, 만약 추가로 FPS를 활성화하고 Filter창에 숫자 29.97을 적으면, 클립들 중 FPS가 29.97인 클립들이 미디어 브라우저에 정렬됩니다.
- Case Sensitive가 활성화 되어 있으면, 대소문자를 구분하여 정확하게 필터링합니다.
- 위의 그림에서 ②번 아이콘을 클릭하면 아래와 같이 파일 형식별로 필터링 할 수 있는 리스트가 보입니다.

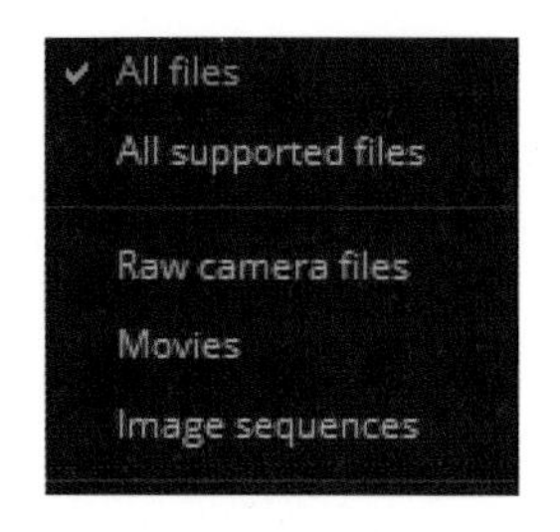

- 예를 들어 클립들 중 Mistika에서 작업 가능한 파일 포맷들만 보고 싶을 경우 All Supported Files 메뉴를 활성화하면 Mistika에서 지원하는 파일 포맷들만 미디어 브라우저에 정렬됩니다.

Folder Tree

- Folder Tree는 시스템의 폴더 탐색기와 같습니다. 시스템 상에 있는 소스들을 찾아서 Mistika로 불러오기 위해 사용하는 창입니다.

Bookmarks

- Folder Tree에서 소스 위치를 탐색할 때 자주 검색하는 폴더들이 있을 경우 바로 찾을 수 있도록 즐겨찾기로 표시할 때 쓰는 것이 Bookmarks 창입니다. 마우스 오른쪽 클릭하면 나오는 옵션 창으로 경로를 추가/편집/삭제할 수 있고 단순히 추가만 할 경우에는 Folder Tree에서 즐겨찾기 하고 싶은 폴더를 Bookmarks 창으로 드래그 앤 드롭하면 됩니다.
- 기본적으로 Paths Bookmarks는 바로가기 폴더명만 표시되고, Selection Bookmarks는 선택한 파일 또는 폴더의 경로까지 표시됩니다. 원하는 표시형식에 따라 Bookmarks는

선택하면 됩니다.

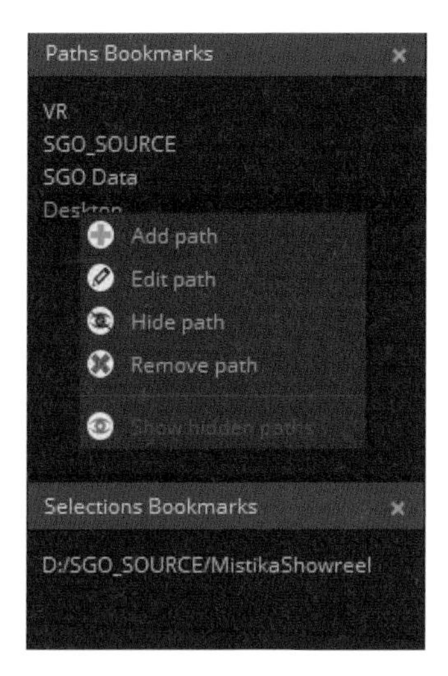

Media Browser

- 미디어 브라우저는 위의 그림과 같이 탐색한 폴더 안에 파일들을 볼 수 있는 창입니다. 미디어 브라우저를 효율적으로 사용하는 방법은 미디어 브라우저 창을 두 개로 나누어 한 쪽은 원본 파일 폴더 창을 탐색하고 다른 한 쪽은 작업하고 있는 프로젝트의 기본 폴더를 열어서 사용하는 것입니다. 체크로 표시된 아이콘을 클릭하면 미디어 브라우저가 두 개로 나뉘고, 다시 한 번 클릭하면 하나의 미디어 브라우저만 보이게 됩니다.

2.4 VR 프로젝트 및 미디어 소스 불러오기

이제 본격적으로 마스터링 작업을 위해 Mistika VR에서 스티칭한 프로젝트 파일을 불러오겠습니다.

샘플예제인 신석정마당, 별채마루, 사랑채산실 3개의 샷은 Mistika VR에서 스티칭하여 .vrenv 파일로 저장하여 가져와야 합니다.

Mistika VR에서 첫 번째 샷인 신석정마당을 스티칭한 다음, 두 번째 샷을 Load Camera할 때에는 스토리보드영역에서 해야 하며, 세 번째 샷인 사랑채산실도 스토리보드영역에서 Load Camera 합니다. 이 3개의 영상은 insta360Pro로 촬영했으므로 Stitch 도구상자의 Use Insta360Pro Calibrate로 스티칭합니다.

Mistika VR에서 완성한 .vrenv 프로젝트 파일을 가져오기 위해 MediaFile Manager 창에서 파일을 찾아 타임라인에 드래그 또는 두 번 클릭하여 Time Space에 불러옵니다.

* 파일 불러오기의 자세한 내용은 앞에 **Import** 설명을 참고해 주세요.

.vrenv파일을 Time Space에 불러오면 다음 그림과 같이 레이어 형태로 스티칭된 클립들이 올려져 있는 것을 확인할 수 있습니다.

Mistika VR에서 스티칭에 사용했던 6개의 원본 클립과 VR Stitch라는 명령어 레이어가 퍼즐의 모양처럼 쌓여있는 것을 확인할 수 있습니다. 이 중 제일 위에 있는 VR Stitch 레이어를 두 번 클릭하면 Misitka VR에서 작업했던 모든 데이터를 수정할 수 있는 창이 열립니다. 해당 노드 그래프 형태의 FX 기능들은 해당 기능 소개에서 자세히 설명하겠습니다.

재생헤드
Time Space
미리보기 영역

mistika boutique

CHAPTER

03

Mistika Boutique 영상 편집하기

3.1 파일 재생 기능

보통 영상 편집하는 방식은 작업하고 있는 클립들을 재생하면서 필요 없는 구간을 삭제하는 방법으로 많이 이루어집니다. 따라서 영상 편집하기를 위한 첫 번째 순서로 파일 재생하는 방법에 대해서 설명하겠습니다.

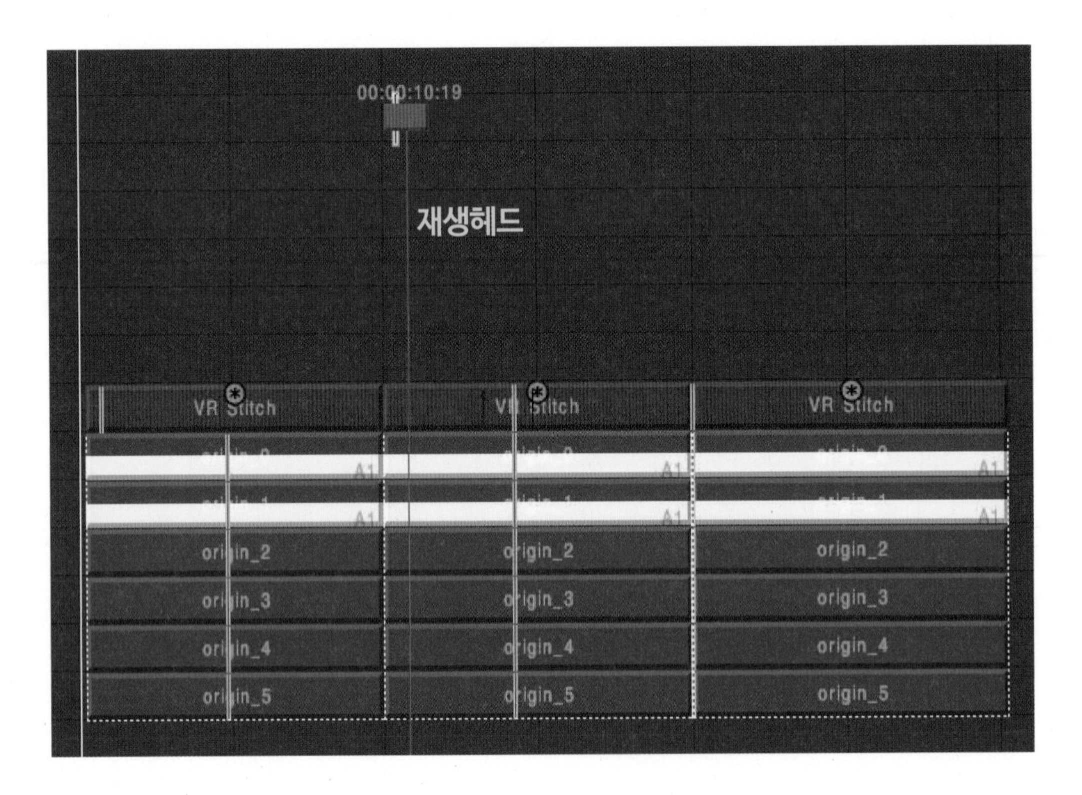

- TimeSpace에 있는 재생헤드(붉은 세로선)는 화면에 보여지는 영상의 위치를 표시하는 도구입니다. 재생헤드 위에 있는 타임코드는 현재 플레이 되고 있는 프레임의 TC (TimeCode) 정보입니다.
- 모든 영상은 재생헤드의 위치에 따라 달라지며, 재생헤드는 편집이나 화면보기에서 가장 중요한 도구입니다.
- 영상 재생을 위해서는 재생을 원하는 지점에 두고 재생 버튼(SpaceBar)을 눌러 재생하면 미리보기 영역 또는 연결된 모니터에서 재생되는 영상들을 볼 수 있습니다.

* 재생 방법은 2.1 작업환경 소개 - Quick Access 설명을 참고해 주세요.

- 재생헤드의 위치를 변경하기 위해서는 마우스 왼쪽 버튼을 누른 상태로 재생하고 싶은 지점에 드래그하여 갖다 놓으면 됩니다. 다른 방법으로는 마우스 오른쪽 버튼을 누른 상태로 Time Space 전체를 드래그하면 Time Space가 전체적으로 움직여 원하는 영상을 찾아갈 수 있습니다.
- 복잡한 작업이 되어 있거나 많은 클립들이 스티칭 되어 있는 구간을 재생헤드로 이동할 때 이동 속도가 느려지는 경우가 있습니다. 이는 시스템에서 영상을 보여주기 위한 계산이 이루어지는 과정에서 시스템 성능이 충분하지 않을 경우 종종 발생합니다.
- 이럴 경우 Shift+드래그로 재생헤드를 이동한다면 영상을 캐쉬에 저장하기 위해 계산하는 과정을 무시할 수 있어 좀 더 쉽게 재생지점으로 이동할 수 있습니다. 이동 과정 중에는 영상 변화가 없고, 이동을 멈추면 현재 위치의 마스터 영상을 볼 수 있습니다. 작업 데이터가 많을 경우 유용하게 쓰이는 기능입니다.
- 또한 타임코드에 재생 시간 지점을 입력하고 엔터하면 해당 지점으로 재생헤드가 이동됩니다.

15초 20프레임

- TimeSpace 위에서 마우스 휠을 드래그하게 되면 Time space를 확대/축소할 수 있습니다.

3.2 기본 CUT 편집 기능

편집에 필요한 모든 도구는 'Dash Board'－Edit 탭에 있습니다.

이번 단원에서는 클립들의 기본 Cut 편집에 필요한 기능들을 먼저 소개하겠습니다.

위의 그림처럼 'Dash Board'–Edit 탭에는 기본 편집 기능부터 정밀한 편집 작업이 가능한 기능까지 모두 있어 복잡해 보일 수 있습니다. 따라서 필요한 작업에 따라 작은 그룹으로 나누어서 살펴보겠습니다.

①번으로 표시한 Global 메뉴에서 자주 쓰이는 기능들만 살펴보겠습니다.

상단의 아이콘들은 순서대로 Global Cut–Global Copy–Global Paste 입니다. 이 메뉴들은 Quick Access의 아이콘의 기능과 동일하며 클립들을 잘라내기–복사–붙여넣기 할 수 있는 기능입니다. 이는 선택한 클립 전체에 적용됩니다.

Paste on Top – 복사한 클립 재생헤드 위치 위에 붙여넣기

- 기본적인 클립 붙여넣기인 Gobal Paste는 커서 위치에 클립 붙여넣기이고, Paste on Top(ctrl+위 방향키) 메뉴는 재생헤드 위치에 클립 붙여넣기입니다.
- 편집 과정 중에는 재생헤드를 중심으로 편집점을 찾기 때문에 Past on Top이 좀 더 유

용합니다.

Global Insert – 복사한 클립 재생헤드 위치에 삽입하기

- ①번 클립을 복사해서 Global Insert 버튼을 누르면 그림과 같이 ②번 ③번 사이에 있는 재생헤드 위치에 클립이 삽입됩니다.

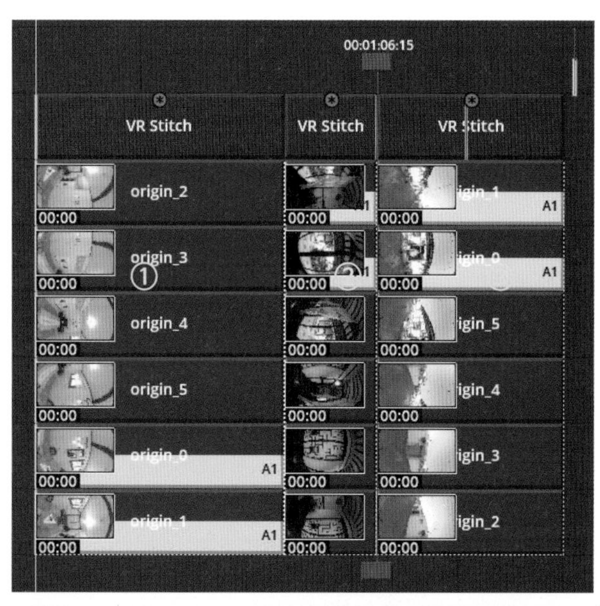

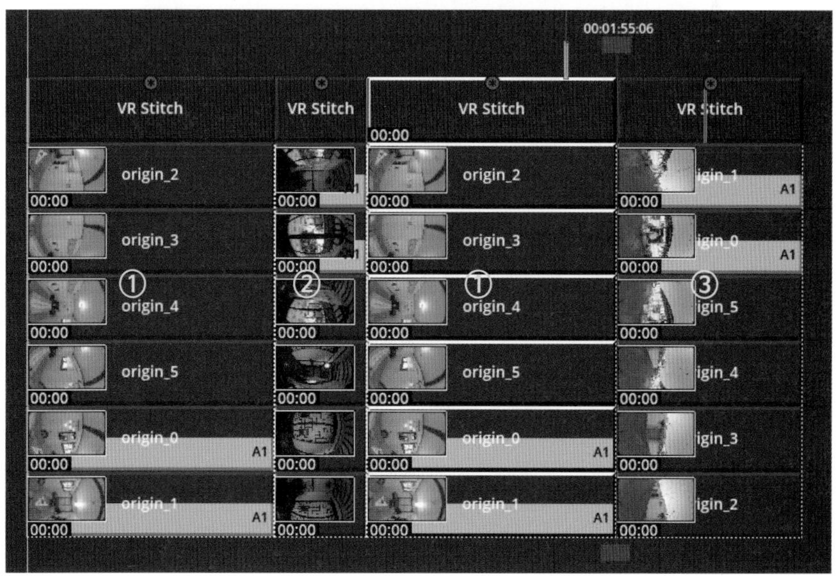

Global Razor – 편집점 Cutting 하기

- Global Razor는 영상 편집에서 가장 많이 사용하는 도구입니다. 재생헤드가 있는 위치를 기준으로 클립은 컷팅할 수 있습니다.
- 타임라인에 올려진 3개의 VR 샷을 10초 간격으로 자르기를 해 보겠습니다.

- 타임코드 창에 '10 : 00' 입력하고 엔터 → 재생헤드가 10초로 이동 → Global Razor (ctrl+아래 방향키) 메뉴로 클립 자르기를 하면 그림과 같이 정확히 10초 포인트에서 클립이 두 개로 컷팅된 것을 확인할 수 있습니다.

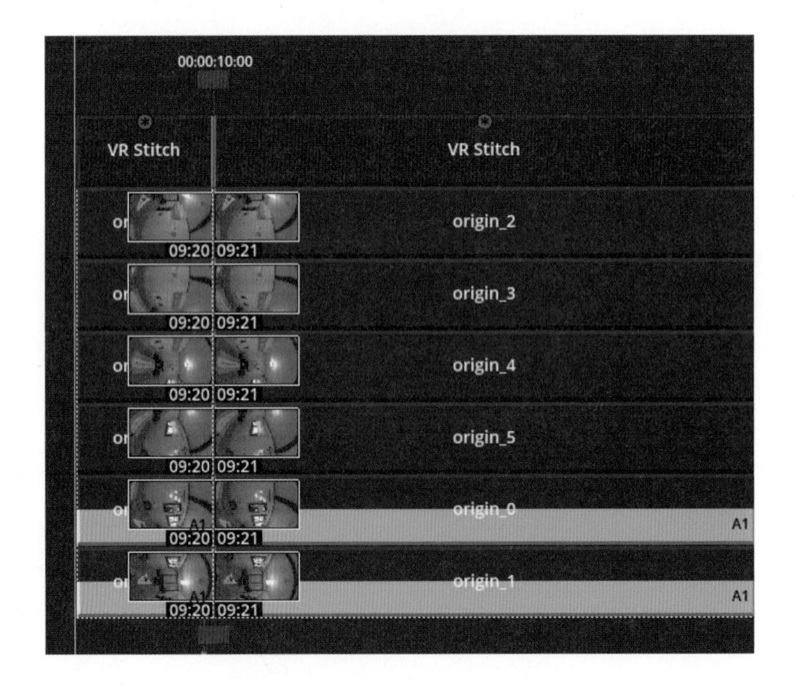

'Dash Board'–Edit 탭에서 표시된 ②번 Time 메뉴는 TimeSpace 안의 여백 공간들을 편집하기 위한 메뉴입니다.

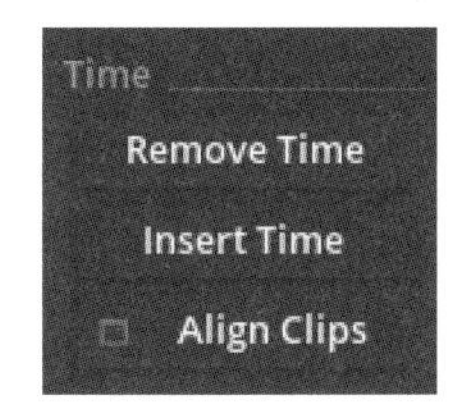

Remove Time – 클립을 여백 없이 삭제하기

- 보통 컷 편집하고 필요 없는 컷을 삭제할 때 delete 버튼을 사용하게 되면 그림과 같이 삭제된 클립 길이만큼 여백이 남게 됩니다.

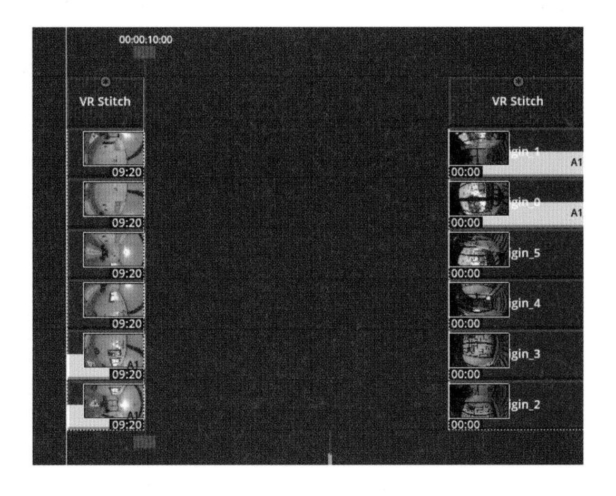

- 하지만 Remove Time 버튼으로 클립을 삭제하면, 그림과 같이 여백 없이 클립이 삭제됩니다.

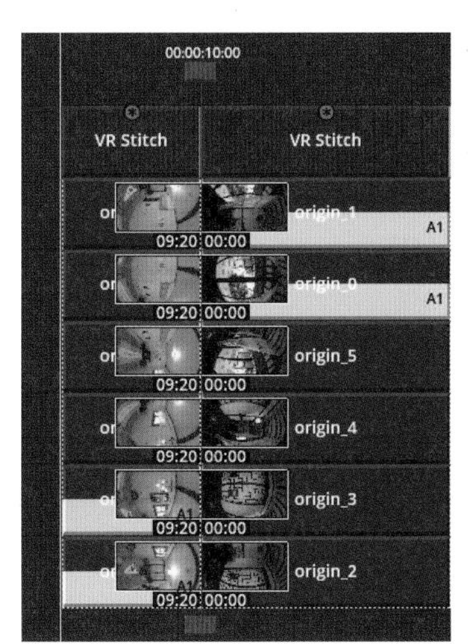

- 같은 방법으로 10초 간격으로 컷 편집을 완성합니다.
- 만약에 10초에서 5초 앞으로 이동하고 싶다면, 타임코드에 +05:00 입력하고 엔터를 치면 15초로 이동할 수 있습니다.
- 같은 방법으로 15초에서 뒤로 5초 이동하고 싶다면, 타임코드에 −05:00를 입력하고 엔터를 치면 10초로 이동할 수 있습니다.
- 위의 그림처럼 해당 위치에서 클립을 컷팅하고 삭제해서 편집을 마무리합니다.

3.3 정교한 클립 Trimming 편집 기능

영상 편집 작업시 3.2에서 설명한 것과 같이 타임코드로 간단하게 편집하기도 하지만, 정교하게 편집점을 수정해야 하는 경우도 있습니다. 그럴 경우 프레임 단위로 클립의 길이를 편집하는 Trimming 기능을 사용할 수 있습니다.

Trimming 편집 작업을 위해서는 위의 그림에 표시된 ①, ②, ③ 기능들이 필요합니다.
우선 ①번에서 Trimming 할 프레임 또는 시간을 선택합니다.
③ Trim Mode를 이용해 전체 클립의 길이를 조정할지 선택한 클립의 길이만 조정할지 선택합니다.
그리고 ②번 Trim 메뉴를 이용해 클립의 앞뒤의 길이를 조정합니다.
각 기능들에 대해 좀 더 자세하게 소개하겠습니다.

Calculator – 작업의 기준이 되는 길이 설정 창

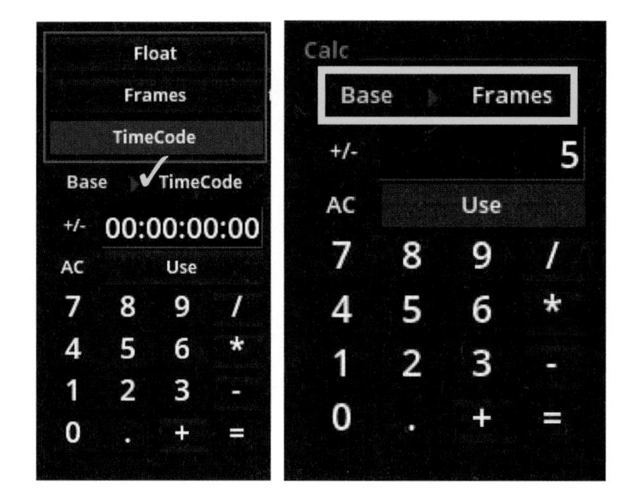

- 위의 계산기로 편집의 기준이 되는 프레임수 또는 시간을 설정할 수 있습니다.
- 5 프레임씩 트리밍하기 위해 왼쪽 그림에 ✓표시한 Base 모드를 현재 타임코드 모드에서 프레임 모드로 그림과 같이 변경합니다. 모드를 프레임으로 설정하면 영상의 길이를 프레임 단위로 트리밍할 수 있습니다.
- 5 프레임씩 트리밍하기 위해 숫자 버튼에서 5를 클릭하여 프레임수를 설정합니다.

Trim Head & Tail – 클립 트리밍 편집

- 앞에서 설정한 프레임 수인 5 프레임씩 트리밍을 하기 위해서는 Trim Head와 Trim Tail 메뉴의 ◀ ▶ 버튼을 클릭해서 편집할 수 있습니다. Trim Head는 클립 시작점을 Trim Tail은 클립 끝점의 길이를 줄이고 늘일 수 있습니다.
- 하지만 Trim Mode에 따라 트리밍 동작이 달라질 수 있으니 ✓ 표시된 Trim Mode를 하나씩 살펴보겠습니다.

Trim mode : Local

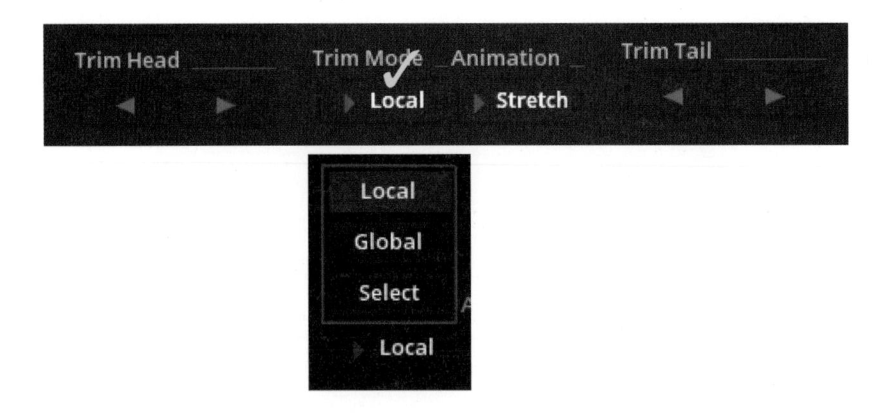

- Local 모드는 전체 길이를 유지하면서 여백 없이 트리밍하는 모드입니다.
- Cut1번 클립을 선택하고 Trim Tail 메뉴의 ◀ 버튼을 누르면 계산기에 설정된 5프레임씩 클립 끝부분이 줄어듭니다.
- 하지만 그림 2번과 같이 Cut1번 클립의 뒷부분 길이가 줄어든 길이만큼 Cut2번 클립의 앞부분의 길이가 늘어납니다.
- 이처럼 Local 모드는 전체 길이를 유지하기 위해 줄어든 길이만큼 다음 클립의 길이를 조정하기 위한 모드입니다.

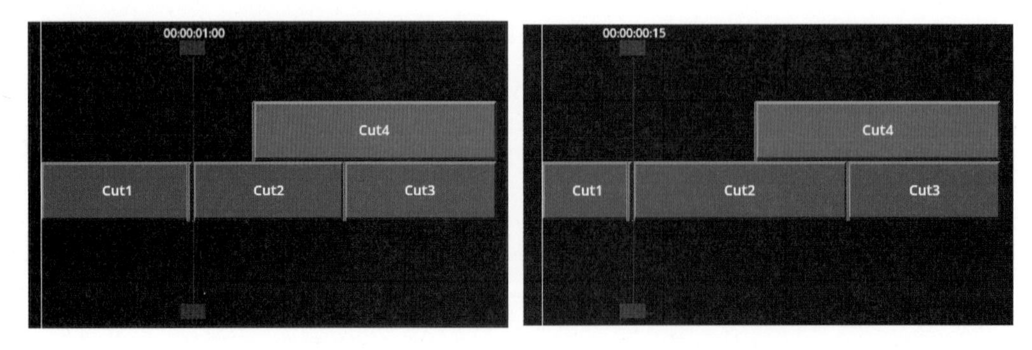

그림 1. Trimming 전

그림 2. 10프레임 Trimming 후

Trim mode : Global

- Global 모드는 전체 길이가 유지되지 않은 상태로 트리밍 되는 모드입니다. 즉, 클립 트리밍이 전체 길이에 영향을 줍니다.

• Cut1번 클립을 선택하고 Trim Tail 메뉴의 ◀ 버튼을 누르면 계산기에 설정된 5프레임 씩 클립 끝부분이 줄어듭니다.

• 그 결과, 그림 4번과 같이 트리밍된 클립 길이만큼 전체 길이가 줄어듭니다.

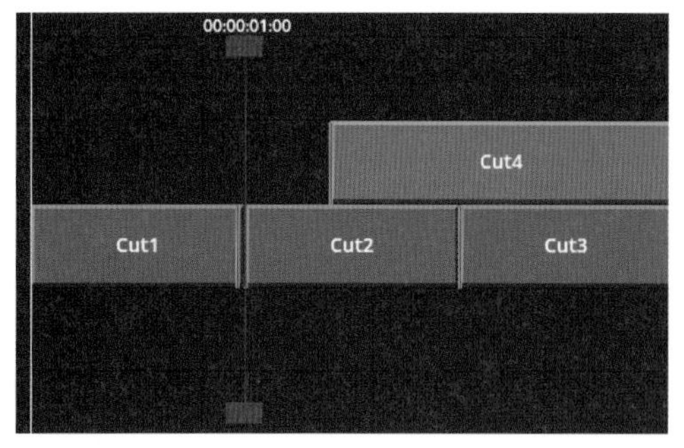

그림 3. Trimming 전

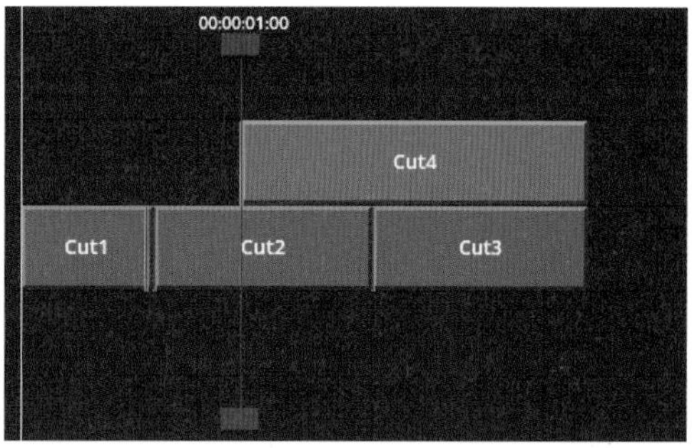

그림 4. 10프레임 Trimming 후

Trim mode : Select

• Select 모드는 선택한 클립의 길이만 수정할 경우 쓰이는 모드입니다.

• Cut1번 클립을 선택하고 Trim Tail 메뉴의 ◀ 버튼을 누르면 계산기에 설정된 5프레임 씩 클립 끝부분이 줄어듭니다.

• 그 결과, 그림 6번과 같이 전체 클립에 영향을 주지 않고 Cut1번의 끝부분 길이만 줄어듭니다.

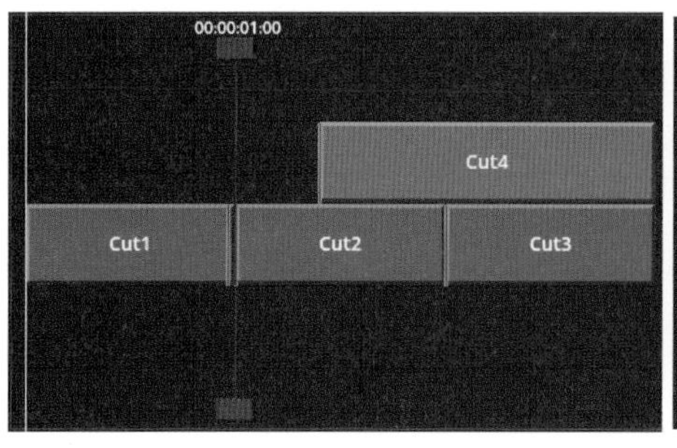

그림 5. Trimming 전

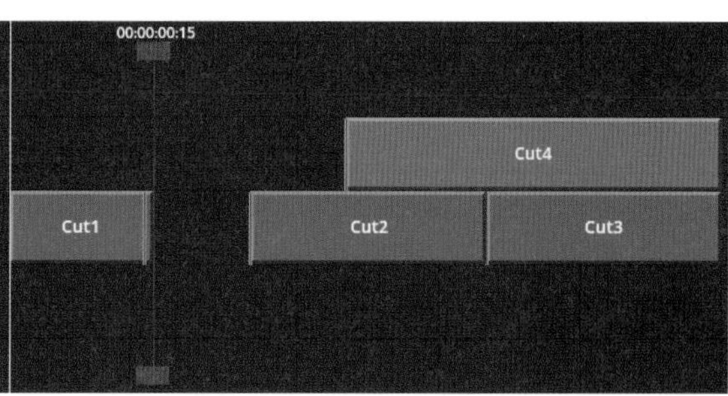

그림 6. 10프레임 Trimming 후

• 이렇게 클립의 길이를 세부적으로 조정하는 트리밍 기능은 필요한 모드를 선택하여 정교하게 편집할 수 있습니다.

3.4 영상 속도 편집 기능

영상 편집 과정에서 클립의 속도를 느리게 하거나 빠르게 해야 하는 경우, 그리고 클립의 프레임 레이트 속성을 변경해서 속도를 조정하는 방법에 대해서 살펴보겠습니다.

TimeWarp

- TimeWarp은 선택한 클립을 원하는 길이만큼 늘리고 줄이기 위해 사용하는 메뉴입니다.

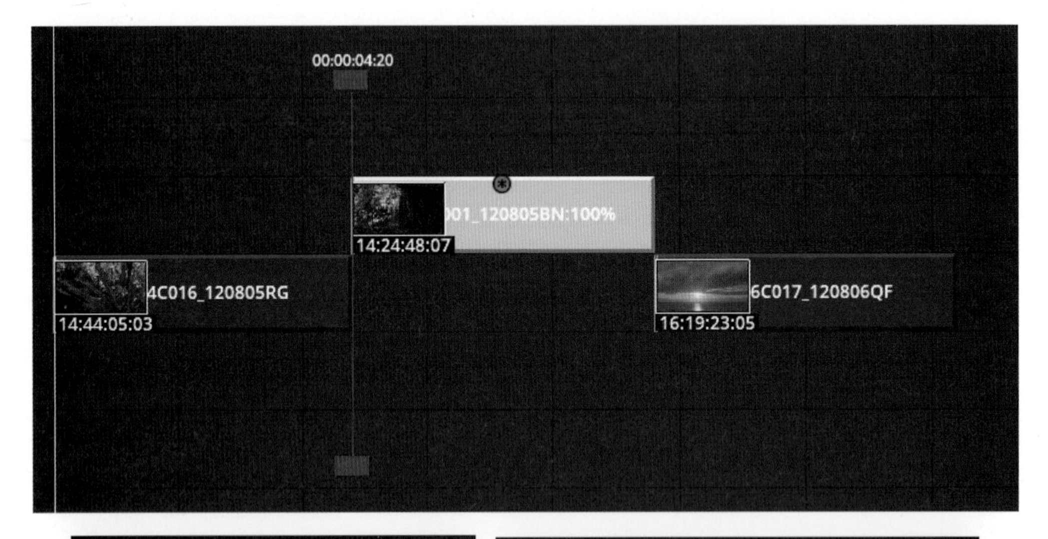

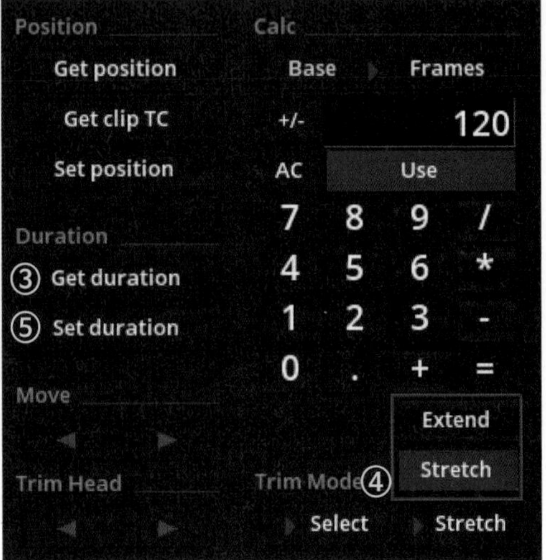

- 원하는 클립의 스피드를 조정하기 위해서는 클립을 선택하고 ①번 Group 메뉴를 클릭해 그룹 레이어로 만들어야 합니다.
- 그룹 레이어로 만들면 클립의 숨겨져 있는 영상을 모두 없애 정확한 In-Out 점으로 스피드 조정을 할 수 있기 때문입니다.
- 그룹 레이어로 만들었으면, 스피드를 조정하는 메뉴인 ②번 TimeWarp 메뉴를 클릭하여 스피드 조정이 가능한 상태로 만듭니다. TimeWarp 기능을 클릭하면 그림과 같이 클립 이름 옆에 100% 수치가 생성됩니다.
- 이제 선택한 클립을 2배 느리게 속도 조절을 하겠습니다.
- 스피드를 조절하고 싶은 클립을 선택하고 ③번 Get Duration 버튼을 클릭하면 현재 선택한 클립의 길이가 계산기 창에 보입니다.
- 그 다음 ④번에서 원하는 Animation 모드를 선택해야 하는데, Extend는 클립의 마지막 한 프레임만 원하는 길이만큼 늘리는 기능이고, Stretch는 전체 클립을 원하는 길이만큼 늘리고 줄이는 메뉴입니다. 따라서 전체 클립의 속도를 조정하기 위해서는 Stretch 메뉴를 선택합니다.
- Animation 모드에서 Stretch 모드로 선택하고, 계산기에서 원하는 길이 만큼 숫자를 입력합니다. 2배 느리게 속도 조절을 하기로 했기 때문에, 일반 계산기처럼 * 2 = 버튼을 눌러 숫자 창을 240으로 만듭니다. 즉 현재 클립의 길이를 120프레임에서 240프레임으로 2배 더 길게 설정하였습니다.

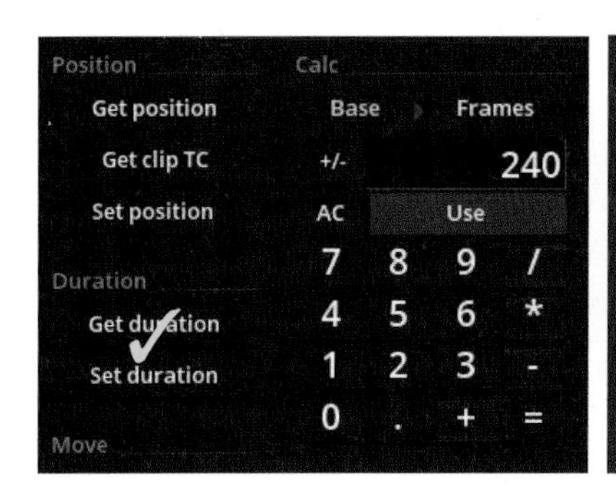

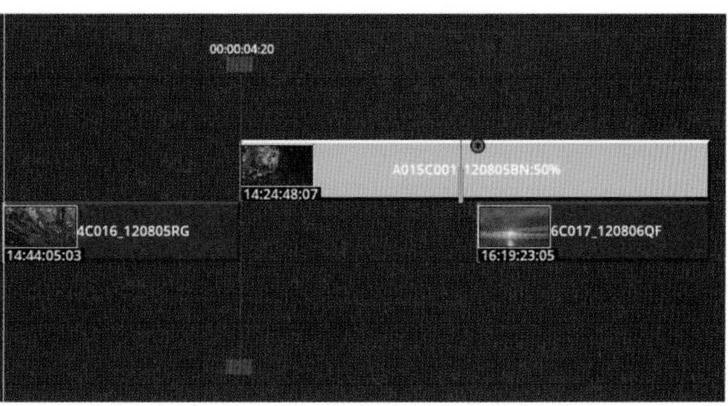

- 그 다음 ✓ 표시된 Set duration 버튼을 클릭하면 오른쪽 그림처럼 클립이 2배 늘어난 것을 확인할 수 있습니다. 영상을 재생해서 확인하면 속도도 2배 늘어난 것을 확인할

수 있습니다.

Change FPS

- 영상의 속성 중 FPS는 1초당 연속적인 프레임 개수를 의미합니다. 우리나라 방송 표준인 NTSC 방식의 FPS는 29.97인데, 이는 1초에 프레임이 29.97장 있다는 것을 의미입니다.
- 유럽 방식인 PAL의 FPS는 25로 이는 1초에 프레임이 25장 있다는 것을 의미입니다.
- Mistika는 TimeSpace가 프레임 기준으로 설계되어 있기 때문에 FPS 속성이 다르면 속도가 다르게 보이는 현상이 발생합니다.

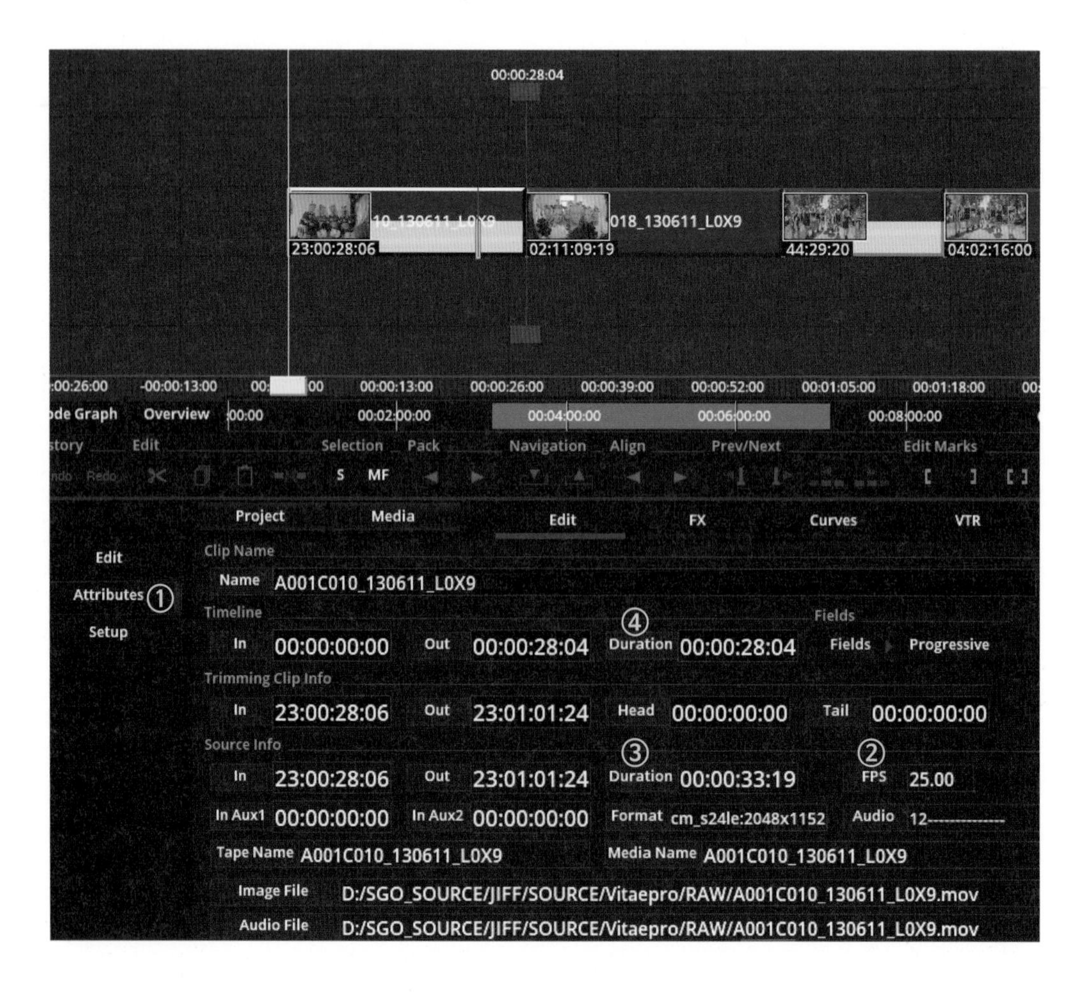

- DashBoard−Edit 탭에서 ①번 Attributes 메뉴를 클릭하면 그림과 같이 클립 속성을 볼 수 있습니다. ②번 FPS 속성을 보면 현재 클립은 25프레임인 것을 알 수 있습니다.
- 현재 프로젝트 세팅은 29.97fps로 설정되어 있기 때문에, ③번 원래 클립 소스의 길이와 ④번 TimeSpace 상에 길이가 다르게 보여집니다.
- 이는 원래 촬영본의 속도보다 현재 TimeSpace 상에서 빠르게 보여지고 있다는 것을 의미합니다.
- 따라서 이렇게 의도하지 않게 클립 속성의 차이로 속도가 다르게 보이는 경우 클립의 FPS 속성을 변경해야 합니다.
- 변경하는 방법은 다음과 같습니다.

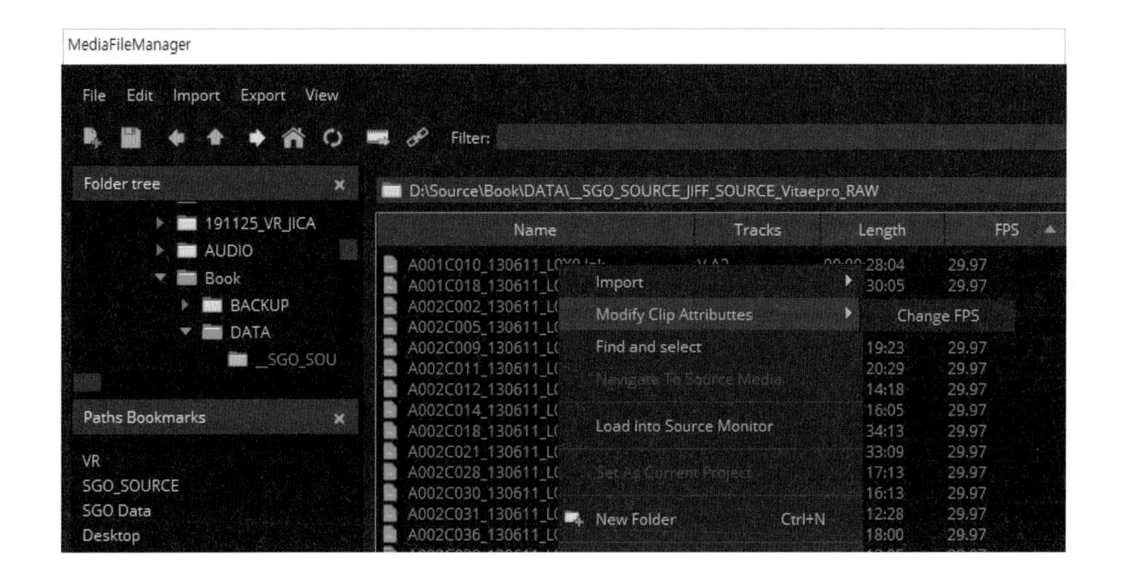

- MediaFileManager에서 임포트한 파일 중 FPS변경을 해야 하는 클립들은 Ctrl+A로 모두 선택하고 마우스 오른쪽 버튼을 클릭하면 위의 그림과 같이 Modify Clip Attributes −Change FPS 메뉴가 있습니다.
- Change FPS를 클릭하면 아래 그림과 같이 변경하고자 하는 FPS를 선택할 수 있습니다. 25 FPS를 29.97 FPS로 변경하기 위해 29.97을 선택하고 OK버튼을 누르면 ✓표시된 것처럼 FPS가 29.97로 변경됩니다.

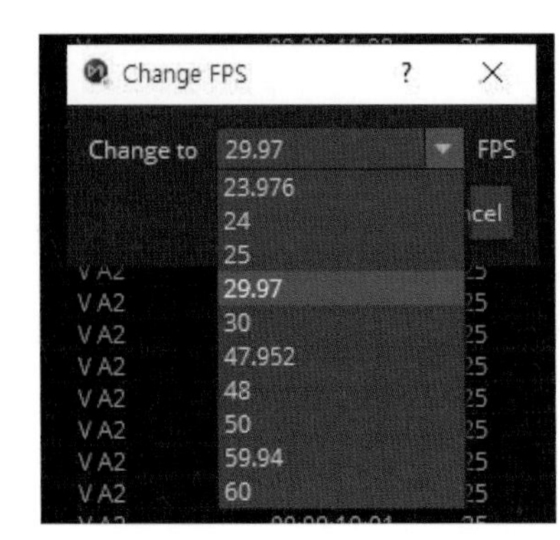

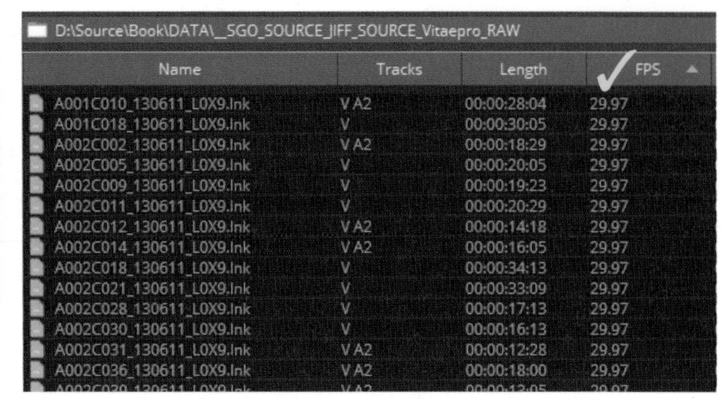

- 이렇게 클립을 프로젝트 FPS와 동일하게 맞추게 되면, 속성 값이 달라 속도가 다르게 보이는 현상을 없앨 수 있습니다.

3.5 화면 전환 효과

편집 작업시 화면을 전환하거나 Fade Up 같은 효과를 넣어야 할 경우 사용할 수 있는 기능들에 대해 소개하겠습니다.

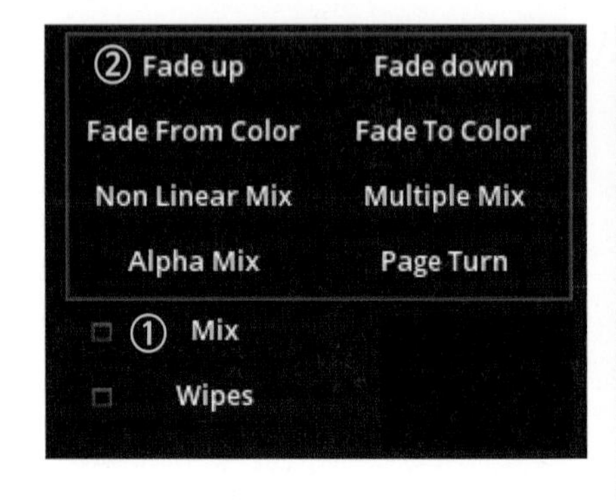

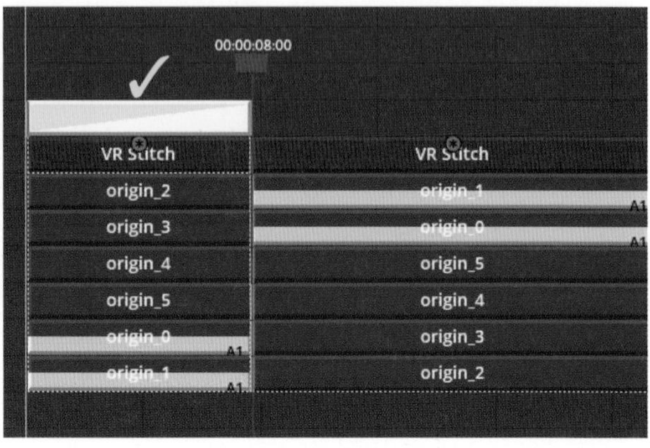

Fade Up/Down

- 우선 컷을 블랙으로 시작하여 서서히 영상을 보여주는 Fade Up 효과를 만들어 보겠습니다. 영상에서 시작하여 서서히 블랙으로 아웃되는 효과는 Fade Down 효과를 적용

하면 됩니다.

- 효과를 적용할 클립을 선택하고 Dashboard–Edit 메뉴에서 ①번 Mix를 클릭하면 그림과 같이 화면 전환을 위한 메뉴들이 보입니다.
- 이 중 가장 많이 사용되는 ②번 Fade Up을 클릭하면 오른쪽 그림에 ✓ 표시된 것과 같은 효과가 생깁니다.
- 기본적으로 선택한 클립의 길이만큼 효과가 적용됩니다.

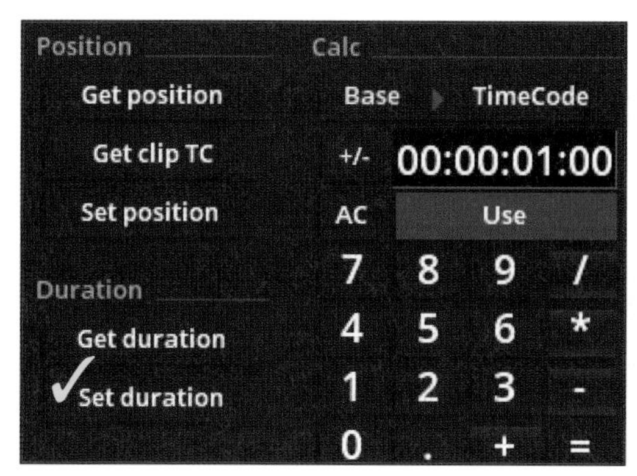

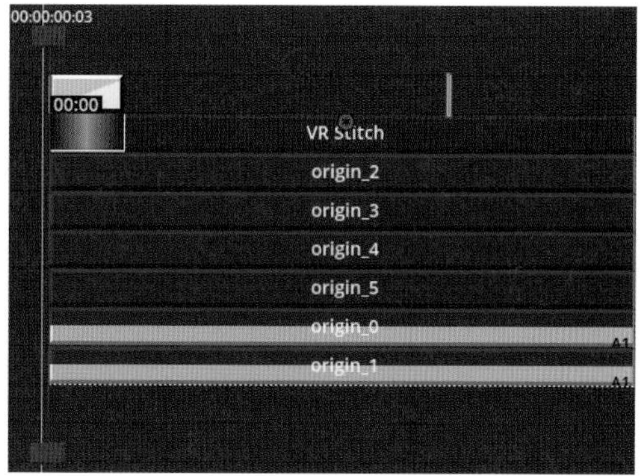

- 효과의 길이를 수정하고 싶을 때는 계산기에서 원하는 길이를 클릭하고 ✓표시된 Set duration 버튼을 클릭하면 오른쪽 그림과 같이 효과의 길이가 변경됩니다.

Dissolve

- 컷과 컷이 부드럽게 넘어가는 Dissolve 화면 효과를 만들어 보겠습니다.

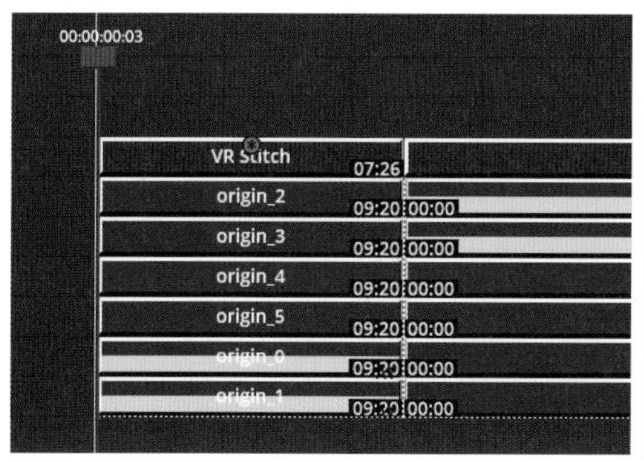

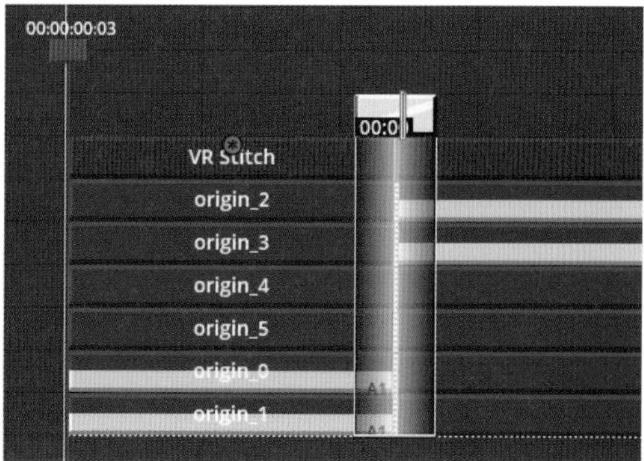

- 컷과 컷이 부드럽게 넘어가는 Dissolve 화면 효과를 만들어 보겠습니다.
- 왼쪽 그림과 같이 Dissolve 화면 효과로 연결할 클립 두 개를 동시에 선택합니다.
- 앞서 설명한 Fade Up 메뉴를 클릭하면 오른쪽 그림과 같이 두 개의 컷 사이에 효과가 적용된 것을 확인 할 수 있습니다.
- 화면 효과의 길이는 기본으로 설정된 길이만큼 적용되는데 이 길이는 DashBoard−Edit−Setup 메뉴에 있습니다.

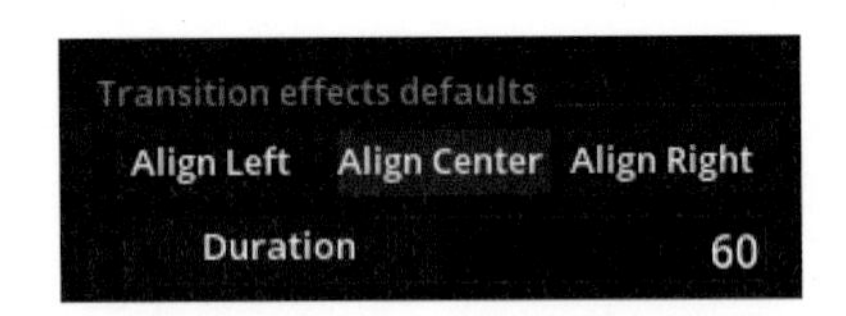

- 그림과 같이 Transition effect defaults 메뉴에 Duration을 조정하면 기본으로 적용되는 화면전환 효과의 길이를 설정할 수 있습니다.
- 또한 앞에서 설명한 계산기의 수치와 Set Duration 메뉴를 이용해서도 화면 전환 효과의 길이를 수정할 수 있습니다.

CHAPTER
04

Mistika Boutique 영상 마스터링

4.1 원본 클립 사이즈 조정(Flaming)

1장에서 소개한 대로 프로젝트의 해상도는 Mistika Config에서 미리 설정됩니다. 이 정보들은 Mistika Boutique 작업화면 상단에서 확인할 수 있습니다. 또한 작업의 효율성을 위해 최종 파일 출력 해상도와 작업 해상도는 다르게 설정할 수 있습니다.

하지만, TimeSpace에 올려져 있는 소스 파일이 Mistika Config에서 정한 해상도와 다르다면 화면 사이즈를 조절할 필요가 있습니다.

즉, 해상도 3840*1920으로 preset을 정했는데, Media에서 불러온 파일의 해상도가 1920*1080이라면 미리보기 창에 다음과 같이 작은 사이즈의 화면으로 보여질 것입니다.

이럴 경우에는 Flaming 기능을 사용하여 3840*1920 사이즈에 맞게 조절해야 합니다. 조절해야 할 샷을 선택하고 FX 메뉴-오른쪽 하단의 Framing 버튼을 클릭하면 다음과 같이 프레임이 씌워지는 것을 확인할 수 있습니다.

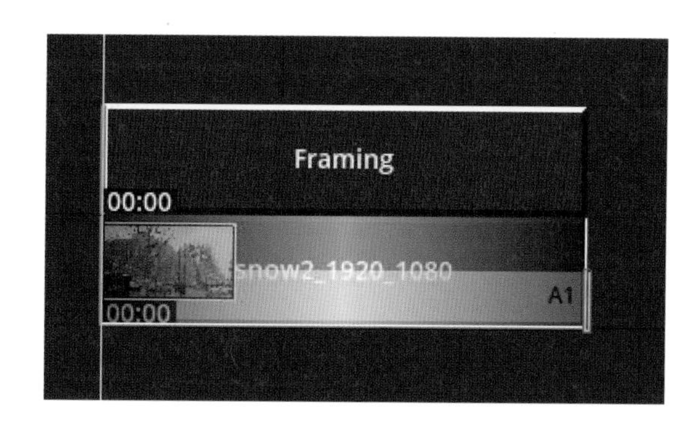

Framing 프레임을 더블클릭하면 Visual Editor 화면으로 전환됩니다.
전환된 화면에서 Framing 프레임을 선택하고 화면 하단의 Options에서 Result Size : Project, Fit : Fit width로 맞춰줍니다.
사이즈가 맞지 않은 영상을 가로를 기준으로 맞추겠다는 뜻입니다.

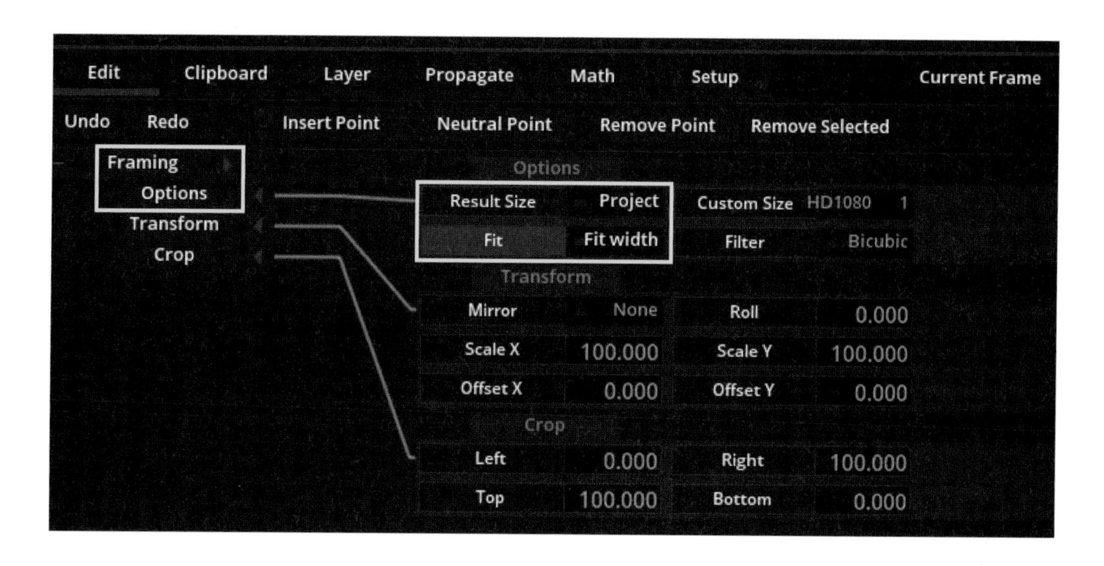

아래 화면은 Framing 프레임 설정으로 인해 3840*1920에 맞게 사이즈가 조절된 화면입니다.

아래 화면은 VR스티치 클립에 Fx메뉴에 Framing을 적용하고 Result Size : Project, Fit : Fit width을 적용한 화면입니다(예제인 VR스티치 파일의 경우는 프로젝트 해상도를 1920*960으로 설정을 했으므로 Framing을 하지 않아도 됨).

위 화면에서 볼 수 있듯이 Framing적용된 샷은 Framing프레임에 스타(*)표시를 확인할 수 있습니다.

4.2 Config Tool에서 한글 경로 설정하기

이번에는 각 클립마다 장소를 나타내는 텍스트를 추가해 보도록 하겠습니다(신석정 입구 마당, 신석정 별채마루, 신석정 사랑채산실).

우선, Mistika Boutique는 한글이 입력되지 않으므로 한글을 입력하기 위해서 Config Tool에서 한글경로를 설정해 주어야 합니다. 이 작업은 처음 한번만 작업해주면 됩니다.

Config Tool 도구를 엽니다.

interface 탭에서 – Default GUI font의 한글 글꼴 중 임의의 하나를 경로와 함께 복사한 후 붙여넣기(C:\Windows\Fonts\batang.ttc) 합니다.

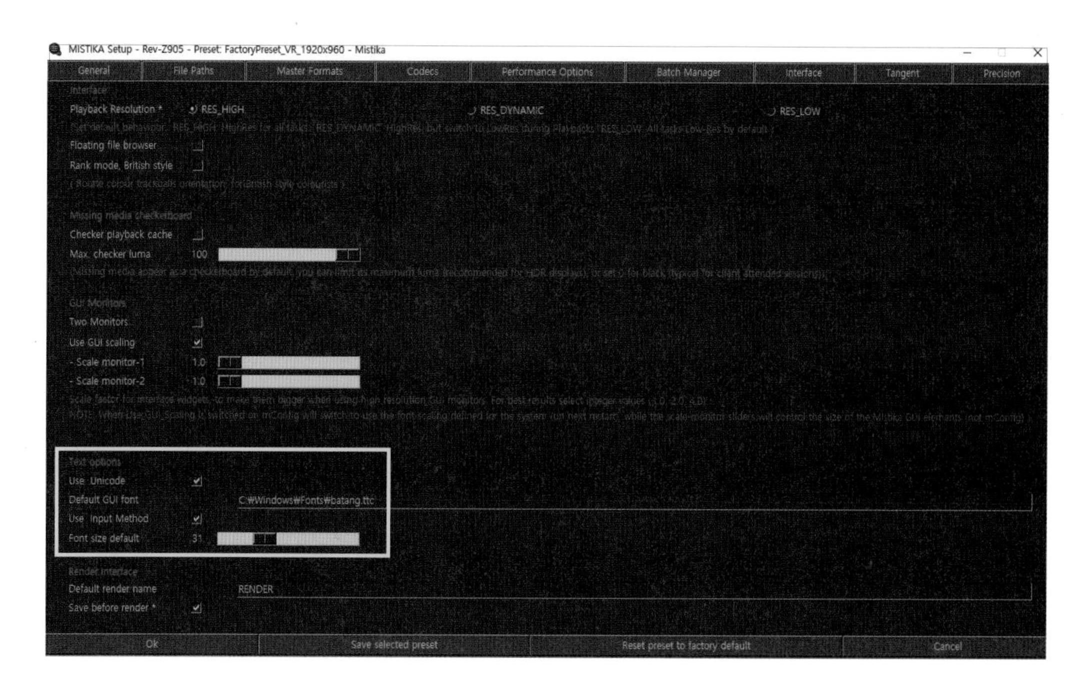

Config Tool 도구창을 닫습니다.

4.3 텍스트 입력하기

Mistika Boutique를 다시 실행하고 텍스트를 삽입해 보겠습니다.
삽입하려는 첫 번째 클립을 선택하고 FX 메뉴－Title 버튼을 클릭합니다.

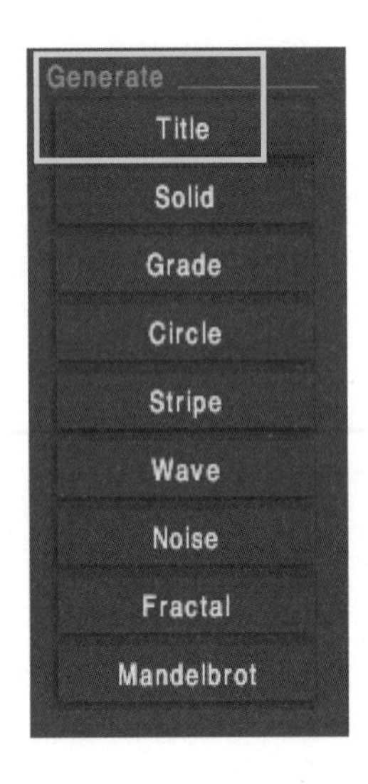

아래와 같이 Title 프레임이 씌워지는 것을 볼 수 있습니다.
Title 프레임을 더블클릭하여 Visual Editor 화면으로 전환합니다.

다시 Text Editor 화면으로 전환하기 위해 Text 버튼을 클릭합니다.

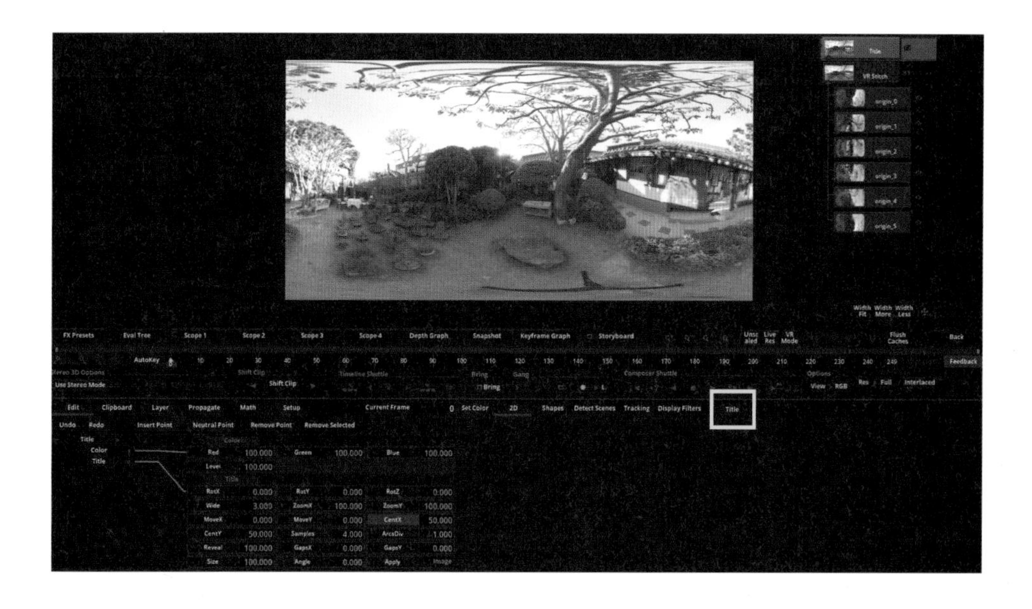

Text Editor 화면으로 전환되면 텍스트를 입력할 수 있고 텍스트의 특성을 정의하는 다양한 버튼 세트가 있습니다.

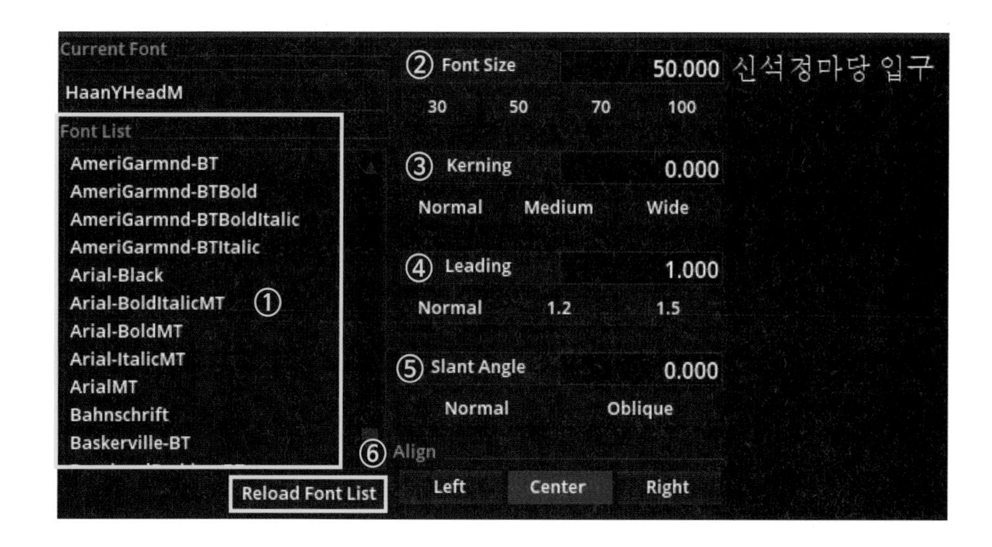

① Font List

- 이 상자는 현재 글꼴 또는 서체의 이름을 표시합니다. 이 목록에 있는 글꼴을 선택하여 글자체를 설정할 수 있습니다.
- Mistika Boutique는 한글이 입력되지 않으므로 4.2에서 config Tool을 활용하여 한글글

꼴 경로를 설정하였습니다. 그러므로 Reload Font List를 클릭하여 설정된 한글 글꼴을 로드시킵니다. 이 작업은 처음 한번만 작업해주면 됩니다.

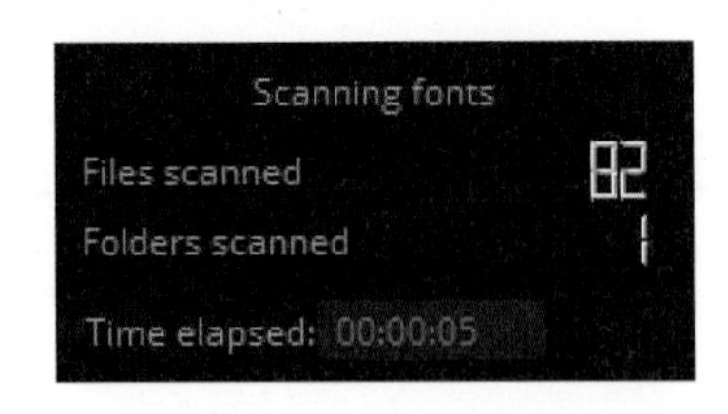

② Font Size

- 글꼴 크기를 지정할 수 있습니다. 모든 글꼴의 크기를 수정할 수 있습니다.
- 30, 50, 70, 100은 미리 정의된 글자크기 값에 대한 빠른 접근 버튼들입니다.

③ Kerning

- 문자 사이의 공간을 정의하는 값입니다.
- Normal, Medium, Wide는 사전 정의된 Kerning 값에 대한 빠른 접근 버튼들입니다.

④ Leading

- 텍스트 줄 사이의 공간을 정의하는 값입니다.
- Nomal, 1.2 및 1.5는 사전 정의된 줄간격 값에 대한 빠른 접근 버튼들입니다.

⑤ Slant Angle

- 문자의 기울기를 정의하는 값입니다.
- Normal, Oblique는 정의된 기울기값에 대한 빠른 접근입니다.

⑥ Align

- 문자의 정렬을 정의하는 버튼입니다.
  - left는 텍스트를 왼쪽으로 정렬합니다.
  - Center 텍스트를 중앙으로 정렬합니다.
  - Right 텍스트를 오른쪽으로 정렬합니다.

'신석정 마당 입구'를 입력하고 ① Font Size : 50, ② Align : Center로 설정합니다. 글자 크기와 정렬이 설정됐으면, 아래 그림에서와 같이 화면 오른쪽 하단의 ③ Back 버튼을 클릭하여 Text Editor에서 빠져나옵니다.

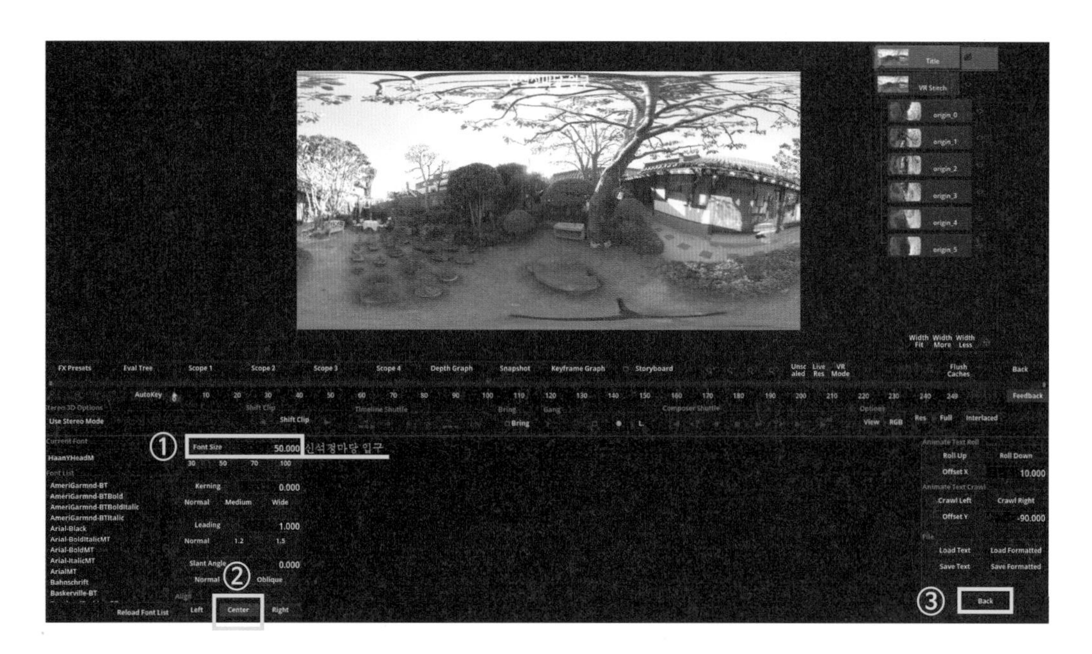

- Visual Editor 화면을 전환되었으면, 텍스트를 화면 중앙으로 옮기기 위해 Y값을 조절해줍니다. 즉, MoveY : -54로 설정합니다.

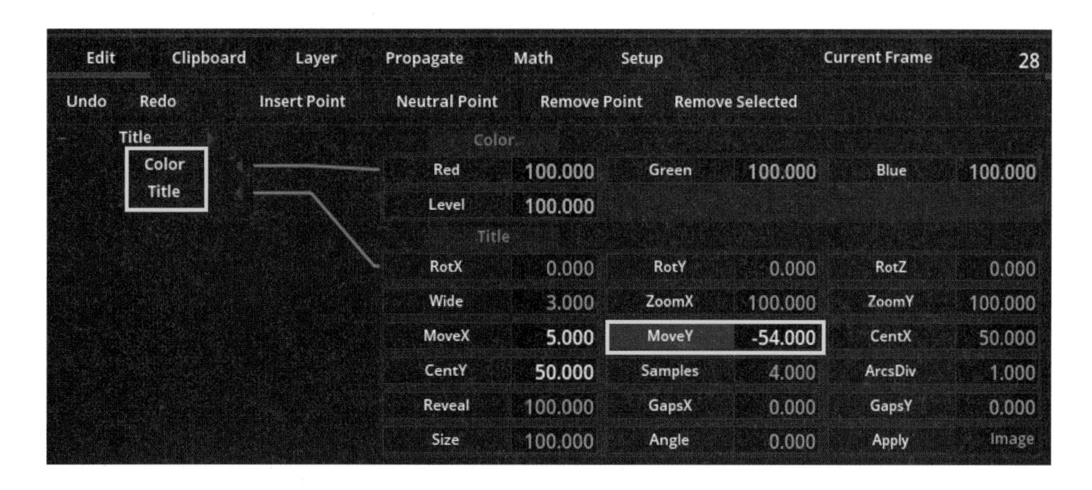

다음은 Title 레이어의 각각의 Parameters에 대한 설명입니다.

Title
Color
Title

Color					
Red	100.000	Green	100.000	Blue	100.000
Level	100.000				
Title					
RotX	0.000	RotY	0.000	RotZ	0.000
Wide	3.000	ZoomX	100.000	ZoomY	100.000
MoveX	0.104	MoveY	-53.792	CentX	50.000
CentY	50.000	Samples	4.000	ArcsDiv	1.000
Reveal	100.000	GapsX	0.000	GapsY	0.000
Size	100.000	Angle	0.000	Apply	Image

- Color
  - Red ; Green ; Blue

    [100 ; 100 ; 100 (0/100)]

    0~100의 값을 지정하여 텍스트의 색상을 지정합니다.

  - Level

    [100 (0/100)]

    0~100의 값을 지정하여 생성된 텍스트의 불투명도(알파 채널 값) 지정합니다.

- Title
  - Rot X ; Y ; Z

    [0 ; 0 ; 0 (-900.000/900.000)]

    각 축의 회전량을 지정합니다. 회전 중심은 중심변수에 의해 결정됩니다.

  - Wide

    [3 (1,33/10.000)]

    텍스트가 있는 벡터 평면의 왜곡 누설(leakage)을 지정합니다. 누설(leakage)은 벡터 평면이 X 또는 Y로 회전하는 경우에만 볼 수 있습니다.

  - Zoom X ; Y

    [100 ; 100 (-100.000/100.000)]

    척도(확대축소 양)를 지정합니다. 스케일링 센터는 센터 매개변수에 의해 결정됩니다.

  - Move X ; Y

    [0 ; 0 ; 0 (-900.000/900.000)]

    X축과 Y축의 간격으로 크기를 지정합니다.

  - Cent X ; Y

    [50 ; 50 (-10.000/10.000)]

    회전 및 스케일링 중심 위치를 지정합니다.

  - Samples

    [4 (1/32)]

    렌더 프로세스의 샘플 수입니다. 값이 높을수록 샘플 수가 많아져 영상 화질이 눈에 띄게 향상됩니다. 그 결과 글꼴, 가장자리 및 텍스트의 세부사항에서 매우 잘 볼 수 있습니다.

  - ArcsDiv

    [1 (1/10)]

벡터럴 텍스트의 곡선이 세분되는 세그먼트 수를 지정합니다. 한다. 세그먼트 수가 많을수록 곡선은 부드러워집니다.

- Reveal

  [100 (0/100)]

  백분율값을 설정하여 텍스트를 숨기고 보이게 설정할 수 있습니다. 0의 값은 텍스트를 완전히 숨기고 100의 값은 텍스트를 나타내 줍니다. 이 매개변수를 활성화하여 텍스트를 점진적으로 볼 수 있습니다.

- GapsX

  [0 (-900.00/900.000)]

  맞춤 매개변수(문자 사이의 공간)의 정렬을 기준으로 배율 조정을 합니다.

- GapsY

  [0 (-900.00/900.000)]

  행간(행 사이 간격)의 매개 변수를 조정합니다.

- Size

  [100 (-900.00/900.000)]

  커닝(공백)을 변경하지 않고 크기(문자 크기)의 매개 변수를 조정합니다.

- Angle

  [0 (-900.00/900.000)]

  각도(문자 사이의 기울기)의 매개 변수를 조정합니다.

- Apply

  [Image (Image/Mask)]

  텍스트가 생성되는 채널을 설정합니다.

VR Mode를 클릭하여 VR모드에서의 텍스트의 크기와 위치를 미리보기 합니다.

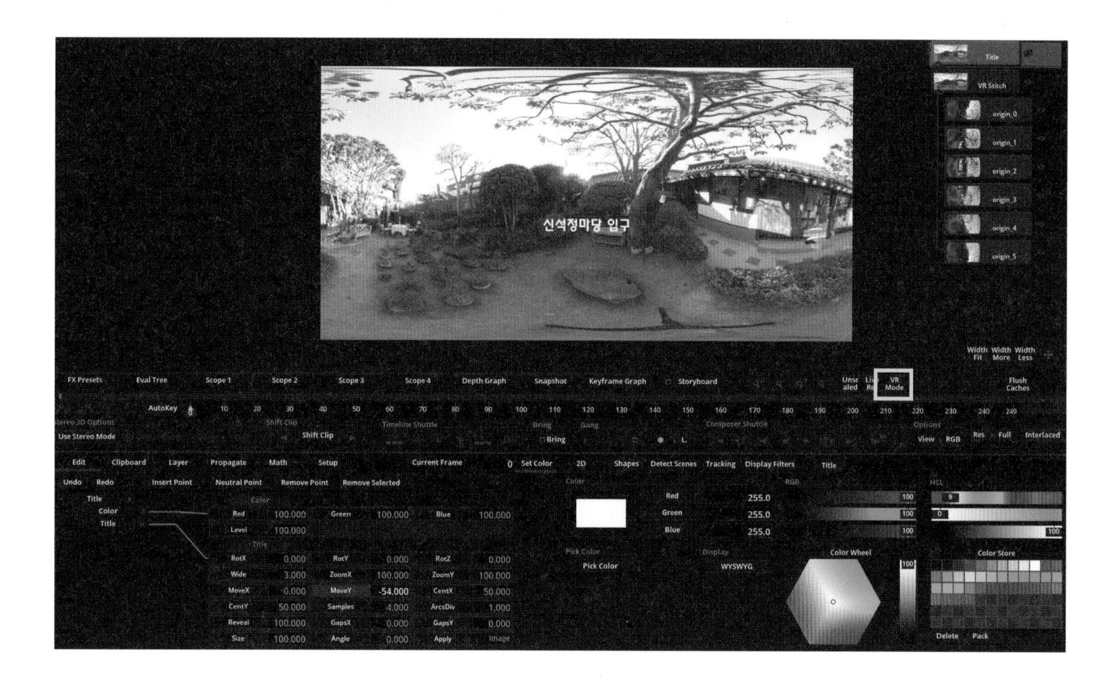

아래 화면처럼 VR모드에 Title이 삽입된 것을 볼 수 있습니다.

이번에는 Set Color를 눌러 Title의 색상을 수정해 보도록 하겠습니다. 아래 그림에서처럼 Color Wheel에서 선택해도 되고, Color Store에서 선택하거나 또는 직접 RGB값을 입력하여 색상을 수정합니다.

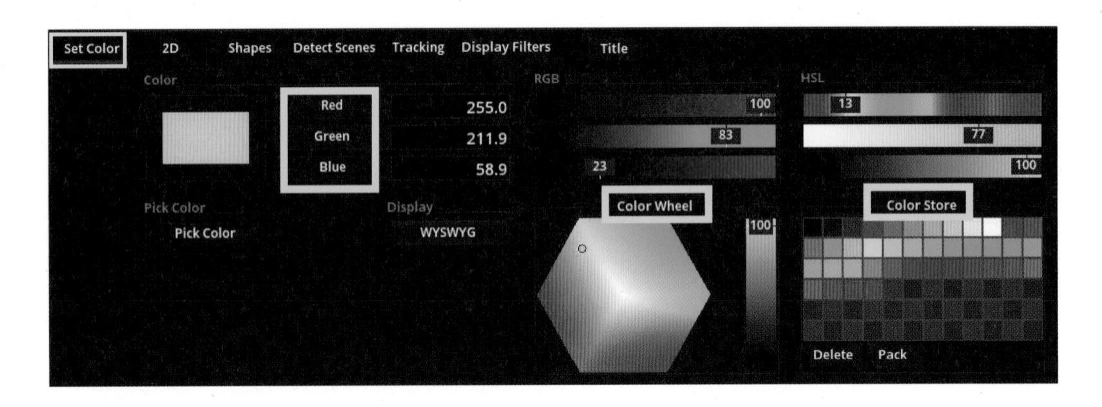

아래 화면은 텍스트의 색상을 수정하고 VR Mode로 본 화면입니다.

위의 그림에서 '신석정마당 입구' 텍스트가 VR Stitch화면에서 평면으로 보이는 것을 확인할 수 있습니다. 이를 어안렌즈(Equidistant Fisheye) 모드로 수정하여 VR 화면에서 자연스럽게 보일 수 있도록 해 주어야 합니다.

화면 오른쪽 중간의 Back 버튼을 눌러 Visual Editor 화면에서 빠져나옵니다.

우선 Title 프레임을 맨 아래 쪽으로 이동(그림1)합니다.

Title를 선택하고 그림2처럼 FX 메뉴－VR Stitch로 프레임을 씌워줍니다.

마지막으로 전체 프레임을 선택하고 FX 메뉴－Comp3D를 선택하여 그림3과 같은 화면을 만들어 줍니다.

Comp3D에 대한 자세한 설명은 5장에서 하겠습니다.

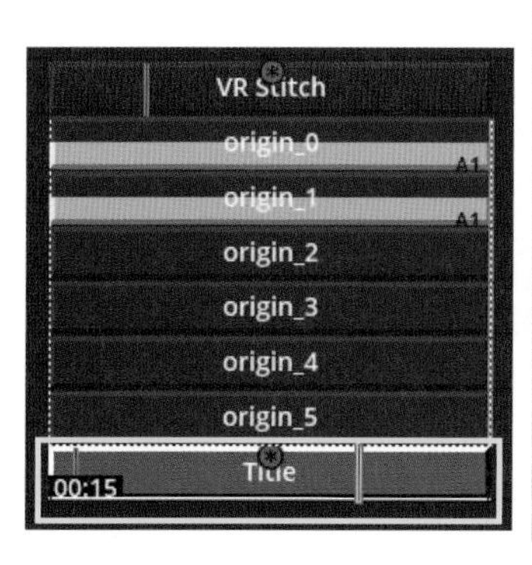

그림1

그림2

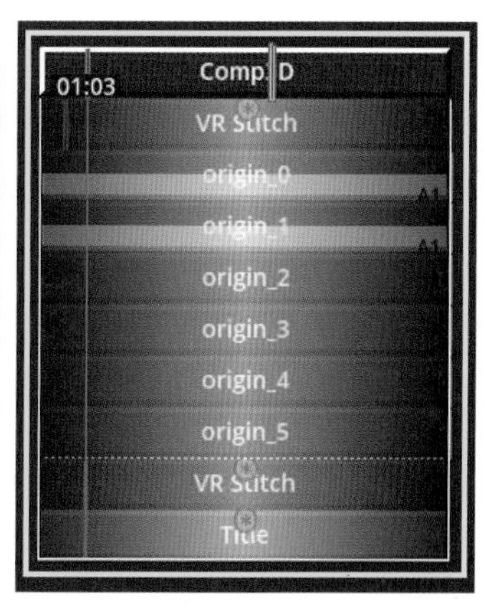

그림3

Comp3D를 더블클릭하여 Visual Editor화면으로 전환합니다.

아래 화면에서처럼 Eval Tree에서 VR Stitch 클릭－화면 하단의 VR Stitch의 input Camera1－Mapping : Equidistant Fisheye를 해줍니다.

평면으로 보였던 Title이 어안렌즈모드로 수정되어 VR 화면에서 자연스러운 VR Title로 보이게 됩니다.

Focal Length의 수치를 조절하여 Title을 가까이 또는 멀리 볼 수 있도록 수정합니다. 수치가 클수록 카메라의 거리가 멀어집니다.

또한 Yaw(좌우 움직임), Pitch(상하움직임), Roll(회전)으로 타이틀이 적당한 위치를 잡을 수 있도록 조정해 줍니다.

나머지 2개의 클립에도 같은 방법으로 VR Stitch와 Comp3D를 이용하여 아래 화면과 같은 프레임구조를 만들고 Visual Editor에서 VR Title 작업을 해줍니다.

Comp3D	Comp3D	Comp3D
VR Stitch	VR Stitch	VR Stitch
origin_0	origin_0	origin_0
origin_1	origin_1	origin_1
origin_2	origin_2	origin_2
origin_3	origin_3	origin_3
origin_4	origin_4	origin_4
origin_5	origin_5	origin_5
VR Stitch	VR Stitch	VR Stitch
Title	Title	Title

두 번째 클립 '신석정 별채 마루'

세 번째 클립 '신석정 사랑채 산실'

4.4 텍스트 키 프레임 넣기

텍스트의 Level 값을 활용해 10~60프레임까지만 텍스트를 노출시키고 서서히 사라지는 키프레임을 넣어보겠습니다. 그러기 위해서는 EvalTree에서 Title 레이어가 선택되어 있어야 합니다.

① Current Frame을 0으로 이동시킵니다.

② AutoKey를 클릭하여 키프레임을 넣습니다.

③ Level값을 0으로 설정하여 텍스트를 투명하도록 키프레임을 넣습니다.

① Current Frame을 10으로 이동시켜서 ③ Level값을 100으로 설정하고 엔터키를 누릅니다. 10프레임에서는 텍스트가 level값 100이므로 불투명해 보입니다.

① Current Frame을 60으로 이동시켜서 ③ Level값을 100으로 설정하고 엔터합니다.

① Current Frame을 70으로 이동시켜서 ③ Level값을 0으로 설정하고 엔터합니다.

재생버튼을 눌러 텍스트에 키프레임이 적용된 것을 확인해 봅니다.

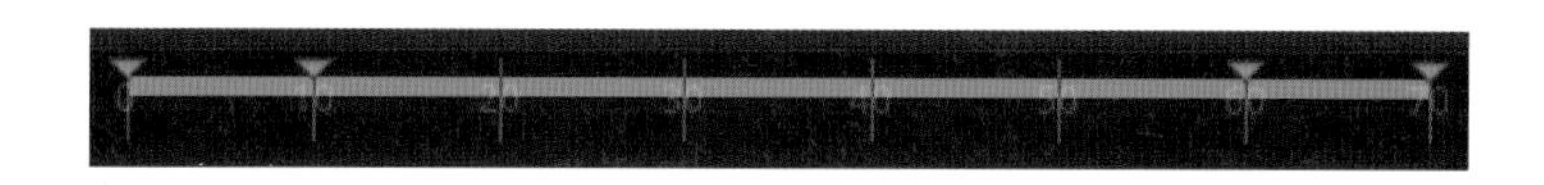

두 번째 클립과 세 번째 클립도 위와 같은 방법으로 키프레임 애니메이션을 적용해 봅니다.

4.5 배경음악 삽입하기

세 개의 클립을 배경으로 음악을 삽입해 보도록 하겠습니다.

Media 메뉴에서 음악파일(.wav)을 삽입합니다. 클립의 배경으로 쓰일 영역에 음악파일을 배치하고 원하는 만큼 길이를 잘라줘야 합니다.

불러온 배경음악 파일을 선택－세 개의 클립의 길이만큼 Calc : 750 입력한 후, Set duration을 클릭합니다.

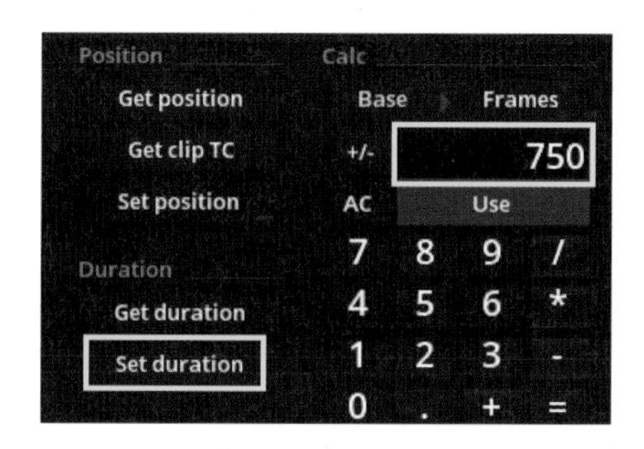

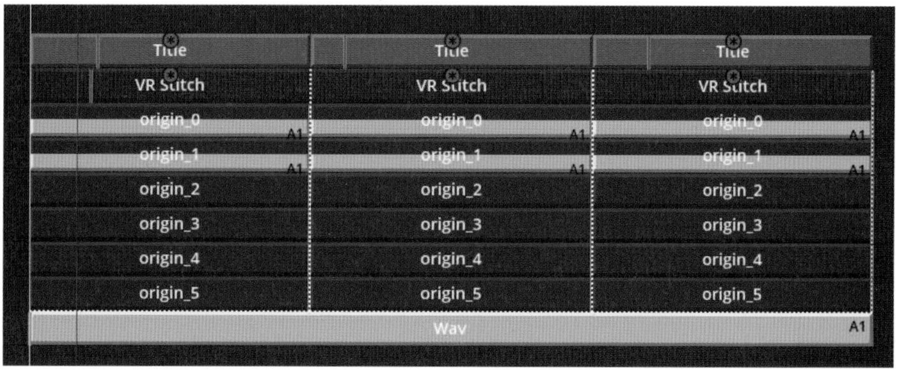

mistika boutique

CHAPTER

05

Mistika Boutique 영상 합성

5.1 Comp3D Effect

Comp3D는 Mistika의 주요 구성 효과입니다. 이 효과는 클립을 입체적으로 구성할 수 있습니다. 멀티 레이어 공간, 알파 채널에 대한 무제한 입력, 애니메이션 지정 등 각 레이어마다 카메라, 다양한 조명 유형 및 3차원 변형을 할 수 있습니다.

Comp3D 효과를 위한 새로운 예제를 만들어보도록 하겠습니다.

Projet 버튼을 클릭하여, Project Manager 창에서, New Project 클릭－프로젝트 이름을 입력하고－OK 합니다.

Mistika Boutique 창에서 Media 버튼을 클릭하여 소스 영상파일을 추가합니다.

RENDER_0000.mov, RENDER_0003, movRENDER_0004.mov의 3개의 파일을 추가합니다.

클립의 순서를 RENDER_0000－RENDER_0004－RENDER_0003순으로 나열하고 15초 단위로 컷 편집(3.2 기본 컷 편집 참고)합니다.

예제 클립의 해상도는 3840*1920이므로 프로젝트 해상도(1920*960) 사이즈에 맞추기 위한 Framing 효과를 주어야 합니다.

모든 클립을 선택하고 FX-Framing 버튼을 클릭합니다.

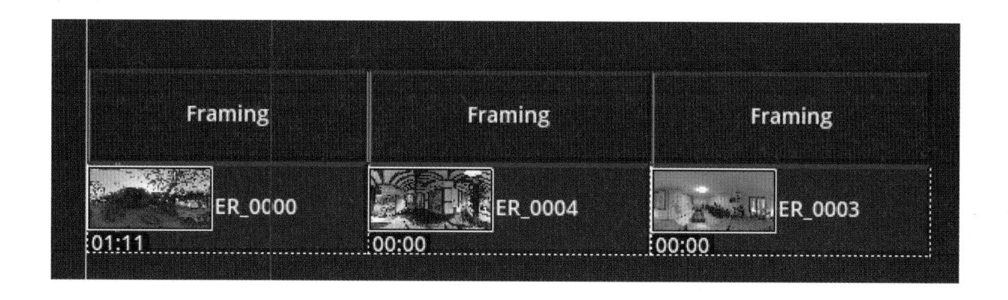

Framing을 더블클릭하여 Visual Editor로 화면이 전환되면, Result Size : Project, Fit : Fit width로 설정해 줍니다.

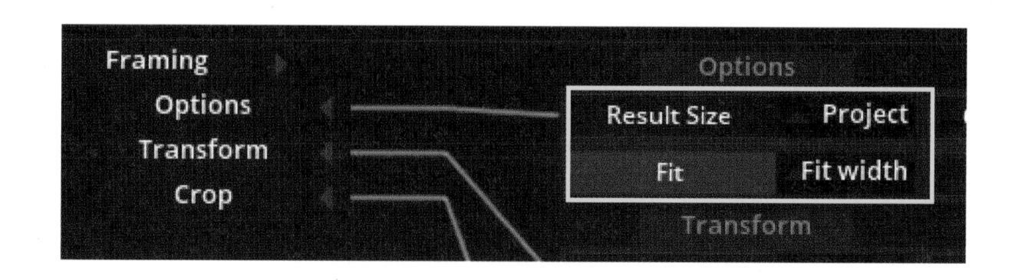

Framing을 설정해 주면 스타표시(*)가 나타납니다.

같은 방법으로 두 번째, 세 번째 클립도 Framing 효과를 적용해 줍니다.

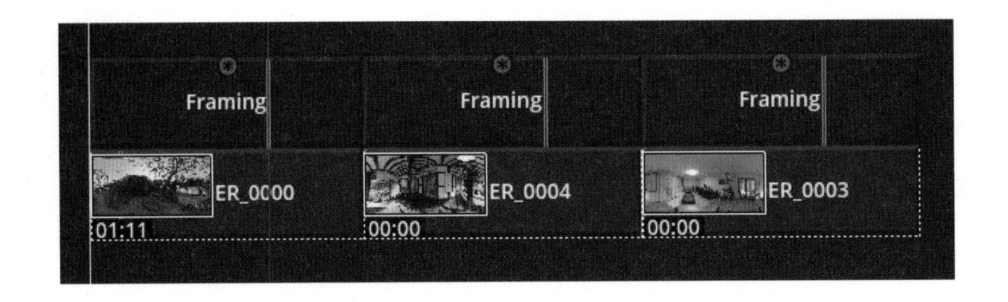

기본 컷이 완성됐다면, X축을 고정해 보도록 하겠습니다. 이 작업을 해주는 이유는 여러 작업을 추가할 때 X축을 고정시켜 X축이 흐트러져 버리는 것을 방기하기 위함입니다. Edit 메뉴–Setup 탭–Constrain X 버튼 클릭합니다.

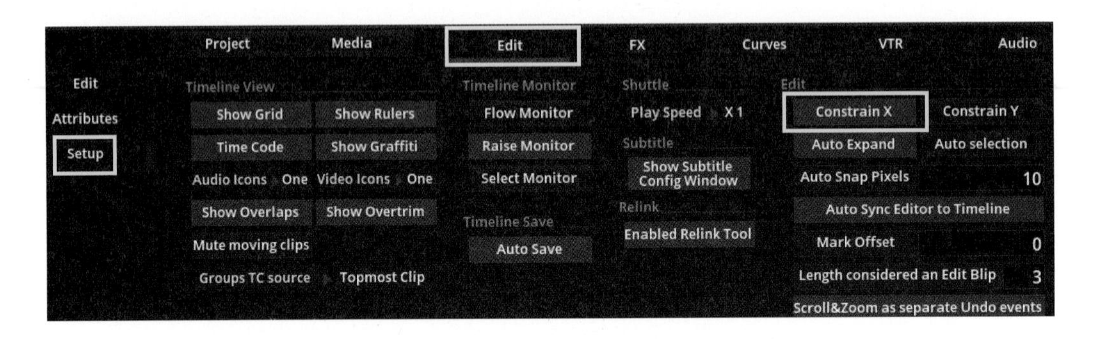

첫 번째 클립을 선택하고 Fx–Comp3D를 클릭하여 프레임을 씌워줍니다.

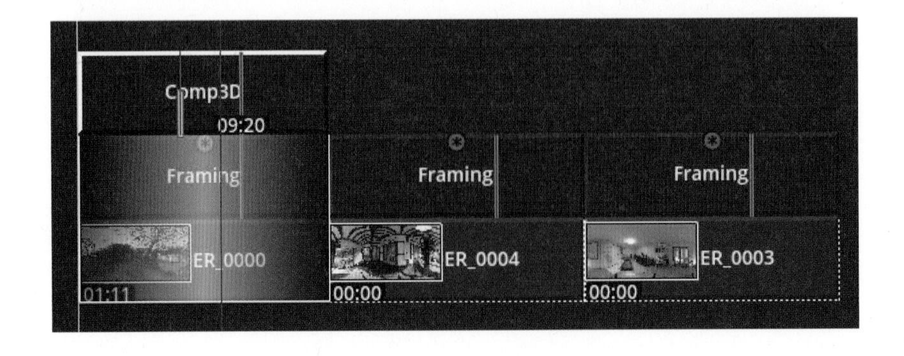

Comp 3D프레임을 더블클릭하여 Visual Editor 화면으로 전환해 줍니다.

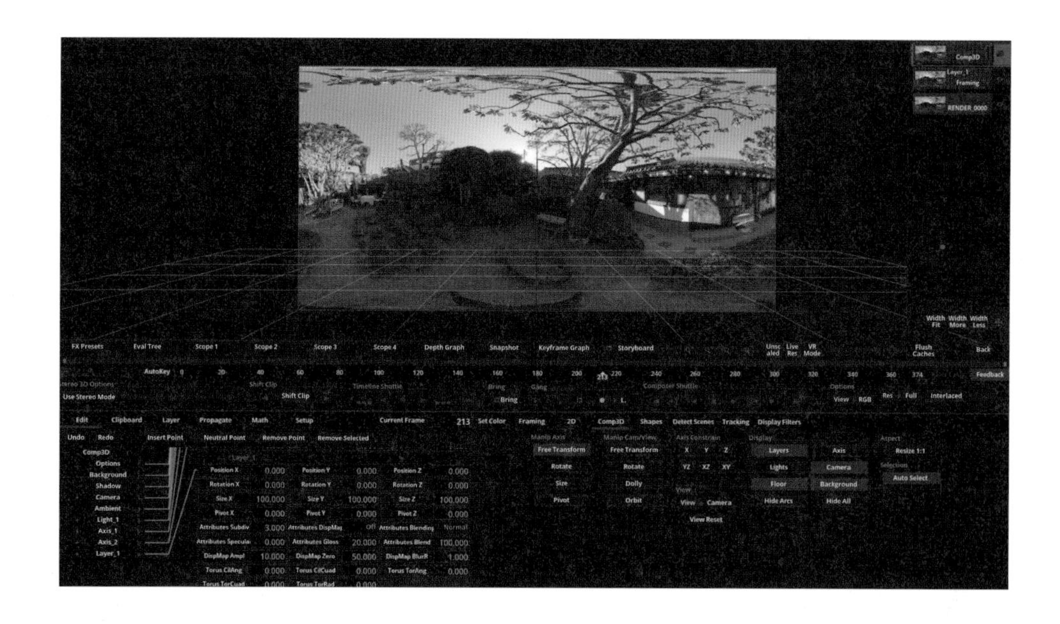

Comp3D는 Layer_1을 포함하고 있고 Layer_1의 매개변수를 활용하여 자유롭게 변환할 수 있습니다.

미리보기 화면에서 마우스로 화면을 드랙하면 Layer_1의 매개변수 PositonX, PositionY 값이 수정되어 이미지의 위치를 변경할 수 있고, Ctrl+드랙으로 SizeX, SizeY, SizeZ값이 수정되어 크기를 변경할 수 있습니다.

또한 Alt키를 누르고 드랙하면 RotationZ값을 수정하여 이미지를 회전시킬 수 있습니다.

움직임을 제한하는 다른 옵션들도 있습니다.

예를 들어 Y축은 회전하고 X, Z를 제한하기 위해 Axis Constrain의 XZ 버튼을 클릭합니다. 그리고 Alt키를 누른 상태에서 드랙하여 Y축만 회전되는 것을 확인할 수 있습니다.

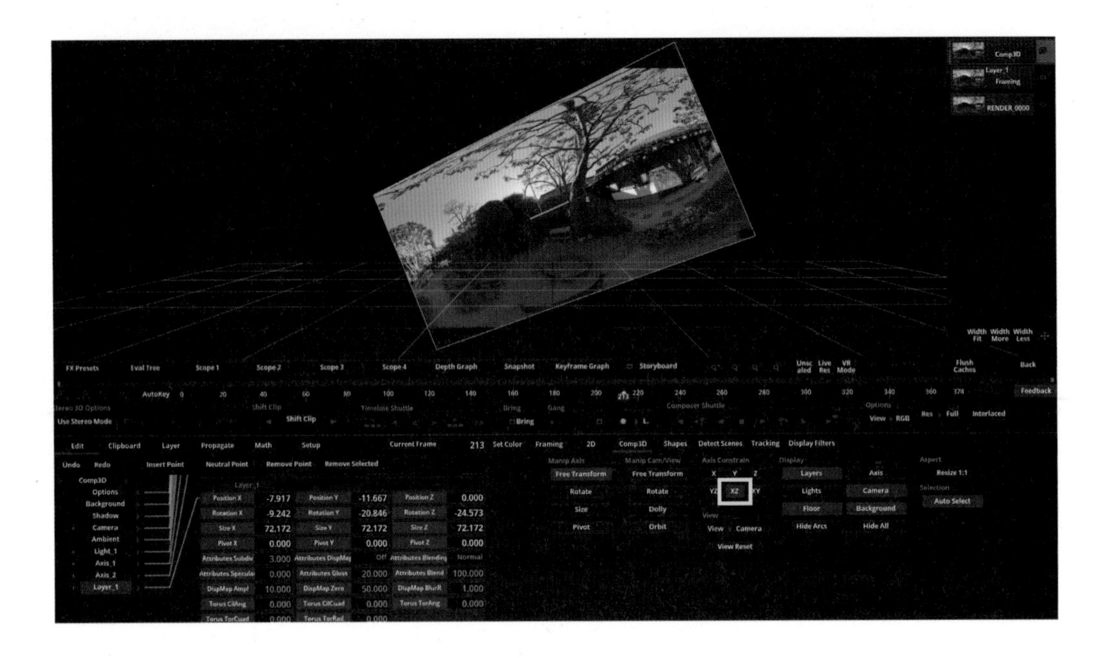

Rotation의 매개변수를 shift키를 누르고 Rotation X, Y, Z를 클릭하여 선택한 다음 Delete 키를 눌러 초기값으로 되돌릴 수 있습니다.

다른 매개변수들도 같은 방법으로 초기화시킬 수 있습니다.

Comp3D
Options
Background
Shadow
Camera
Ambient
Light_1
Axis_1
Axis_2
Layer_1

Layer_1

Position X	-7.917	Position Y	-11.667	Position Z	0.000
Rotation X	-9.242	Rotation Y	-20.846	Rotation Z	-24.573
Size X	72.172	Size Y	72.172	Size Z	72.172
Pivot X	0.000	Pivot Y	0.000	Pivot Z	0.000
Attributes Subdiv	3.000	Attributes DispMap	Off	Attributes Blending	Normal
Attributes Specular	0.000	Attributes Gloss	20.000	Attributes Blend	100.000
DispMap Ampl	10.000	DispMap Zero	50.000	DispMap BlurR	1.000
Torus CilAng	0.000	Torus CilCuad	0.000	Torus TorAng	0.000
Torus TorCuad	0.000	Torus TorRad	0.000		

다음은 Comp3D의 매개변수들의 정보입니다.

• Option

- Result Size as : 효과의 출력 해상도를 정의합니다. input은 출력 해상도를 클립의 원래 해상도와 동일합니다. project는 출력 해상도를 현재 진행중인 작업의 현재 해상도와 동일합니다.
- Samples : [x1 (x1, x2, x3, x4, x8, x15, x24, x66)]
  렌더 프로세스의 샘플 수입니다. 높은 값은 더 높은 샘플 수를 설정합니다. 영상 화질 및 앤티앨리어싱(Antialiasing)을 개선합니다.
- Shutter : [0 (0/360)]
  가상 카메라의 셔터 각도를 제어하여 생성된 모션 블러를 시뮬레이션 합니다.

• Background

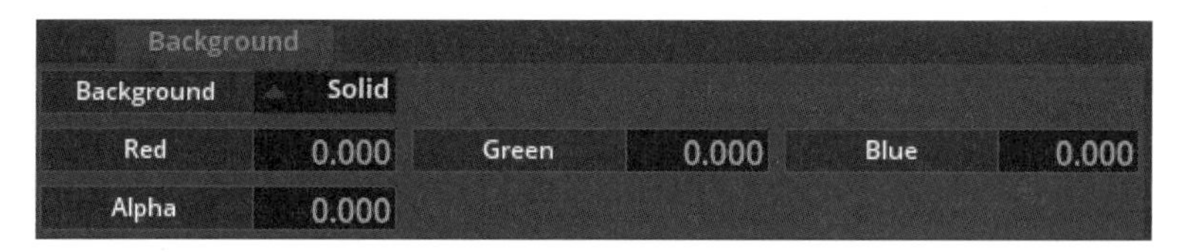

- Background : input1은 배경이 되는 Layer1은 조작할 수 없기 때문에 레이어로서 작동할 수 없습니다. Solid는 배경이 되는 Layer1을 포함하여 조작 가능한 레이어가 됩니다.
- Red, Green, Blue, Alpha : [0 ; 0 ; 0 ; 0 (0/100)]
  단색의 RGBA 값을 정의합니다.

• Shadow

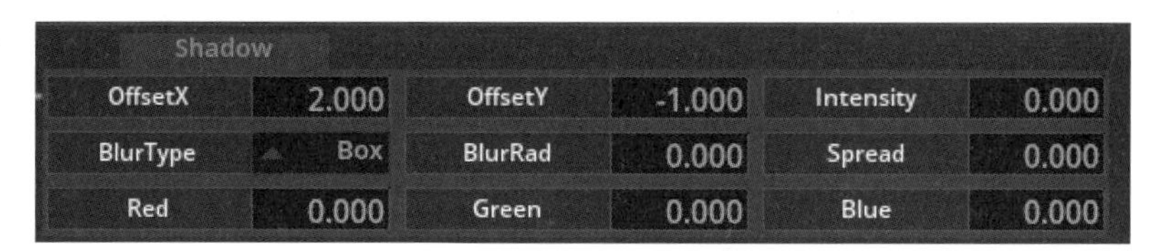

- OffsetX ; Y : [2 ; -1 (-100/100)]

  투영 된 그림자의 2차원 X, Y값의 오프셋을 지정합니다.

- Intensity : [0 (0/100)]

  그림자의 백분율로 불투명도를 지정합니다.

- BlurType : [Box (Box, Gauss)]

  그림자에 적용 가능한 흐림 유형을 지정합니다.

- BlurRad : [0 (0/100)]

  그림자에 적용할 수 있는 흐림 정도를 지정합니다.

- Spread : [0 (0/200)]

  내부에서 그림자의 불투명도를 확장합니다.

- Red, Green, Blue : [0 ; 0 ; 0 (0/100)]

  그림자의 색을 지정합니다.

• Camera : 카메라를 제어하는 매개 변수입니다.

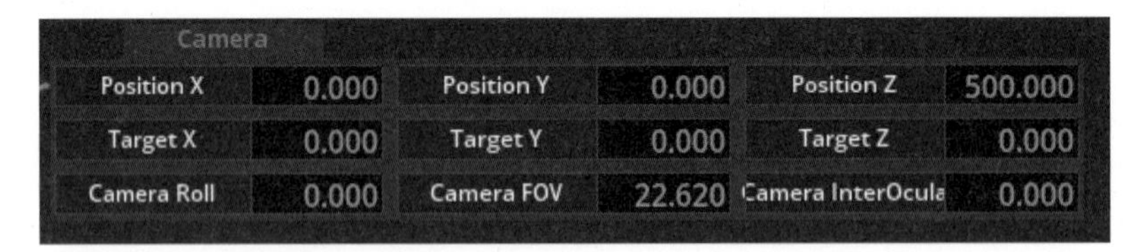

- Position X, Y, Z : [0 ; 0 ; 500 (-1.000.000/1.000.000)]

  카메라 위치의 3차원 좌표를 변경할 수 있습니다. 카메라가 궤도(Orbit)보기 모드인 경우 궤도 이동을 시뮬레이션 하는 목표 좌표가 좌표렌즈의 지정한 지점을 향하게 합니다. 돌리(Dolly)카메라 뷰 모드에서는 좌표의 위치를 목표로 하여 전진 또는 후진카메라 이동을 시뮬레이션 합니다.

- Target X, Y, Z : [0 ; 0 ; 0 (-1.000.000/1.000.000)]

  카메라 렌즈가 가리키는 지점의 3차원 좌표를 변경할 수 있습니다. 카메라의 특정 부분을 가리키도록 허용하며 표적에 위치 매개변수를 이용해 위치 좌표를 움직일 수 있습니다.

- Camera Roll : [0 (-1.000.000/1.000.000)]
  기울기를 결정하여 깊이 축에서 카메라의 회전 각도를 지정합니다.
- Camera FOV : [22.6 (0/180)]
  카메라의 FOV(Field Of View)를 지정합니다. 이 필드는 하부 줌 렌즈와 광각 렌즈를 나타내는 높은 값으로도 단위로 측정됩니다.
- Camera InterOcular : [0 (0/100.000)]
  이 속성은 입체 이미지에 적용할 수 있습니다. 스테레오 이미지의 축을 분리할 수 있는 값을 수정합니다. 이 값이 높을수록 입체 효과가 더 과장될 것입니다.

• Ambient

Ambient					
Red	33.000	Green	33.000	Blue	33.000

- Ambient R, G, B : [33 ; 33 ; 33 (0/100)]
  주변 조명에 상관없이 모든 레이어에 영향을 주는 조명의 색상을 지정합니다. 원래 색상이나 밝기가 변하지 않도록 기본 조명은 유지되고 매개변수 값을 조절하여 색상을 지정할 수 있습니다.

• Light_1 : 생성된 빛의 파라미터를 포함합니다.

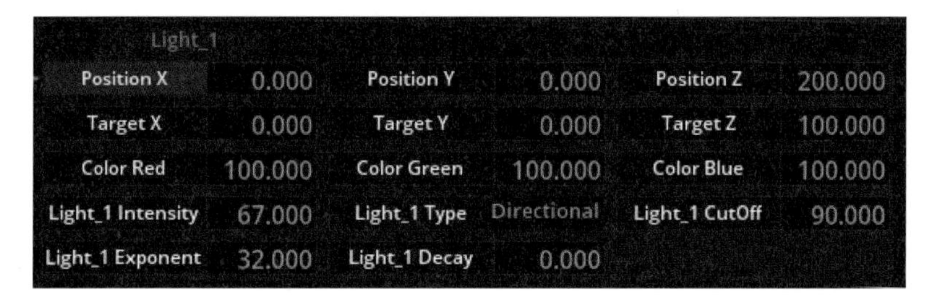

- Position X, Y, Z : [0 ; 0 ; 200 (-1.000.000/1.000.000)]
  조명 위치의 3차원 좌표값입니다.
- Target X, Y, Z : [0 ; 0 ; 100 (-1.000.000/1.000.000)]
  카메라 대물 렌즈가 가리키는 3차원 좌표입니다. 이 매개 변수는 값이 1로 설정된 매개 변수로 지정된 조명에는 영향을 미치지 않습니다.

- Color R, G, B : [100 (0/100)]

  빛의 색을 의미하며 기본 색상은 흰색입니다.

- Intensity : [67 (0/1.000.000)]

  빛의 강도(백분율 값) 즉 색상의 RGB 값에 이 매개 변수 곱하여 계산합니다.

- Type : 빛의 종류로 세 가지 유형은 다음과 같습니다.

  Directional : 방향등으로 빛을 평행선 방향으로 생성합니다.

  Poin : 포인트 빛으로 빛을 3차원 방출점으로 생성합니다.

  Spot : 스포트라이트로 3차원 공간의 점에서 생성됩니다.

- Cutoff : [90 (0/90)]

  조명에 대한 광 원뿔의 경계의 흐림을 지정합니다.

- Exponent : [32 (0,128)]

  원뿔의 중앙의 조명 광도에 대한 농도를 지정합니다.

- Decay : [0 (0/2)]

  광도의 붕괴 지수를 지정합니다. 조명 및 빛의 강도는 이 매개변수에 의해 기하급수적으로 영향을 받고 기본값은 0입니다.

- Axis_1

Axis_1					
Position X	-175.000	Position Y	-8.000	Position Z	20.000
Rotation X	11.000	Rotation Y	0.000	Rotation Z	0.000
Size X	100.000	Size Y	100.000	Size Z	100.000
Pivot X	0.000	Pivot Y	0.000	Pivot Z	0.000

- Position X, Y, Z : [0 ; 0 ; 0 (-1.000.000/1.000.000)]

  3차원 위치 좌표입니다.

- Rotation X, Y, Z : [0 ; 0 ; 0 (-1.000.000/1.000.000)]

  3차원 회전 좌표입니다.

- Size X, Y, Z : [100 ; 100 ; 100 (0/1.000.000)]

  크기(백분율 값)를 나타냅니다.

- Pivot X, Y, Z : [0 ; 0 ; 0 (-1.000.000/1.000.000)]
  기본적으로 중심이 되는 회전 및 배율 조정 피벗의 오프셋을 지정합니다.

- Layer_1 : 기본적으로 생성된 레이어의 매개 변수이며 레이어를 추가하여 증가된 번호로 추가됩니다.

Layer_1					
Position X	-21.000	Position Y	-14.000	Position Z	-12.000
Rotation X	-1.000	Rotation Y	-8.000	Rotation Z	-7.000
Size X	81.807	Size Y	81.807	Size Z	78.807
Pivot X	-19.000	Pivot Y	-5.000	Pivot Z	3.000

- Position X, Y, Z : [0 ; 0 ; 0 (-1.000.000/1.000.000)]
  3차원 위치 좌표입니다.
- Rotation X, Y, Z : [0 ; 0 ; 0 (-1.000.000/1.000.000)]
  3차원 회전 좌표입니다.
- Size X, Y, Z : [100 ; 100 ; 100 (0/1.000.000)]
  크기(백분율 값)입니다.
- Pivot X, Y, Z : [0 ; 0 ; 0 (-1.000.000/1.000.000)]
  회전 및 스케일링 피벗의 간격띄우기를 지정하며, 이 간격띄우기는 기본적으로 중앙에 위치합니다.

5.2 Comp3D Effect Layer

Mistika Boutique의 Comp3D Effect에서 Layer를 추가하여 이미지를 합성해 보도록 하겠습니다.

합성할 첫 번째 클립 하단 타임스페이스 공간을 클릭하고 Meida-girl01.png를 불러오기 합니다.

불러오기한 파일은 한 장의 이미지 파일이므로 첫 번째 클립 길이만큼 늘려줘야 합니다.

① 첫 번째 클립을 선택 – ② Get duration – ③ 이미지파일 선택 – ④ Set duration을 해주면 이미지가 첫 번째 클립만큼 ⑤ 길이조정되는 것을 볼 수 있습니다.

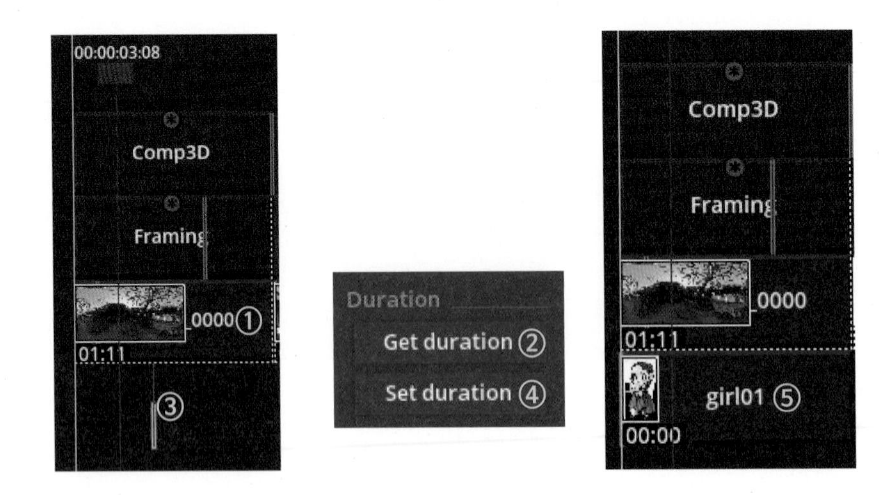

Comp3D 효과를 이용해 합성해야 하므로 Comp3D 프레임을 삽입한 gril01 이미지까지 덮어씌워 줍니다.

Comp3D를 더블클릭하여 Visual Editor로 전환하여 미리보기 화면을 보면 아래 그림과 같이 gril01 이미지가 배경과의 사이즈가 맞지 않아 보입니다. 캐릭터의 사이즈를 맞추기 위해 Framing 작업을 해줘야 합니다.

다시 메인화면으로 이동한 후, girl01 이미지파일을 선택하고 - FX 메뉴 - Framing을 해줍니다. 그리고 VR 화면이므로 FX 메뉴 - VR Stitch 프레임까지 씌워줍니다(그림1). Comp3D 프레임을 마우스로 끌어내려 전체 씌워줍니다(그림2).

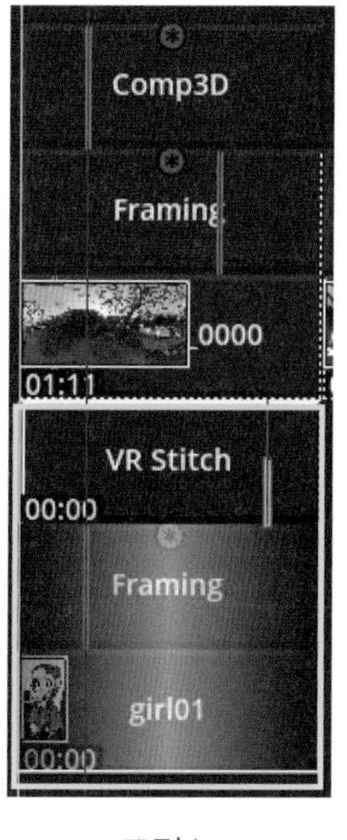

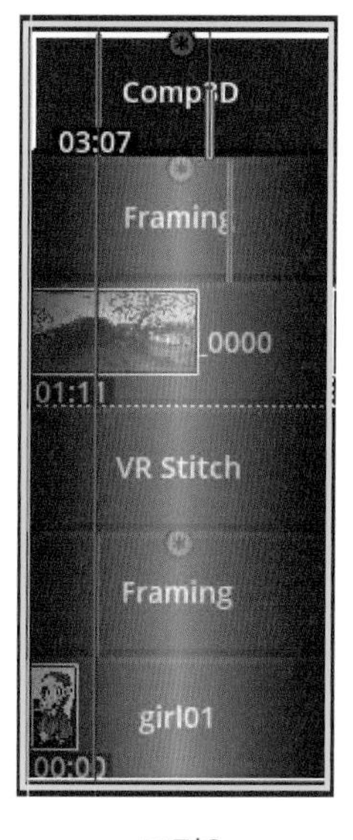

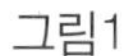
그림1

그림2

Comp3D를 더블클릭하여 Visual Editor로 전환하고 Framing를 클릭하여 Options의 Result Size : Project, Fit : Fit height로 설정합니다. 그러면 girl01이미지의 사이즈가 세로길이에 맞춰 조절이 됩니다.

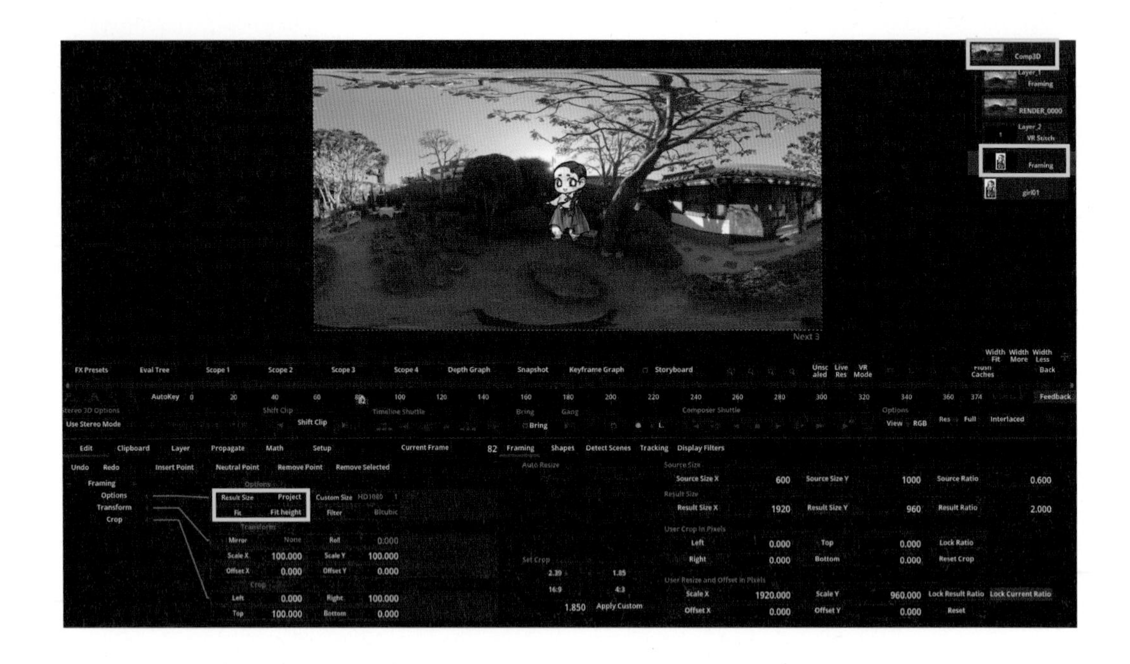

다음은 girl01 이미지가 2D이므로 3D로 보이게 하기위해 Comp3D를 더블클릭하고, VR Stitch를 클릭하여 VR Stitch의 input Camera1를 Mapping : Equidistant Fisheye로 변경해 줍니다. 그리고 이미지의 크기와 위치를 조정하기위해 Focal Length, Offset X, Y값을 수정해 줍니다.

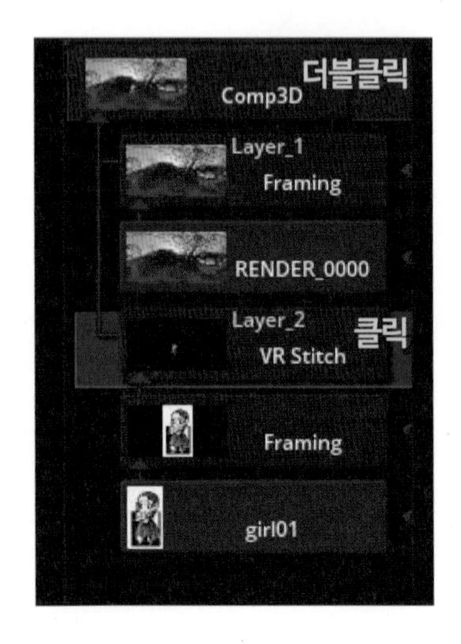

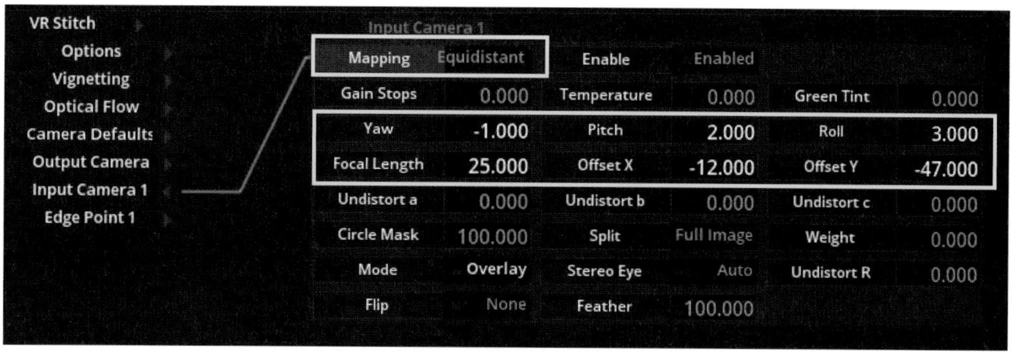

VR Stitch
Options
Vignetting
Optical Flow
Camera Defaults
Output Camera
Input Camera 1
Edge Point 1

Input Camera 1

Mapping	Equidistant	Enable	Enabled		
Gain Stops	0.000	Temperature	0.000	Green Tint	0.000
Yaw	-1.000	Pitch	2.000	Roll	3.000
Focal Length	25.000	Offset X	-12.000	Offset Y	-47.000
Undistort a	0.000	Undistort b	0.000	Undistort c	0.000
Circle Mask	100.000	Split	Full Image	Weight	0.000
Mode	Overlay	Stereo Eye	Auto	Undistort R	0.000
Flip	None	Feather	100.000		

합성된 이미지와 배경과의 자연스러운 합성을 위한 색상 보정은 6장에서 설명합니다.

5.3 Comp3D Effect 그린스크린 합성

첫 번째 클립을 복사해 그린스크린 파일과 합성해 보도록 하겠습니다.
블루스크린과 그린스크린은 별개의 효과이지만 매개변수는 같습니다.
첫 번째 클립을 복사해서 두 번째 클립과의 사이에 붙여넣기 한 다음 그린스크린을 적용해 보도록 하겠습니다.
첫 번째 클립을 선택하고 복사(ctrl+C)합니다. 그리고 재생헤드를 1번클립과 2번클립 사이에 놓고 Dash Board의 Global Inset를 눌러 삽입합니다.
girl01, Framing, VR Stitch 프레임을 지우고, 아래 그림에서와 같이 그린스크린 합성을 위한 배경만 남겨놓습니다.

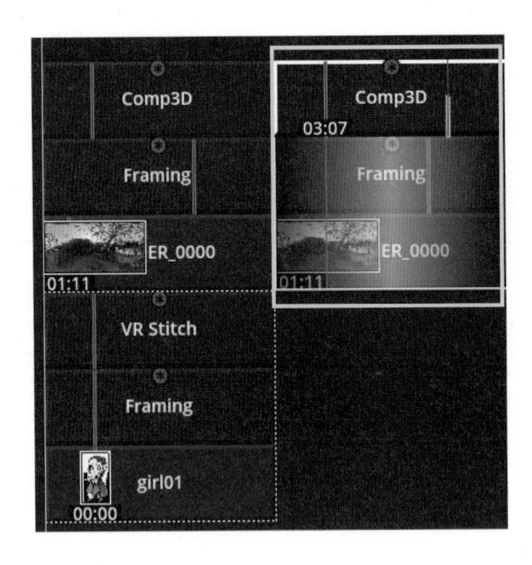

합성을 할 그린스크린 파일(greenscreen.mp4)을 삽입합니다. 그린스크린 파일 길이가 합성될 배경 파일과 같지 않으므로 Getduration/Set duration을 이용해 길이를 맞춰줍니다(그림1).
그린 스크린 합성을 위해 Comp3D를 전체 프레임에 씌워줍니다(그림2).

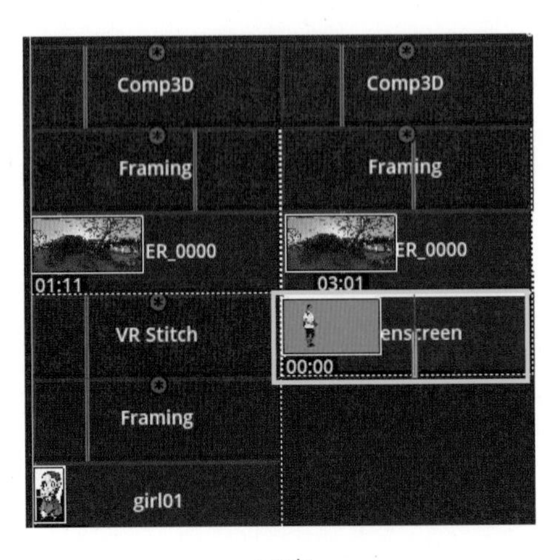

그림1

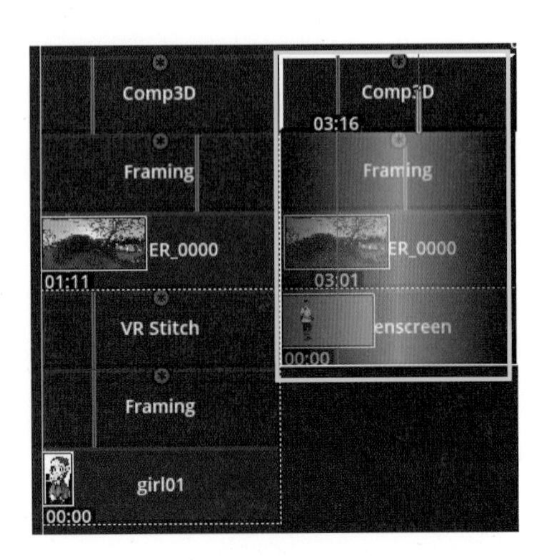

그림2

그린스크린 화면의 사이즈를 맞추기 위해 FX-Framing을 씌워주고-Framing을 더블클릭하고 Visual Editor에서 Result Size : Project, Fit : Fit width를 적용합니다.

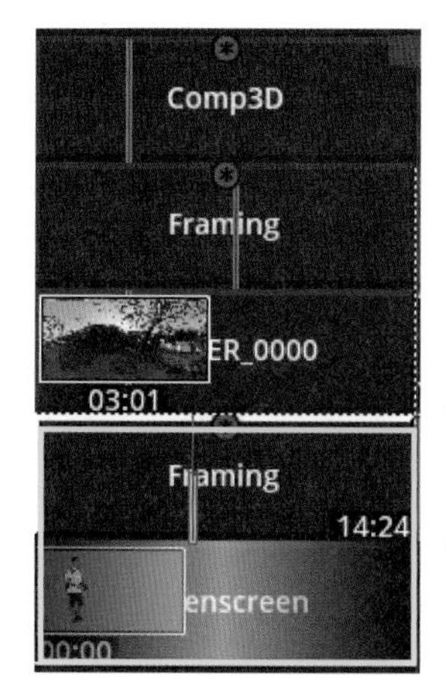

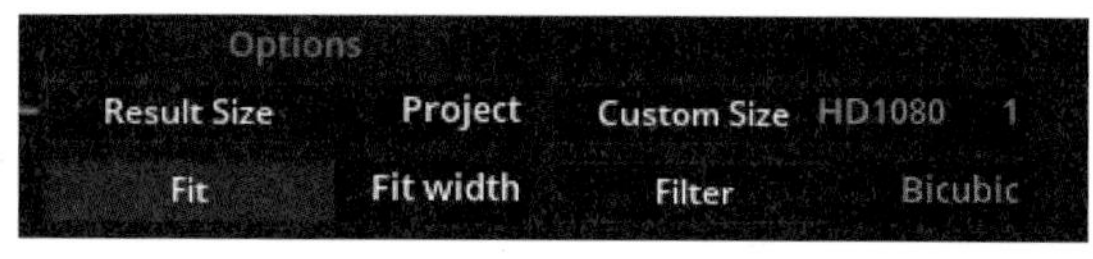

그린 스크린 효과를 주기위해 FX 메뉴－GreenScreen를 씌워줍니다(그림1).

그리고 뒷 배경과 합성을 하기위해 Comp3D로 씌워줍니다(그림2).

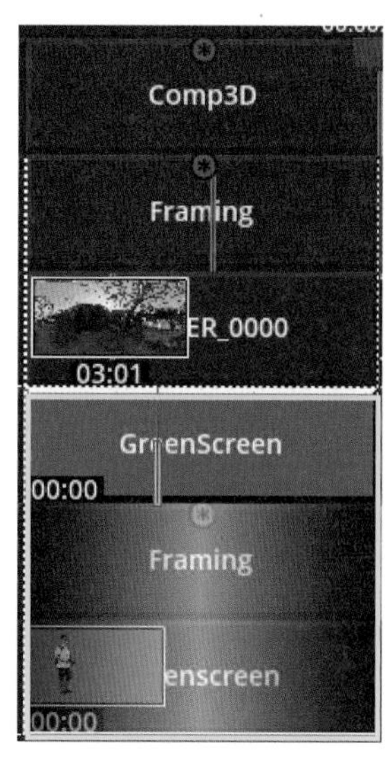

그림1

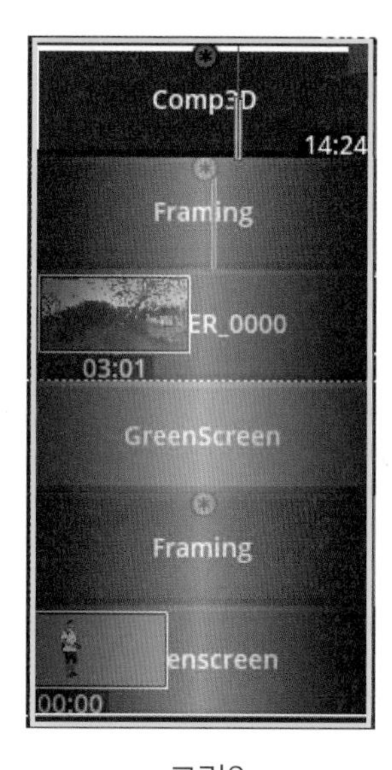

그림2

GreenScreen의 자세한 설정을 위해 더블클릭하여 Visual Editor화면으로 전환합니다.

Eval Tree에서 Comp3D를 더블클릭하고 Greenscreen를 클릭합니다.

Pick Transparent의 그래프에서 Toler와 Soft 조절점으로 드래그하여 그린스크린이 투명하게 보이도록 적절히 왼쪽 오른쪽으로 조절합니다.

이 매개변수는 생성된 마스크의 투명도/불투명도 값을 지정해 줍니다. Toler에 의해 지정된 값들 사이에서 불투명도의 감소 기울기를 조절할 수 있고 Soft에 의해 마스크의 경도 또는 부드러움을 조절할 수 있습니다.

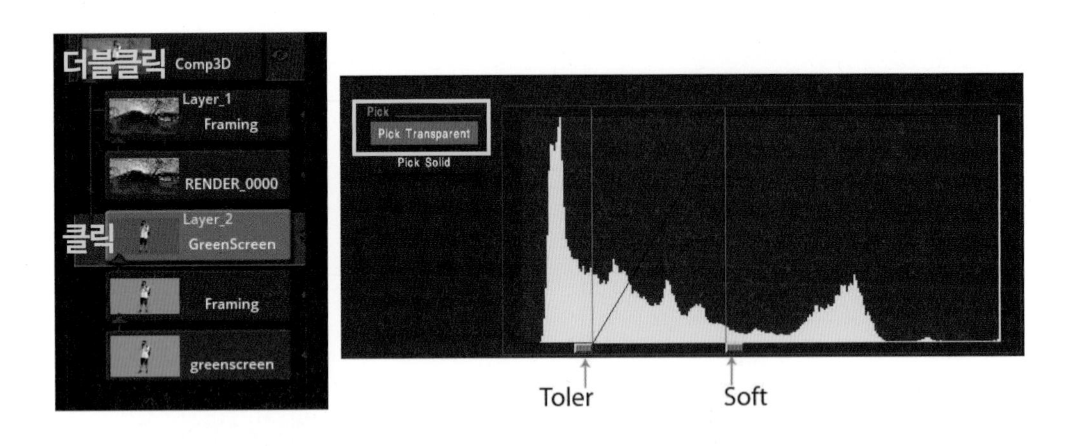

다음은 GreenScreen의 매개변수들의 정보입니다.

• Key

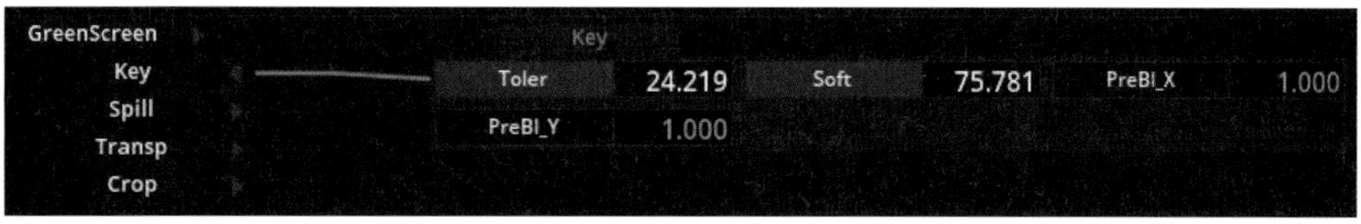

- Toler : [0 (-100/100)]

  작성에 사용된 알파의 총 투명도 임계 값을 지정합니다.

- Soft : [100 (0/100)]

  전체 투명도에서 얻은 부드러운 투명도 범위를 제어합니다.

- PreBl X, Y : [1 (0/100)]

  마스크에 사용되는 프록시 이미지의 가로 및 세로 흐림 값을 지정합니다.

• Spill : 전경에 남아있을 수 있는 파란색 유출을 억제하는 매개 변수가 있습니다.

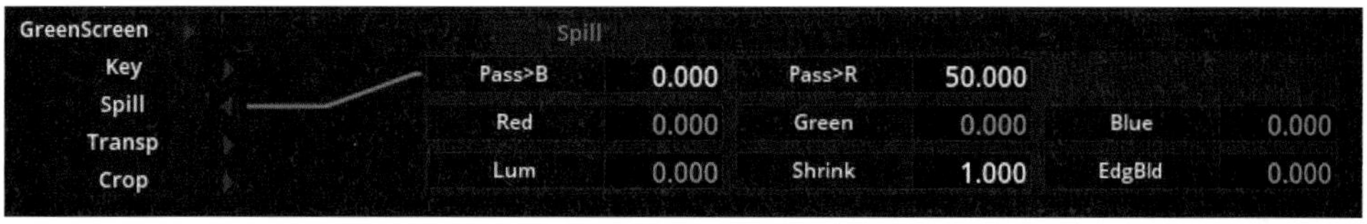

- Pass>R, Pass>G : [-50 (100/100)]

  색상 억제의 허용 오차입니다. Pass>R은 빨간 벡터의 각도에 대한 허용오차인 반면 Pass>G는 녹색 벡터의 각도에 대한 허용 오차입니다.

- Red ; Green ; Blue : [0 ; 0 ; 0 (100/-100)]

  억제된 범위의 새 색상을 지정합니다. 기본값은 중간 회색을 지정하며 객체 가장자리의 채도를 조절합니다.

- Lum : [0 (-100/100)]

  색상 억제에 의해 만들어진 픽셀의 루미너스 레벨을 수정합니다.

- Shrink : [0 (0/10.000)]

  알파 채널에서 이미 생성된 마스크의 불투명 표면을 축소합니다.

- EdgBld : [0 (0/2)]

  불투명 알파를 사용하여 가장 가까운 픽셀의 RGB 값을 반투명 알파 채널로 수정합니다. 이 매개 변수는 색상 표면을 가장자리 쪽으로 밉니다.

- Transp

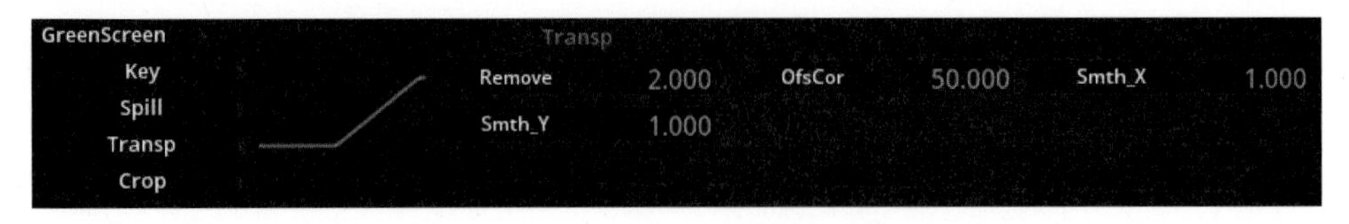

- Remove : [2 (0/100)]

  값이 높으면 투명도 혼합이 억제됩니다.

- OfsCor : [50 (-200/200)]

  투명 필름에 채도를 추가합니다. 양수 값은 투명 용지의 보색을 향해 음수 값은 가장자리색 쪽으로 색조를 나타냅니다.

- Smth X, Y : [1 ; 1 (0/9)]

  각 축에서 개별 투명도의 흐림을 지정하여 부드럽게 만듭니다.

- Crop

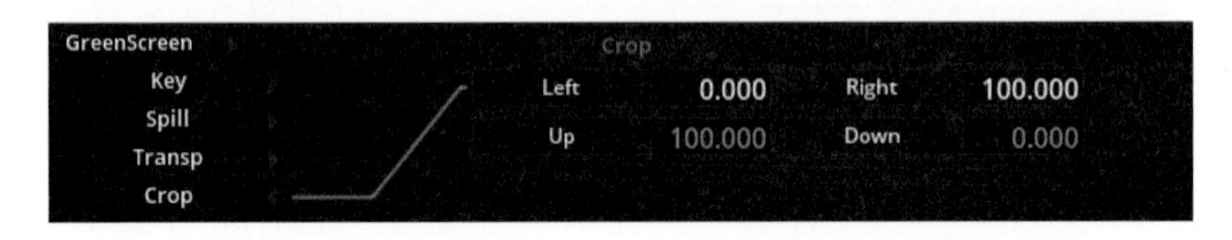

- Left, Right, Up, Down : [0 (0/100)]

  이미지 너비의 백분율로 왼쪽, 오른쪽, 위, 아래쪽 가장자리를 자릅니다.

GreenScreen Spill 매개변수에서 Shink의 수치를 조절합니다. 이는 그린스크린의 키를 빼는 과정에서 아직 남아있는 가장자리 부분을 미세하게 깎아주기 위함입니다. 너무 과도하게 조정하면 인물안쪽까지 깎아 들어가므로 미세하게 조절해 줍니다.

Spill					
Pass>B	50.000	Pass>R	50.000		
Red	0.000	Green	0.000	Blue	0.000
Lum	0.000	Shrink	1.000	EdgBld	0.000

아래 화면은 Shrink를 너무 과도하게 조절하여 인물안쪽까지 깎아 들어간 예입니다.

다시 메인 화면으로 돌아와서 예제를 VR 화면으로 해 주기위해 FX 메뉴의 VR Stitch를 적용시키고 Comp3D를 전체 씌워줍니다.

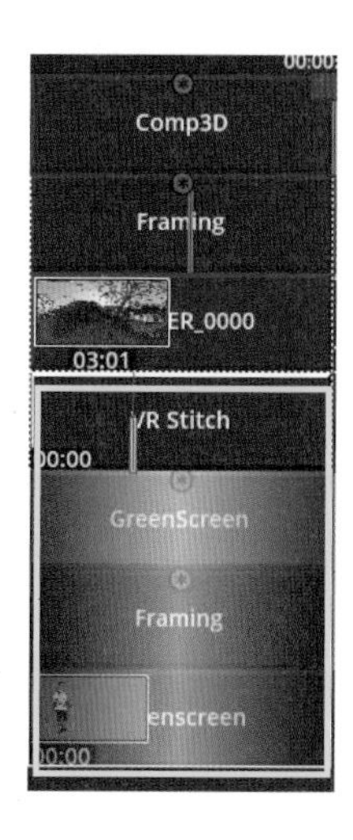

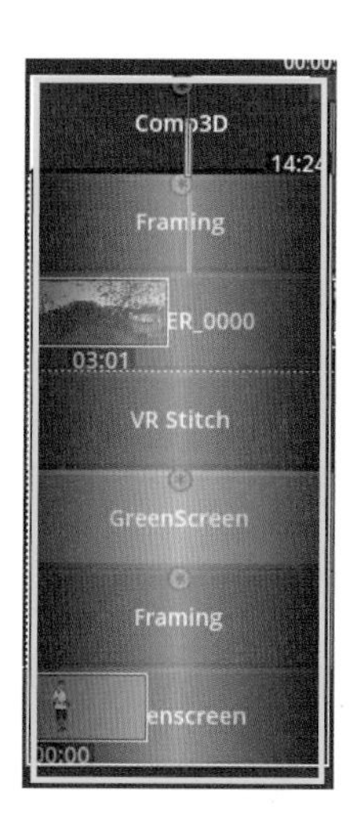

Comp3D를 더블클릭하여 Visual Editor화면으로 전환합니다.

Eval Tree에서 Comp3D를 더블클릭하고 VR Stitch를 클릭합니다. VR Stitch의 input Camera1의 매개변수를 Mapping : Equdistant Fisheye로 지정하고 그린스크린의 인물 크기와 위치를 조절합니다.

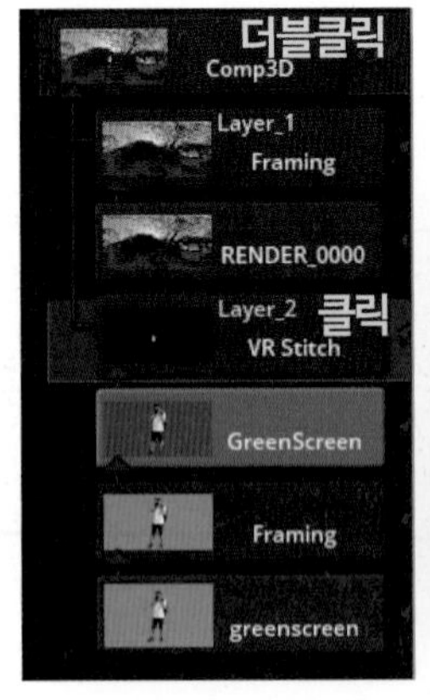

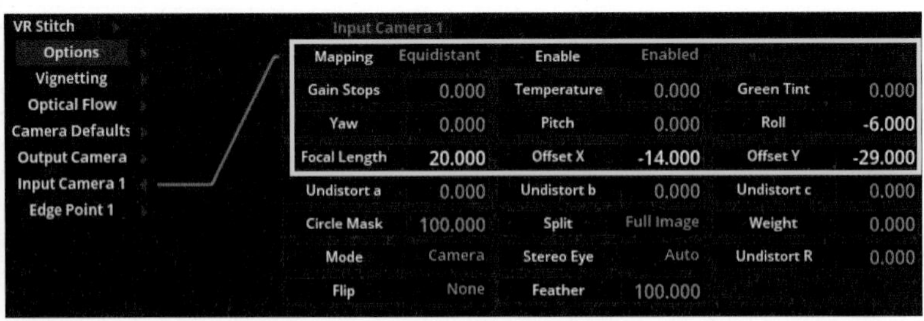

5.4 벡터 페인팅(Vector Paint)

VR은 360도 scene이기 때문에 찍고 있는 사람이나 카메라의 삼각대가 노출될 수 밖에 없습니다. 카메라의 삼각대를 벡터 페인팅 기능을 활용하여 지워주는 작업을 해보도록 하겠습니다.

아래 그림과 같이 배경 Framing을 선택하고 FX 메뉴의 Vector Paint를 클릭하여 씌워줍니다.

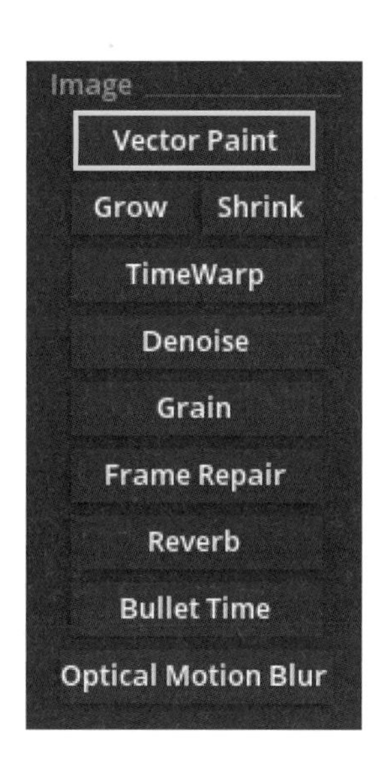

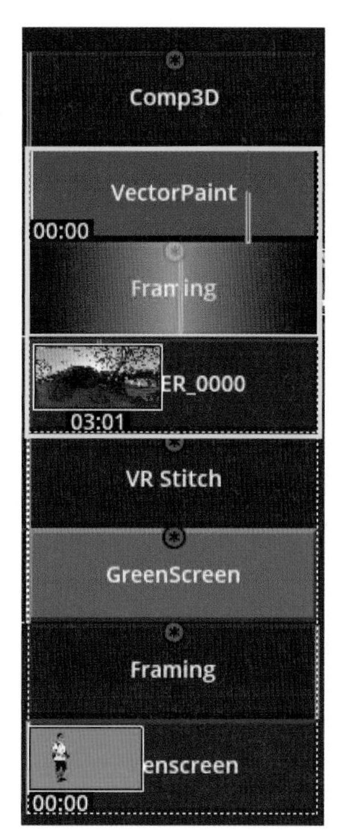

미리보기 화면에서처럼 배경이미지 하단에 삼각대가 보이는 것을 다음 그림에서 확인할 수 있습니다. 이것을 페이팅 작업으로 지워주어야 합니다.

VectorPaint 프레임을 더블클릭하여 Visual Editor 화면으로 전환한 후, Eval Tree에서 VectorPaint를 확인하고 Paint를 클릭합니다.

아래 화면처럼 Paint 버튼을 클릭합니다.

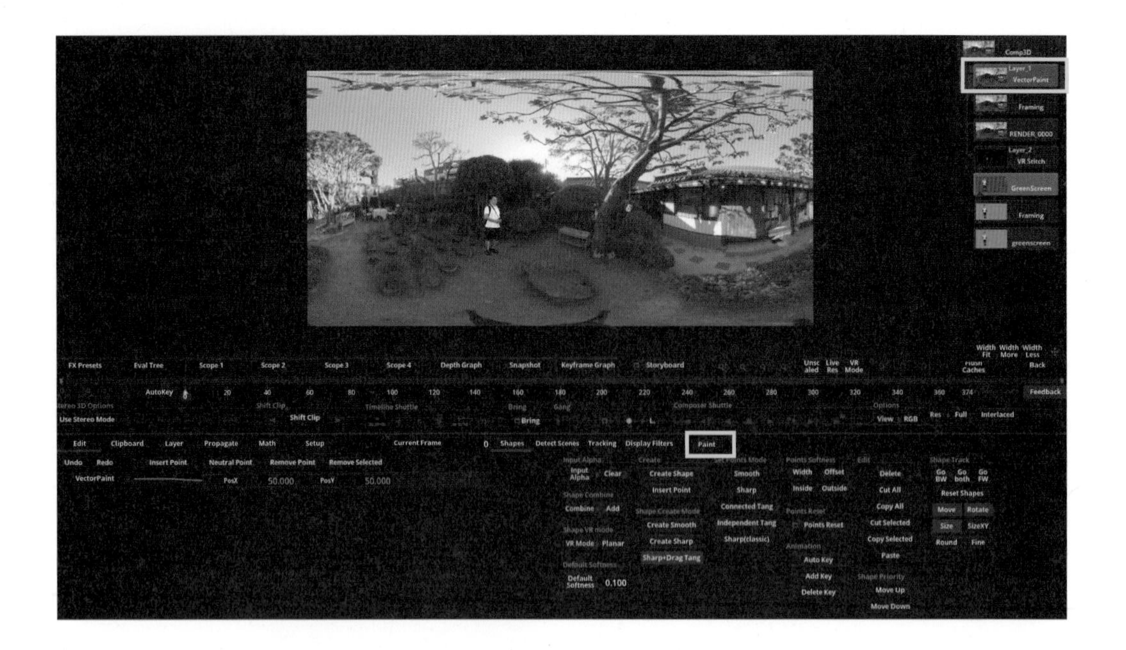

Paint 화면으로 전환된 것을 볼 수 있습니다. 화면에서 볼 수 있듯이 화면 하단의 삼각대를 지워줄 필요가 있습니다.

Brush를 Clone Fore을 선택하고 Brush의 Size를 조절한 다음 Alt+클릭(복제)하고 Brush를 지워줄 영역을 클릭이나 드래을 조금씩 합니다. 가리고 싶은 영역(삼각대)을 복제한 부분으로 가려주는 역할을 합니다.

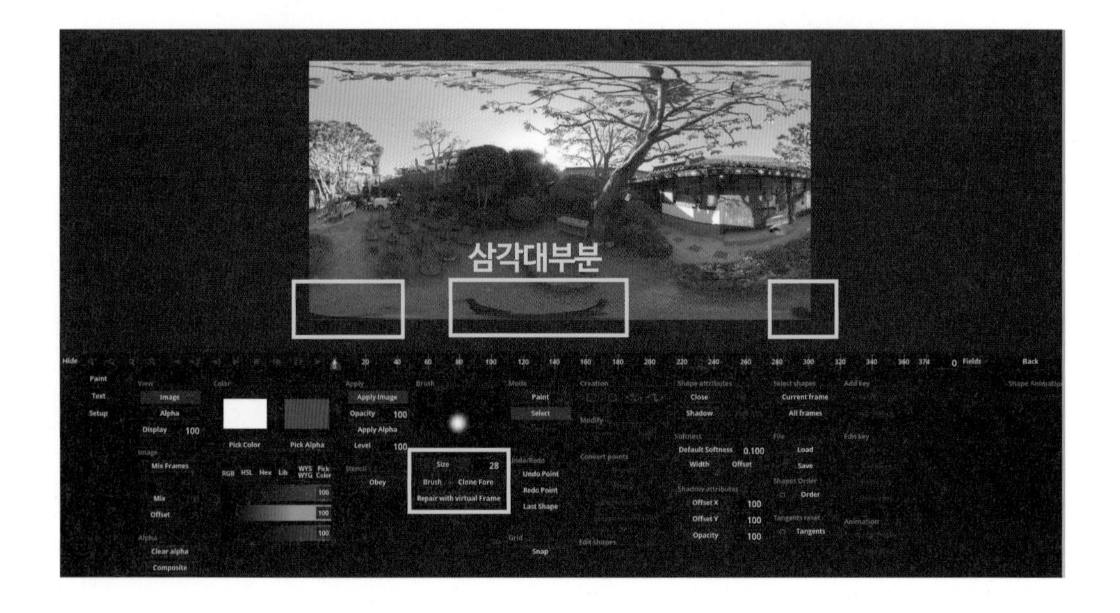

위에서 작업한 삼각대가 지워진 컷은 한 프레임에만 적용된 것입니다. 따라서 모든 프레임에도 삼각대를 지운 작업이 적용되어야 합니다.

우선, Select를 클릭하면 지금까지 지운 흔적을 모두 볼 수 있습니다.

이제 모든 프레임에 적용되도록 해야 하므로, All Frames를 누르고 All Shapes를 클릭해 줍니다.

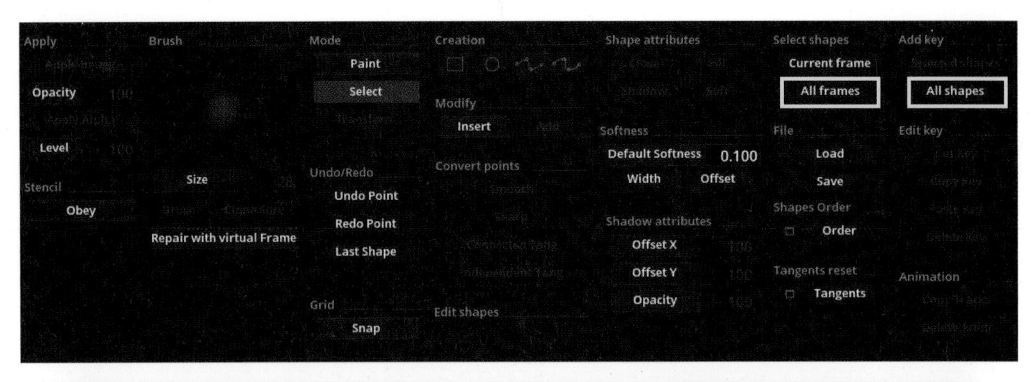

Back을 클릭하여 Visual Editor 화면에서 재생버튼을 클릭합니다. 미리보기 화면에서 삼각대가 모든 프레임에서 지워진 것을 확인할 수 있습니다.

mistika boutique

CHAPTER

06

Mistika Boutique 영상 색보정

6.1 ColorGrade 메뉴 및 인터페이스 소개

Mistika Boutique는 앞서 설명한대로 편집부터 합성, 타이틀, 페인팅 등의 마스터링 작업 그리고 이번 장에서 소개할 색보정 작업까지 포스트 프로덕션 작업에 필요한 거의 모든 기능들을 제공하는 올인원 솔루션입니다. Mistika의 색보정 기능들은 하이엔드 전문가 색보정 툴로써 전 세계적으로 영화, 방송의 색보정을 위한 툴로 널리 사용되고 있습니다. 이번 장에서는 Mistika Boutique의 색보정 툴인 Color Grade 인터페이스 소개와 기본적인 1차 색보정 작업과 정교한 2차 색보정 작업에 필요한 기능들을 나누어 살펴보겠습니다.

Mistika Color Grading 패널 소개

본격적으로 색보정 기능에 대해 소개를 하기 전에 일반적으로 색보정 작업시 사용되는 컨트롤 패널에 대해 소개하겠습니다.

일반적으로 정교한 색보정 작업을 위해서는 그림과 같은 컨트롤 패널들을 사용하는데, Mistika에서는 Tangent Elements, Tangent ARC, Precision 패널들을 사용할 수 있습니다. 세 개의 컨트롤 패널 모두 Mistika의 Color Grade 메뉴와 1대1로 매칭되어 있어, 색보정 작업을 좀 더 빠르고 정교하게 할 수 있습니다.

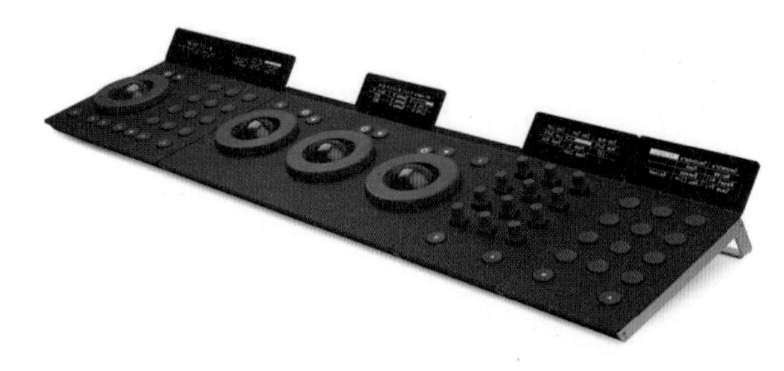

Tangent Elements Panel

Tangent ARC Panel

Precision Panel

Color Grade 메뉴 적용하기

색보정 작업을 하기 위해서는 작업할 클립들의 제일 상위 레이어들만 전체 선택한 뒤 Dashboard－FX탭에 있는 ColorGrade 메뉴를 클릭합니다. 그러면 아래 그림과 같이 선택한 클립 위에 ColorGrade 레이어가 생깁니다.

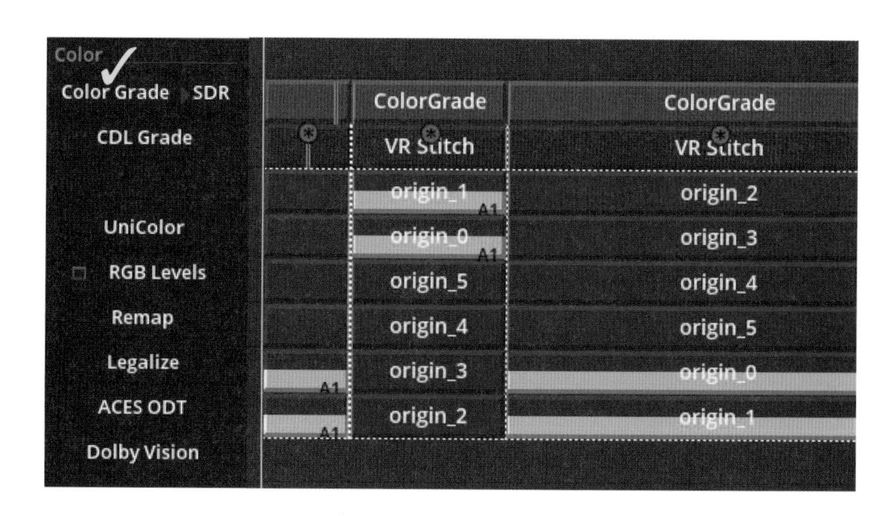

Color Grade 인터페이스 소개

ColorGrade 레이어를 클릭하면 아래 그림과 같이 Visual Editor 창이 열립니다. Visual Editor 창은 색보정을 위한 상세 기능들이 있는 창으로, 색보정 메뉴의 기본 인터페이스라고 생각하시면 됩니다.

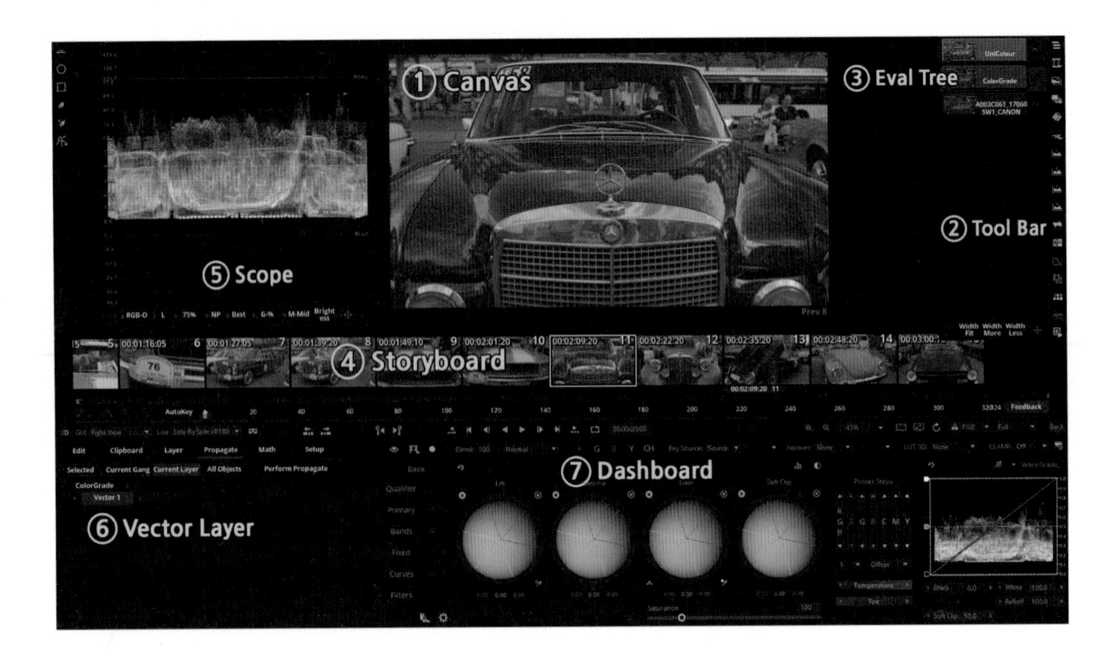

- Canvas

  그림에 ①번으로 표시된 화면은 Canvas 창입니다. Canvas는 색보정 작업의 결과를 보는 창으로 마우스 휠을 드래그하거나 방향키 위, 아래(∧,∨) 버튼으로 화면 크기를 조정할 수 있습니다.

- Tool Bar

  ②번으로 표시된 Tool Bar는 색보정에 필요한 메뉴 창들을 쉽게 열고 닫을 수 있는 단축 아이콘들입니다. 이 장에서는 각 아이콘에 대해 간단히 설명하겠습니다. 아이콘에 대하 소개는 각각 메뉴 소개 페이지에서 자세하게 설명하겠습니다.

▶ Eval Tree : 작업 클립을 레이어의 구조로 보여줍니다.

▶ Storyboard : 모든 클립들을 이미지 형태로 한 번에 보여줍니다.

▶ Fx Preset : 작업 내용을 프리셋으로 저장하고 다른 클립에 적용합니다.

▶ Bring : 클립 색보정의 다양한 버전을 저장하고 불러옵니다.

▶ Gang : 스토리보드에서 원하는 클립들만 그룹으로 묶어 작업합니다.

▶ Display Filter : GuI/Scope/Live에 각각 필터들을 적용합니다.

▶ Scope 1

▶ Scope 2

▶ Scope 3

▶ Scope 4

▶ Depth Grade : Stereo 3D의 입체 값을 그래프 형태로 보여줍니다.

▶ Snapshot : 작업 클립과 참조 클립을 분할 화면으로 보여줍니다.

▶ Keyframe Graph : 애니메이션 키 값을 그래프로 보여줍니다.

▶ Shapes : 포인트 쉐입을 만들고 조정하는 메뉴입니다.

▶ Set Color : 컬러를 선택하고 적용하는 메뉴입니다.

▶ Detect Scenes : 하나로 연결된 영상을 컷별로 컷팅해주는 메뉴입니다.

▶ Tracking : 트랙킹 작업을 위한 메뉴입니다.

• Eval Tree

Eval Tree는 작업하고 있는 클립의 노드 구조를 레이어 형태로 보여주는 창입니다. 각

각 레이어들을 클릭하게 되면, 해당되는 레이어의 자세한 메뉴들이 Dashboard에 나타납니다. 그룹으로 묶인 레이어는 확장할 경우 그룹에 포함된 클립들을 동시에 확인할 수 있습니다.
보라색(해당 레이어 두 번 클릭)으로 선택되어진 레이어는 현재 Preview로 보여지고 있는 레이어이며, 녹색(해당 레이어 한 번 클릭)으로 선택되어진 레이어는 Dashboard에 메뉴 창이 보여집니다. 즉, 보라색으로 표시된 레이어의 최종 이미지를 확인하면서 하위 레이어의 메뉴들을 자유롭게 조정할 수 있습니다.
이러한 구조는 Luts를 적용한 상태에서 색보정을 할 경우에 효과적입니다.

- StoryBoard

Tool Bar에서 왼쪽 그림과 같은 아이콘을 한 번 클릭하면 아래와 같이 스토리보드가 활성화 됩니다.

일반적으로 색보정의 목적은 각각 다른 환경에서 촬영된 다양한 Scene들이 자연스럽게 연결될 수 있도록 밸런스를 맞추는 것입니다. 그러기 위해서는 각각 Scene들을 비교하며 작업하는 과정이 필요하며, 또 색보정이 끝난 Scene의 데이터를 쉽게 다른 Scene에 적용하는 과정이 많기 때문에 색보정 과정서 스토리보드는 그 중요도가 상당히 높습니다. 스토리보드를 이용한 색보정은 실제 색보정 따라하기에서 자세하게 설명하겠습니다.
Tool Bar에서 스토리보드 아이콘을 길게 누르면 스토리보드를 컨트롤 하는 상세 메뉴 창이 뜹니다.
다음과 같은 상세 메뉴들을 통해 스토리보드를 컨트롤할 수 있습니다.

- Split/Full : 스토리 보드 비활성화/활성화/최대화.
- Less Lines/More Lines : 스토리보드 라인 추가 및 사이즈 설정.

- Center Current/Center Selected : '하얀 프레임'을 'Current'/'빨간 프레임을 'Selected'로 표시.
  스토리 보드의 양이 많거나, 이동이 많아 쉽게 식별되지 않을 때 'Current' 'Selected' 프레임을 중앙에 위치시키는 메뉴.
- Lock Current/Scroll Current : 'Current' 프레임 항상 중앙 위치/'Current' 프레임 자유 이동.
- Lock Current/Scroll Selected : 'Selected' 프레임 항상 중앙 위치/'Selected' 프레임 자유 이동.
- Auto Snapshot : 'Selected' 이미지가 선택될 때 자동으로 Snapshot으로 설정됨
- Flush Icons : 스토리보드의 데이터를 '새로 고침' 할 수 있는 메뉴.
- Create All Icons : 현재 보여지는 스토리보드를 보여지지 않는 내부 공간에 아이콘의 형태로 저장.
  스토리보드가 무겁게 컨트롤될 때 퍼포먼스를 향상 시켜줄 수 있는 메뉴.
- Save As Presets : 현재 작업하고 있는 모든 스토리보드를 프리셋 폴더에 일괄 저장. 현재의 모든 스토리보드를 'Save As Presets'로 프리셋 폴더에 일괄 저장하게 되면, FX Preset창에서 저장된 스토리보드를 모두 확인할 수 있으며, 프리셋 폴더에 있는 스토리보드 중 원하는 이미지를 두 번 클릭하거나, 현재 이미지에 드래그하면, 선택한 프리셋 이미지의 색보정 데이터가 현재 작업 중인 이미지에 적용됩니다.

- **Scope**

Tool Bar에는 Scope 창을 동시에 4개까지 활성화 할 수 아이콘들이 있습니다. 색보정 작업에서 정확한 데이터를 확인하는 것은 중요하기 때문에 Mistika는 다양한 Scope를 확인할 수 있도록 4개의 Scope를 동시에 볼 수 있는 환경을 제공하고 있습니다. 4개의 아이콘은 모두 동일한 Scope 창을 제공하며, 작업에 맞게 사용할 수 있습니다.

Scope창을 열면 다음과 같은 창이 열립니다.

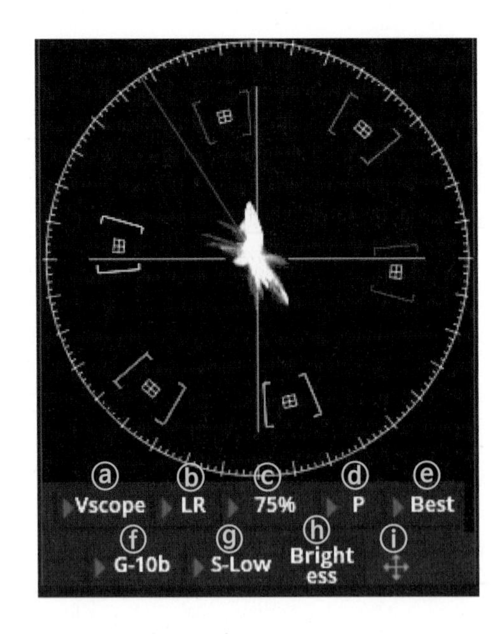

ⓐ Scope mode : Scope 창을 열면 기본적으로 Vectorscope 창이 열립니다. 여기에서 ⓐ번 Scope mode를 클릭하면, 다양한 Scope를 선택할 수 있습니다.
총 8개의 Scope 모드를 제공하며, 작업에 맞는 Scope를 선택할 수 있습니다.

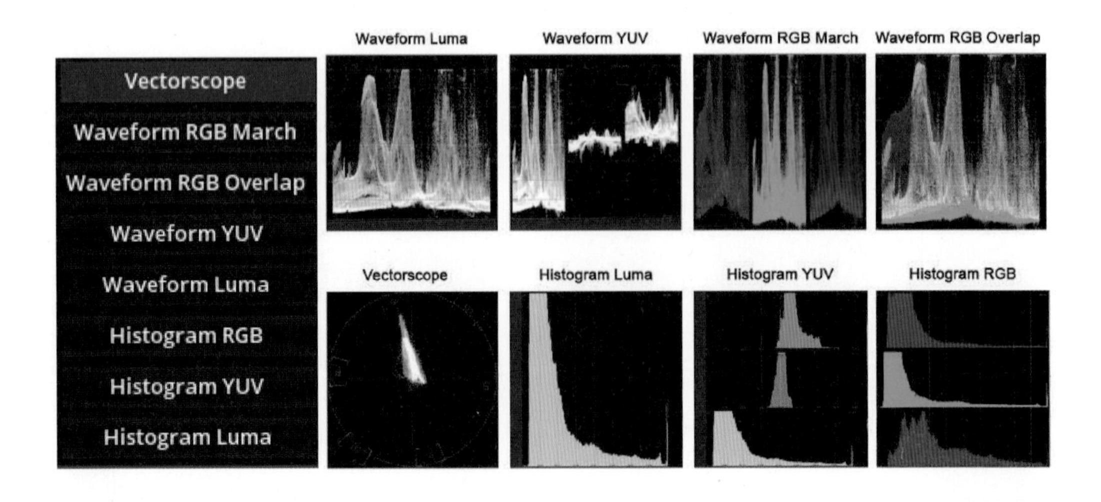

ⓑ Stereo 3D Eyes : Stereo 3D 작업시 좌안과 우안 영상을 별도로 Scope에 표시하거나 동시에 양안 모드로 Scope에서 확인할 수 있습니다.

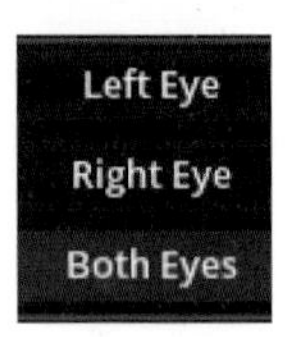

ⓒ Zoom : Scope의 크기를 1%~10,000% 확대, 축소할 수 있는 메뉴입니다.

ⓓ Positive/Negative Value : Positive 모드는 (+) 수치만을 표기하며, Negative Mode는 (−) 수치의 블랙 데이터까지 표현합니다. 블랙데이터 보정을 위해서는 Negative 모드가 효과적입니다.

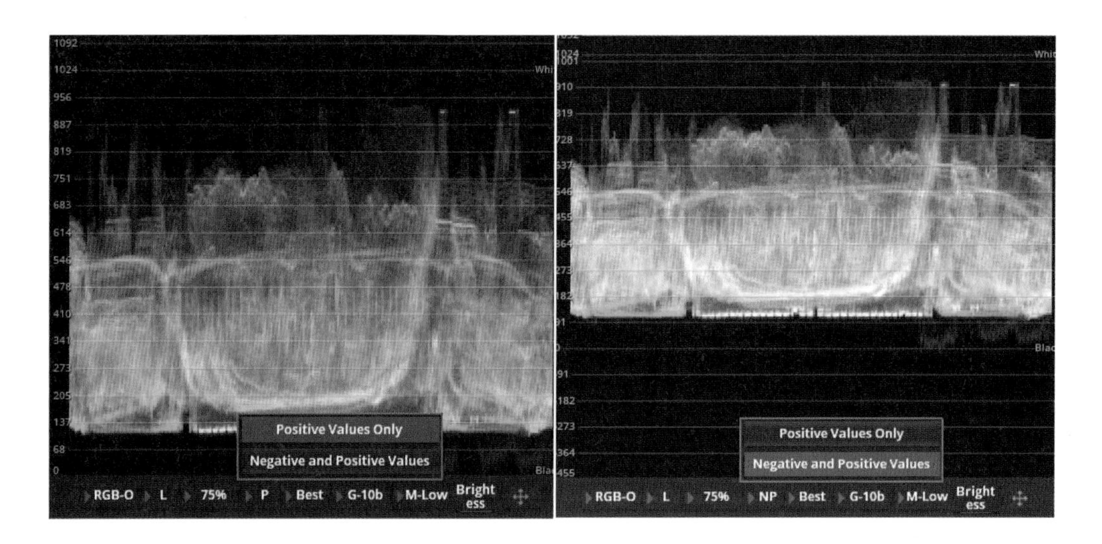

ⓔ Visual Quality : Scope 화면의 퀄리티를 조정할 수 있습니다. Best Mode는 영상의 컬러 데이터를 더 자세히 볼 수 있지만 시스템 환경이 좋지 못할 경우에는 인터페이스 성능이 느려질 수 있습니다. 따라서 시스템 환경이 좋지 못할 경우에는 Fast Mode로 작업하고, 작업에 최적화된 시스템에서는 Best Mode로 작업하는 것이 좋습니다.

Fast Mode (1/4 of samples)
Best Mode (All samples)

ⓕ Grid Mode : Scope는 기본적으로 0%~100% 데이터를 표시해 줍니다. 그 영역은 빨간색 라인으로 표시되어 있으며, 우리는 이 영역의 데이터를 모니터나 TV를 통해 보게 됩니다. 하지만 그 데이터의 기준이 되는 수치는 작업내용에 다르게 표시할 수 있습니다. 10Bit 작업은 0~1,023 수치로 8Bit 작업은 0~255 수치로 그리고 HDR은 Nits Scope를 통해 0~10,000Nits 레벨을 확인할 수 있습니다.

Grid 0-1023
Grid 0-255
Grid 0%-100%
Grid 0.0-1.0
Grid as Nits

Small Low Res
Medium Low Res
Medium Mid Res
Large Mid Res
Large High Res

ⓖ Scope Size : Scope 창의 사이즈와 퀄리티를 선택할 수 있는 메뉴입니다. 작업 환경에 맞게 Scope 창의 크기를 자유롭게 조정할 수 있습니다.

ⓗ Brightess : Scope창의 밝기를 조정할 수 있습니다. 메뉴나 Scope창을 마우스로 클릭한 상태로 왼쪽으로 드래그 하면 창이 어두워지고, 오른쪽으로 드래그 하면 창이 밝아집니다.

ⓘ Move Scope : + 표시를 클릭한 상태로 마우스를 움직이면, Scope를 이동할 수 있습니다. 이 메뉴를 통해 Scope의 위치를 자유롭게 변경할 수 있습니다.

- Vetcor Layer

⑥번 Vector Layer는 Mistika 색보정 레이어입니다. 색보정 레이어는 계속 추가할 수 있으며, 추가되는 레이어는 새로운 색보정 작업툴들이 생기기 때문에 각각 다른 색보정 작업을 할 수 있습니다. Layer탭에서는 Vector 레이어를 추가/복제/삭제 등을 할 수 있습니다.

- Dashboard

⑦번 Dashboard 영역에는 지금부터 살펴볼 색보정 메뉴들이 있습니다. 색보정 메뉴들은 실제 1, 2차 색보정 과정에 사용되는 기능들을 중심으로 설명하겠습니다. 색보정 메뉴를 설명하기 위해 첨부된 이미지들은 지면의 특성상 실제와 다를 수 있으므로 Scope 이미지들을 함께 첨부하였습니다.

6.2 Mistika Color Correction & Grading : 1차 색보정

1차 색보정의 과정은 영상의 Gamma 값을 통일하고 밸런스를 맞추는 색보정 작업인 Color Correction과 영상의 스토리를 더욱 살려줄 수 있는 색감을 만들어내는 Color Grading 과정으로 나눕니다.
1차 색보정의 순서는 다음과 같습니다.

Digital Video Coloring Steps

① Gamma Correction : 영상의 Gamma 값 보정(Log 색보정에 한함)

② Color Cast 제거 : 인위적인 빛의 색상 제거

③ White & Black Level 보정 : 화이트 & 블랙 값 조정

④ Color Grading : 스토리에 맞는 색감 만들기

6.2.1 1차 색보정 : Gamma Correction-Unicolor

Gamma Correction은 카메라로 담을 수 있는 최대의 데이터를 기록해 색보정하기 위한 영화 필름 색보정 작업에서부터 시작되었습니다. 하지만 요즘에는 거의 모든 카메라 제조사들이 확장된 Dynamic Ranges와 모니터들의 높아진 명함비 때문에 촬영 현장에서 레코딩할 때 컬러데이터 손실을 최소화한 디지털 신호로 인코딩하기 위해 필름의 Log 인코딩을 대신할 디지털 Log 함수들(Sony Slog3, Canon Log2, ARRI LogC, RedLog3G10 …)을 만들어 내었습니다.

좀 더 쉽게 설명하면, 현재 카메라는 TV, 모니터, 스크린과 같은 디스플레이 장치보다 훨씬 더 많은 컬러 데이터를 기록할 수 있습니다. 하지만 데이터를 손실 없이 디스플레이까지 전달하기 위해서는 데이터 인코딩 과정이 필요한데, 이를 위해 수학의 Log 함수를 이용하게 되었습니다. 이게 우리가 얘기하는 Log 색보정, Gamma Correction의 시작입니다. Mistika에서는 복잡해 보이는 Gamma Correction을 Unicolor 메뉴를 이용해 작업자가 쉽게 할 수 있습니다.

하지만 이 과정은 Log 값으로 촬영된 경우에만 해당하며, 일반적인 비디오 모드로 촬영된 영상들은 이 과정 필요 없이 바로 색보정 작업을 시작할 수 있습니다. 보통 VR 촬영본들은 기본적인 비디오 모드로 촬영하기 때문에 이 경우에는 Gamma Correction 과정이 필요 없습니다.

Unicolor 메뉴 적용하기

Unicolor 메뉴를 적용하기 위해 작업할 클립들의 제일 상위 레이어들만 전체 선택한 뒤 Dashboard-FX탭에 있는 Unicolor 메뉴를 클릭합니다. 그러면 아래 그림과 같이 선택한 클립 위에 Unicolor 레이어가 생깁니다.

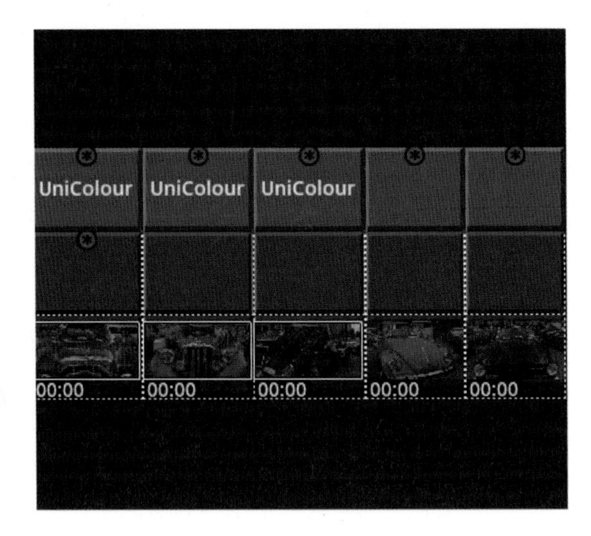

Unicolor 메뉴로 Gamma Correction 하기

이제 본격적으로 Gamma Correction을 소개하겠습니다.

Gamma Correction은 각각 카메라로 촬영된 Log 이미지를 최종 디스플레이환경에 맞는 Gamma 함수로 통일시키는 것입니다.

여기서 Gamma(비선형함수)는 촬영된 이미지와 디스플레이에 보여지는 이미지의 상관 함수를 설명하기 위한 함수로 디지털시네마와 TV에 매우 중요합니다.

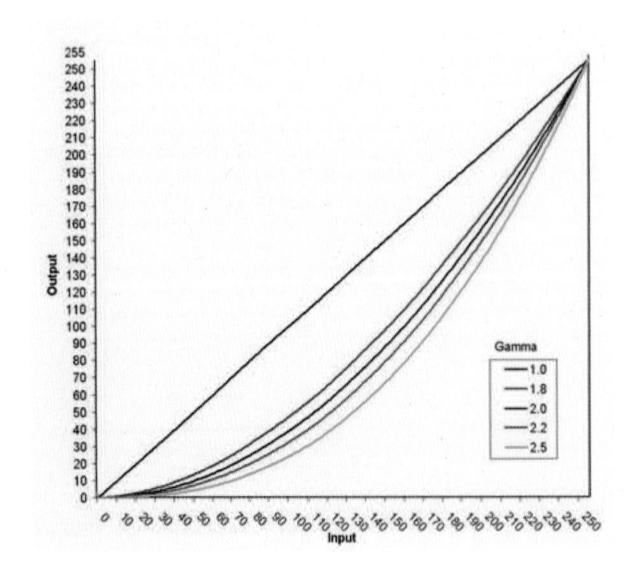

$$V_{in} = (V_{out})^{Gamma}$$

Human Eye	~= Gamma of 2
LCD/Monitors	~= Gamma of 2.2
Broadcast Monitors	~= Gamma of 2.4
Digital Cinema	~= Gamma 2.6

이렇게 우리가 보고 있는 디스플레이들에 따라 Gamma 값이 다르기 때문에 정확한 작업을 위해서는 기준을 제대로 맞춰줄 수 있는 작업용 레퍼런스 모니터와 TV가 필요합니다.

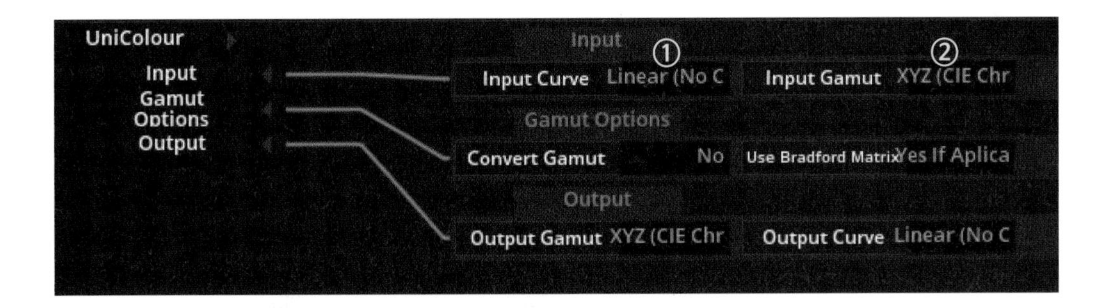

①번 Input Curve를 클릭하면, 왼쪽 그림과 같이 다양한 카메라들의 Log 함수와 최종 디스플레이될 환경의 Gamma 함수들의 리스트들이 나옵니다. 그리고 ②번 Gamut을 클릭하면 오른쪽 그림과 같이 카메라와 디스플레이 환경에 따른 다양한 Gamut 리스트들이 나옵니다.

Linear (No Curve)	ITU-BT 709 / ITU-BT 2020
sRGB	Gamma 2.6 (DCI RGB)
Cineon (Kodak)	PQ (SMPTE 2084)
ACEScg (ACES v1.0)	ACEScc (ACES v1.0)
ACESproxy (ACES v1.0)	Log-C v3 (ARRI)
Log (Canon)	REDlogFilm (RED)
S-Log3 (Sony)	DCDM + Gamma 2.6 (DCI XYZ)
Wide Dynamic Range (Any Gamut)	Gamma 2.2 (GUI Monitor)
Gamma 2.4 (ITU-BT 1886)	Log2 (Canon)
S-Log2 (Sony)	HLG 1000 (ITU-BT 2100)
HLG 2000 (ITU-BT 2100)	HLG 4000 (ITU-BT 2100)
PQ (ITU-BT 2100)	Log3 (Canon)
GoPro Protune Flat	ACEScct (ACES v1.0)
Jaunt	REDLog3G10 (RED)
V-Log (Panasonic)	

XYZ (CIE Chromaticities)
Rec 709 (D65)
Rec 2020 (D65)
sRGB (D65)
DCI P3 (DCI)
DCI P3 (D60)
AP0 (ACES Linear)
AP1 (ACEScc/cct/cg/proxy)
Alexa Wide Gamut (ARRI)
DRAGONcolor2 (RED)
S-Gamut3 (SONY)
Cinema Gamut (CANON)
DCI P3 (D65)
RED Wide Gammut RGB (RED)
V-Gamut (Panasonic)
S-Gamut3.cine (SONY)

여기서 Curve는 인코딩된 Luminance 즉, 휘도 밝기의 데이터로, 또 Gamut은 색상의 데이터로 쉽게 이해할 수 있습니다.

실제 예제를 통해 Unicolor 작업을 해보겠습니다.

Unicolor 작업을 위해서는 첫 번째로 원본 영상의 Gamma/Color Gamut 데이터 값을 알아야 합니다.

영상이 RAW 파일로 촬영되었을 경우에는 원본 클립을 클릭하면 나오는 RAW Params 메뉴에서 촬영시 인코딩된 데이터 값을 확인할 수 있습니다. RAW 촬영이 아닌 경우에는 인코딩된 데이터 값을 알 수 없기 때문에 Gamma/Color Gamut 값을 촬영팀에게 반드시 확인해야 합니다. 기본적으로 Log 값으로 촬영된 경우에는 이미지처럼 흐릿하고 어둡게 보여집니다. 이는 데이터가 인코딩되어 있기 때문인데 디코딩되면 정상적인 이미지로 보여집니다.

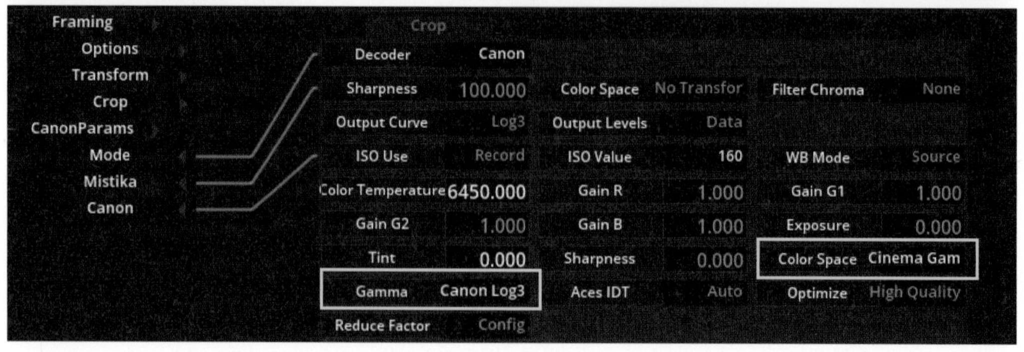

위의 영상은 Canon C200 카메라에서 RAW 데이터로 촬영한 영상이며, Gamma : Canon Log3/Color Gamut : Cinema Gamut의 데이터로 인코딩되었습니다.
이제 다시 Unicolor 메뉴를 열어 Gamma Correction 작업을 하겠습니다. Input 메뉴에서는 원본 소스의 컬러 데이터를 지정하고 Output 메뉴는 최종 디스플레이 표준의 컬러 데이터 값을 지정합니다. 이렇게 지정하면, 컬러 데이터가 자동으로 디코딩됩니다.

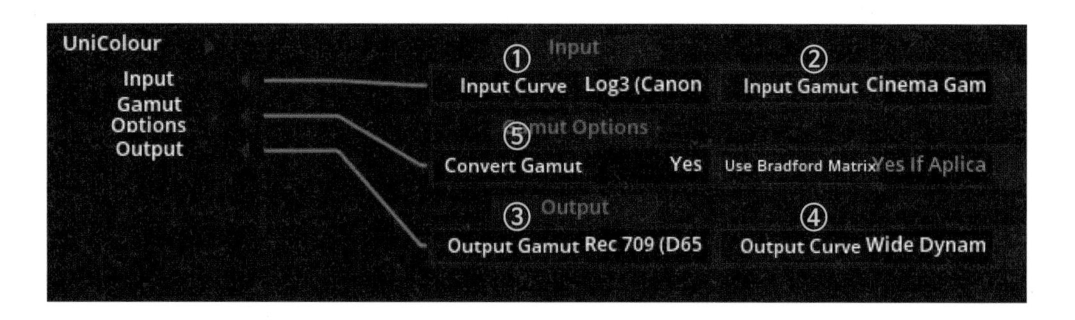

예제 영상을 기준으로, 위에 첨부된 Unicolor 메뉴 리스트에서 값을 선택하면
①번 Input Curve - Log3 (Canon)
②번 Input Gamut - Cinema Gamut (Canon)
③번 Output Gamut - Rec 709 (일반 HD 방송 표준)
④번 Output Curve - Wide Dynamic Lange (Any Gamut)

④번에서는 표준의 Curve 값을 적용해도 되지만 Mistika에는 촬영된 Dynamic Range를 모두 영상 신호 범위 안에 디코딩하는 Wide Dynamic Range라는 Curve가 있어, HDR/ACES 영상 작업을 제외한 작업에서는 모두 이 Curve를 선택하면 됩니다. ⑤번 Convert Gamut은 색상의 데이터를 변환 여부를 선택하는 메뉴입니다. No를 하게 되면 Gamma 값만 디코딩되고 색상 값은 디코딩이 안되어 채도가 빠진 원본 색상 그대로 남게 됩니다. 촬영 원본과 디코딩된 영상을 비교하면 다음과 같습니다.

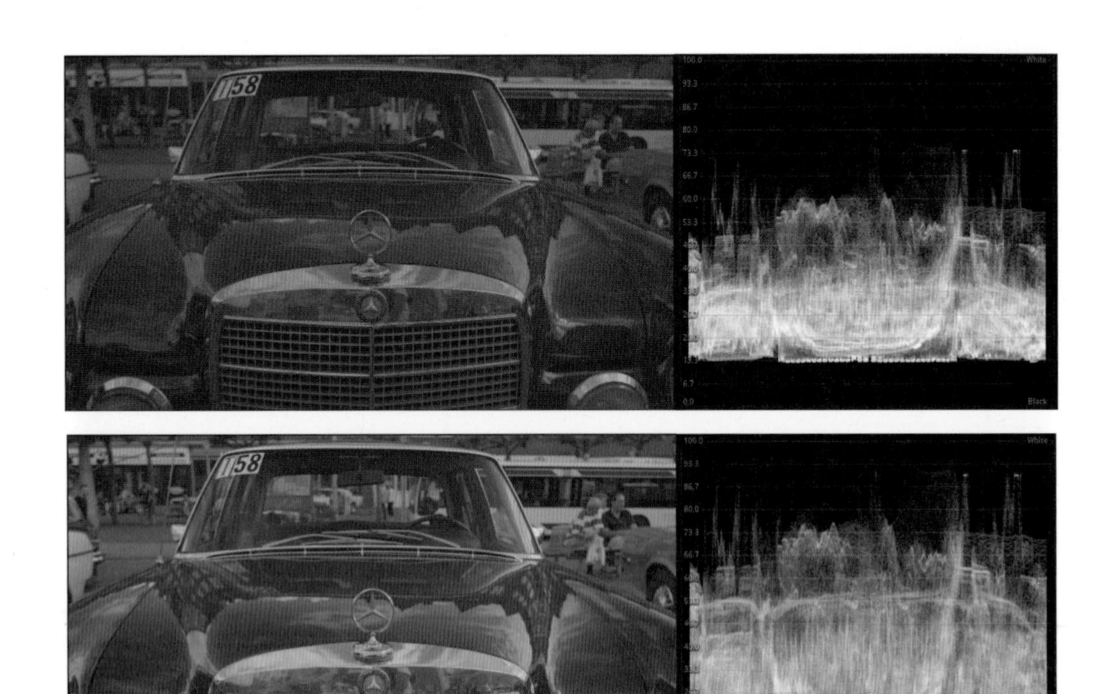

6.2.2 1차 색보정 : Color Cast 제거

Color Cast는 일반적으로 인위적인 빛의 색을 의미합니다. 영상은 조명에 따라 색상이 다르게 보일 수 있습니다. 인위적으로 빨간 조명을 비추면 하얀색 셔츠가 붉게 보이고, 파란 조명을 비추면 하얀색 셔츠가 푸르게 보이게 됩니다. 이렇게 인위적인 빛의 색상을 우리는 Cast라고 하는데, 의도해서 조명 색상을 만들어 촬영한 게 아니라면 우리는 인위적인 Cast를 제거해야 자연스러운 색보정을 할 수 있습니다. 우리는 이것을 White Balance를 맞춘다고 합니다. 보통의 환경에서는 흰색이 흰색으로 보여야 하기 때문에 영상에서 화이트의 기준을 맞춰주는 작업이라 이해할 수 있습니다.

Mistika에서 White Balance를 맞추는 방법은 자동모드와 수동모드 두 가지가 있습니다.

Pick Balance – White Balance 자동모드

Color Grade의 기본 색보정 메뉴인 Primary 툴에는 표시된 것처럼 자동으로 White Balance를 맞추는 'Pick Balance' 아이콘이 있습니다. 이 아이콘을 선택하면 아래의 그림과 같이 마우스 포인터가 스포이드 모양으로 바뀌는데, 영상에서 기준이 되는 화이트 영역을 클릭하면 그림과 같이 지정한 화이트 영역의 값이 맞춰지는 것을 확인할 수 있습니다. 기본적으로 영상에서 빛은 받는 흰색 영역이나, 빛이 하얗게 반사되는 영역을 선택하면 화이트 영역에 묻어있는 인위적인 Cast를 제거할 수 있습니다. Scope에서 표시된 부분을 살펴보면, 푸른 색으로 표현되던 원본 영상의 화이트 값이 Pick Balance 메뉴로 쉽게 보정된 것을 확인할 수 있습니다.

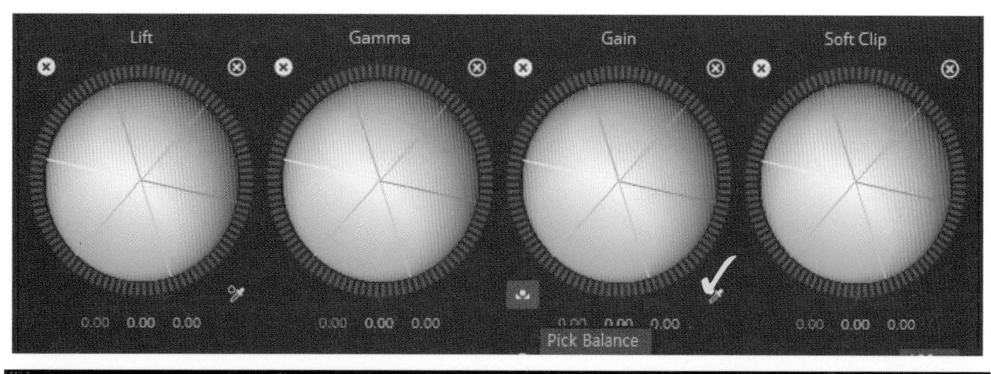

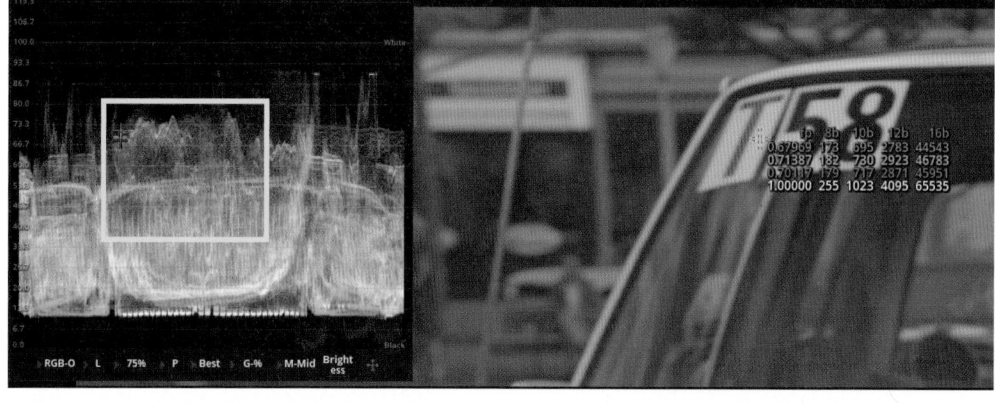

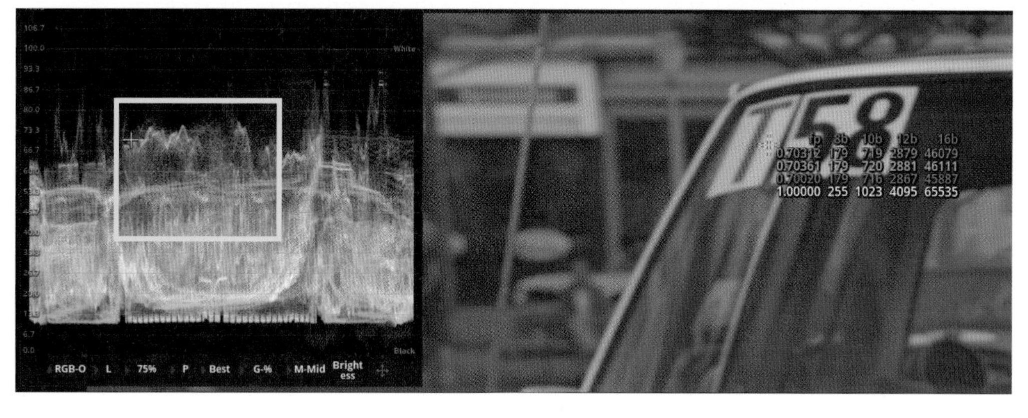

Printer Steps – White Balance 수동모드

화이트 영역이 분명한 영상의 경우에는 위와 같이 자동 모드로도 쉽게 Cast를 제거할 수 있지만 기준이 되는 영상을 쉽게 찾을 수 없을 때는 Printer Steps 메뉴를 이용하여 수동으로 White Balance를 맞출 수 있습니다.

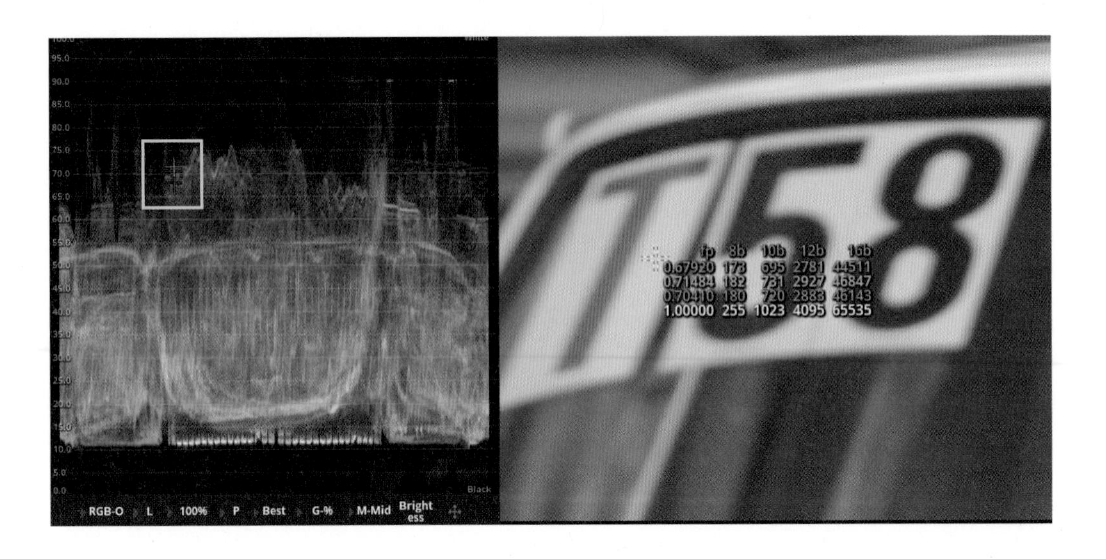

White Balance를 맞추려는 영역에서 Ctrl + 마우스 우클릭을 하면, 그림과 같이 선택한 픽셀의 RGB 값을 8bit부터 16bit까지의 수치로 자세하게 볼 수 있습니다. 또한 Scope에도 표시된 것처럼 RGB 값들이 매핑되는데 이를 기준으로 Printer Steps 메뉴들을 통해 White Balance를 맞출 수 있습니다.

기본적으로 화이트로 선택한 픽셀은 Red, Green, Blue 값이 동일해야 합니다. 이 중 부족하거나 넘치는 채널이 있으면, 실제 화이트로 볼 수 없습니다.

Printer Steps 메뉴에는 R, G, B, C, M, Y 각 채널을 더하고 뺄 수 있는 기능이 있습니다. 이를 이용해 예제 원본 영상에서 선택한 픽셀의 부족한 Red 값을 더해줍니다. 그렇게 부족한 Red 채널을 더해주니 아래 그림과 같이 R, G, B 값이 동일하게 겹쳐지며 화이트로 만들어진 것을 확인할 수 있습니다.

조정되는 Step 수치는 단계별로 선택할 수 있습니다. 1/4로 Step 수치를 선택하면 좀 더 세밀하게 채널들을 조정할 수 있다.

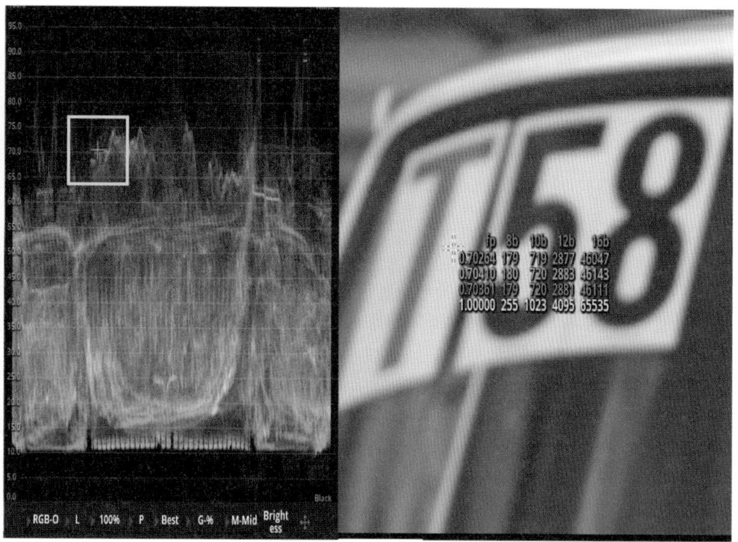

또한 각 채널들의 Offset/Contrast/Black/White 영역을 따로, 또는 함께 조정할 수 있는 메뉴도 제공하고 있어, Printer Lights 메뉴만으로도 채널들을 쉽게 컨트롤 할 수 있습니다.

또한 10버전부터 새롭게 추가된 Temperature로 색온도를 조정할 수 있습니다. 오른쪽 화살표를 클릭하면 따뜻한 색온도를 왼쪽 화살표를 클릭하면 차가운 색온도를 표현할 수 있으며, Tint 메뉴를 통해 색을 입힐 수도 있습니다.

이렇게 다양한 기능의 Printer Steps 메뉴로 White Balance 보정뿐만 아니라 전체적으로 빛의 색상을 만들거나 보정할 때도 사용할 수 있습니다.

6.2.3 1차 색보정 : White & Black Level 보정

Cast 제거를 통해 White Balance를 맞췄다면, 이제는 영상의 밝기를 보정하겠습니다.

Color Ball

색의 밝기와 색상을 보정하기 위해서 Color Ball을 사용할 수 있습니다.

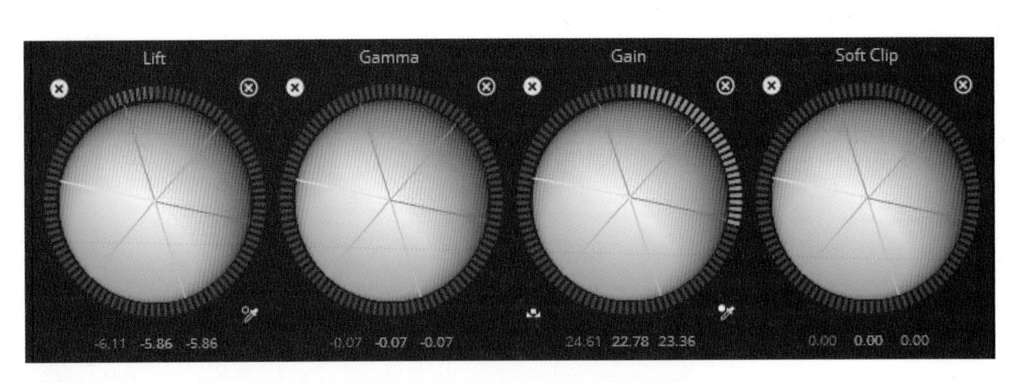

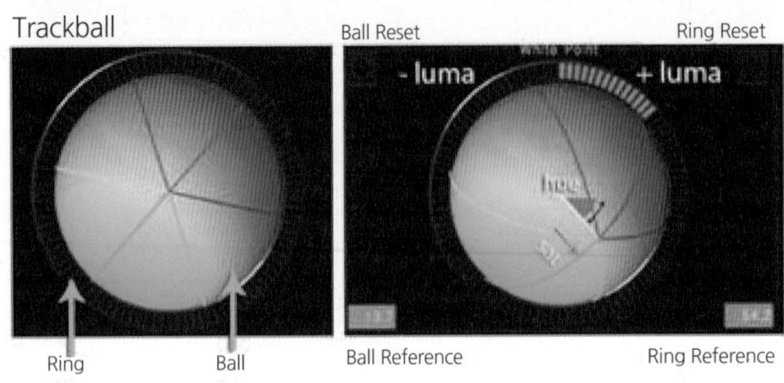

기본적으로 Mistika는 Black/Gamma/White Point 보정을 위한 세 개의 Color Ball과 High Dynamic Range 영역을 보정할 수 있는 Soft Clip까지 총 4개의 Color Ball이 있습니다.

Ring으로 표시되어 있는 부분이 Luminance(휘도) 컨트롤러이고, Ball의 형태로 되어 있는 부분이 컬러 Hue(색상) 값을 조정할 수 있는 메뉴입니다. 각각의 데이터가 수정될 때마다, Ball/Ring Reference 값이 수정되며, 수정된 포인트의 R, G, B 값들도 각 Ball 위에 표시됩니다.

Luminance는 마우스 우클릭 한 상태로 Ring 위에서 왼쪽으로 드래그하면 화면이 어두워지고, 오른쪽으로 드래그하면 밝아집니다. 데이터를 리셋하고 싶을 때는 Ring 오른쪽에 있는 'x' 버튼을 클릭하면 됩니다. 오른쪽이 Luminance, 왼쪽이 Hue 리셋 버튼입니다. Ring을 이용해 예제 영상의 밝기를 보정해 보았습니다.

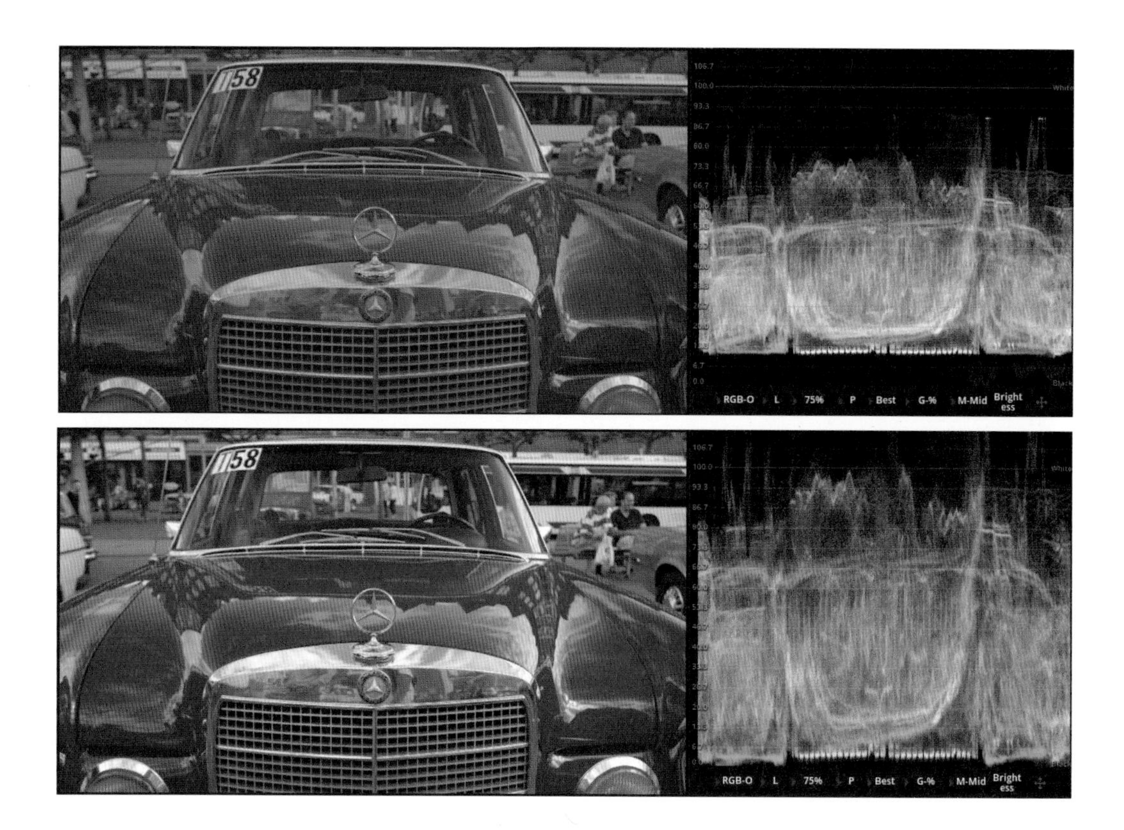

영상이 조금 더 밝아졌습니다. Mistika에는 일반적인 Luminance 메뉴 이외에 화이트 영역을 좀 더 정교하게 보정할 수 있는 Soft Clip 메뉴가 있습니다.

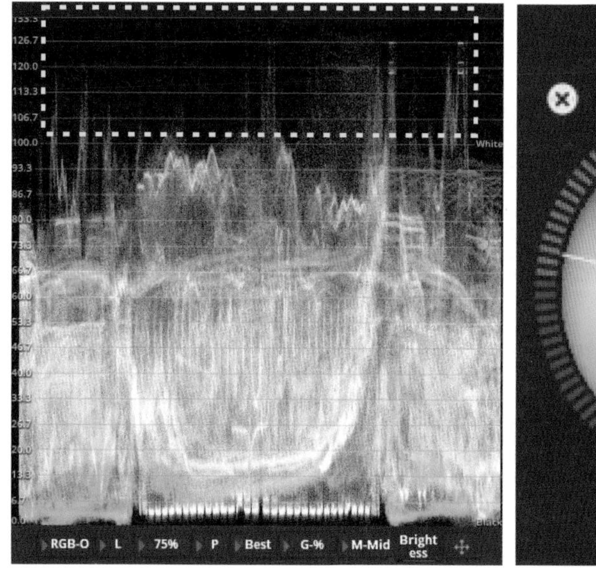

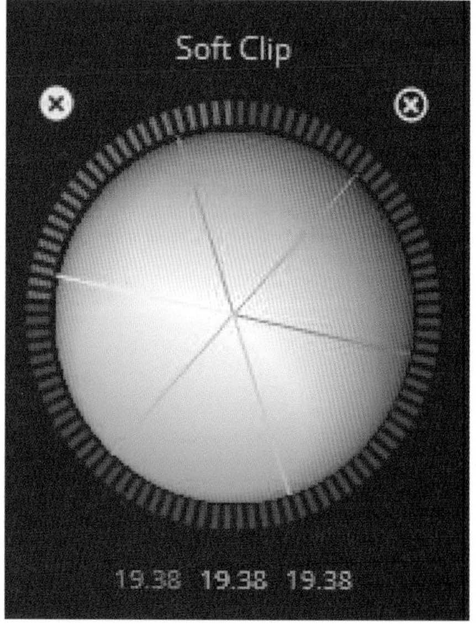

밝기를 조정한 영상의 Scope를 보면, 100% 이상 영역에 여전히 데이터가 있습니다. 일반적으로 100% 이상의 데이터는 영상에서 모두 화이트로 표현되는데요, 이 부분을 100% 영역 안으로 조정하는 메뉴가 바로 Soft Clip입니다.

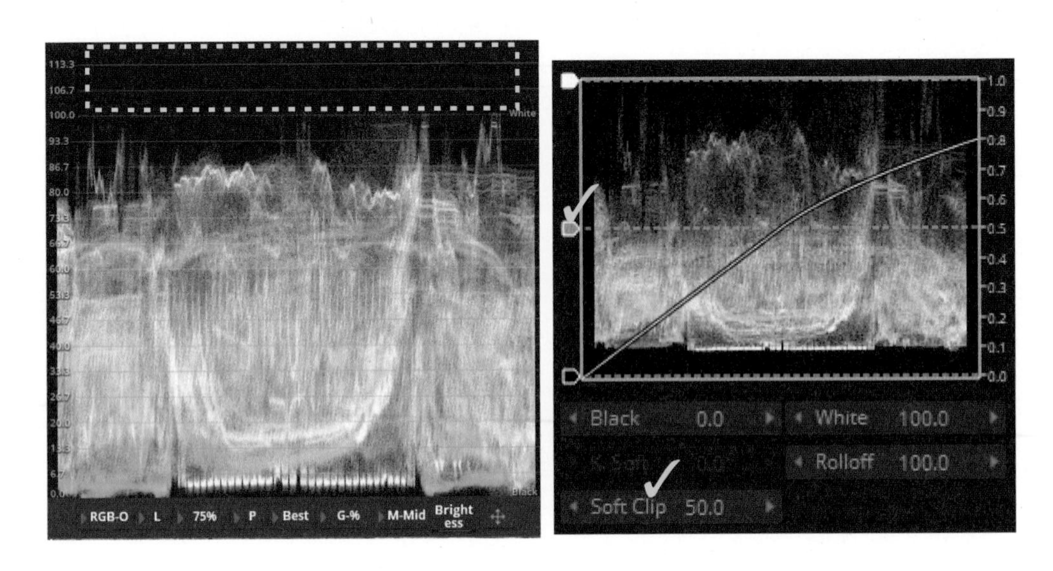

Soft Clip 메뉴에서 Luminance를 어둡게 하면, 위의 Scope와 같이 100% 이상의 밝은 데이터만 100% 영역 안으로 들어오게 됩니다. 이는 영상 전체 밝기에는 영향을 주지 않고 밝은 영역의 디테일만 살려줄 수 있어 화이트 영역 밝기 조정에 아주 효과적입니다. 오른쪽의 Range Graph에서는 어느 포인트를 기준으로 Soft Clip이 작동하는지 볼 수 있습니다. 또한 ✓표시된 Soft Clip Bar 또는 수치로 Soft Clip이 작용하는 기준점을 쉽게 바꿀 수 있습니다.

6.2.4 1차 색보정 : Color Grading

지금까지 영상의 데이터를 바로 잡아주기 위한 기본적인 색보정 작업을 했다면, 이제부터는 영상 스토리에 몰입하게 만들 색표현 작업을 해야 합니다. 영상의 분위기에 맞는 자연스럽고 감성적인 색감을 만들어 영상의 특별한 감각을 살려주는 작업이 Color Grading입니다. Grading을 위한 Mistika의 메뉴에 대해 소개하겠습니다.

Bands 메뉴

Bands 메뉴는 Primary 컬러볼보다 한 개 더 많은 컬러볼을 제공하여 좀 더 디테일한 그레이딩이 가능하게 합니다.

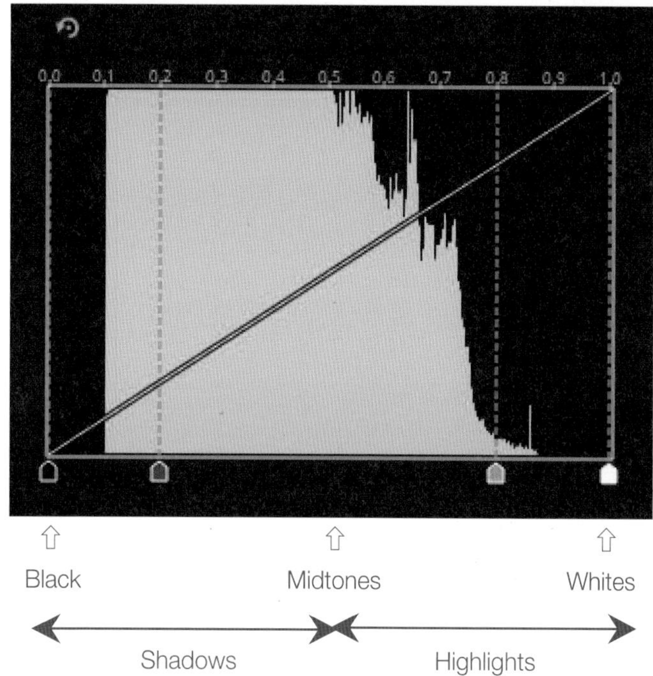

각 컬러볼의 작동 범위는 오른쪽 Range Graph를 통해 확인 가능하며 조정할 수도 있습니다.

표시된 영역에서도 알 수 있듯이 Midtones 포인트를 중심으로 어두운 부분과 밝은 부분을 분리해서 조정할 수 있고, 또한 Black과 Whites가 작동되는 기준점을 자유롭게 수정할 수 있어, 더욱 정교하게 색보정을 할 수 있습니다.

Primary 작업을 마친 영상을 Bands를 이용해 색감을 만들었습니다.

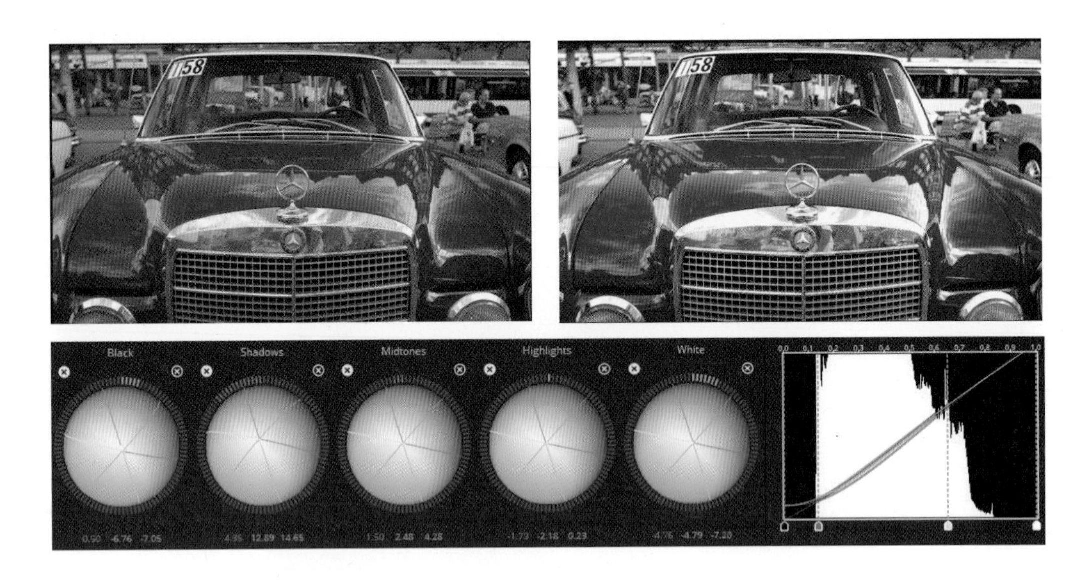

Bands 메뉴에는 Black/Midtones/White/All 영역의 Hue/Saturation/Contrast를 조정할 수 있는 세부 메뉴가 있습니다.

이 메뉴는 Bands 상단에 아이콘을 클릭하면 크게 확장해서 볼 수 있습니다.

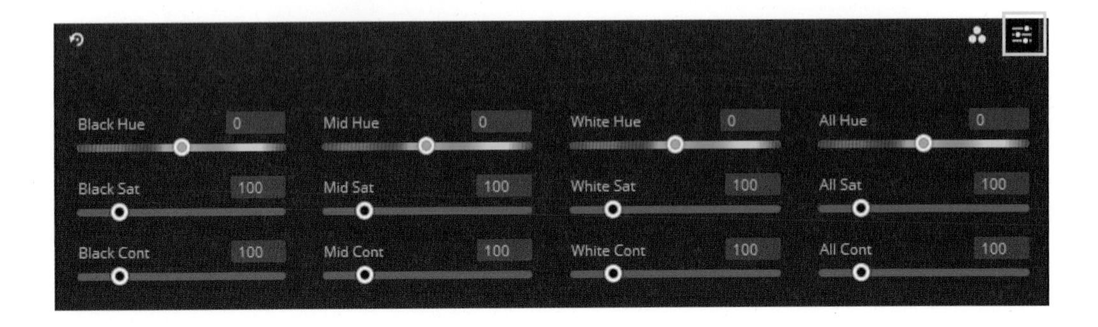

Fixed 메뉴

Fixed 메뉴는 다음 그림처럼 Red, Yellow, Green, Cyan, Blue, Magenta 채널들이 3개의 그룹으로 나뉘어져 있습니다.

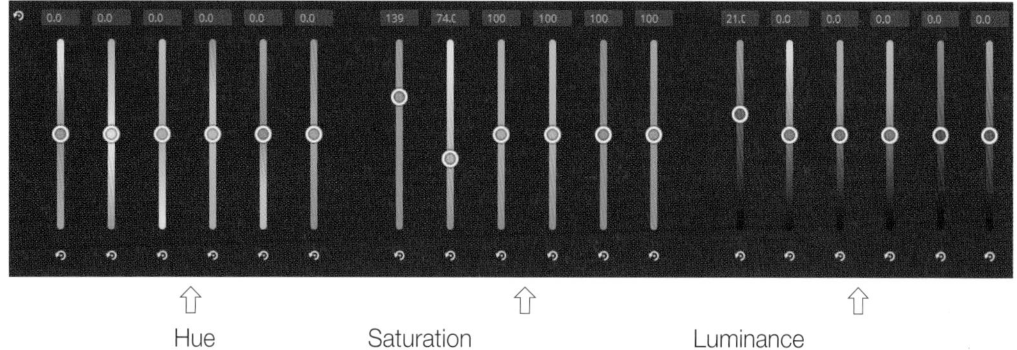

Hue Saturation Luminance

각각의 그룹은 채널 별로 Hue/Saturation/Luminance를 컨트롤 할 수 있는 메뉴로, 메뉴 자체가 직관적으로 표현되어 있어 쉽게 사용 가능합니다.

이 Fixed 메뉴를 통해 이미지에서 강조하고 싶은 Red 채널의 Saturation 값과 Luminance 값을 위로 올려 빨간 자동차 색을 좀 더 강조했습니다.

Mistika의 Fixed는 특정 채널의 Key를 따지 않고, 전반적인 채널 값들을 컨트롤하기 때문에, 특정 채널만을 컨트롤 할 때 발생할 수 있는 화면 깨짐이나, 왜곡 현상 없이 원하는 컬러를 쉽게 만들어 낼 수 있습니다.

Curve 메뉴

Fixed 메뉴가 각 채널의 Hue/Saturation/Luminance 값들을 직관적으로 보정할 수 있는 메뉴라면, Curve 메뉴는 각각의 RGB 채널 뿐만 아니라 Sat-Sat, Luma-Sat, Hue-Hue, Hue-Sat, Hue-Luma 영역들을 커브의 형태로 정교하게 보정할 수 있는 메뉴입니다. 그래프들 창은 각각 크게 확장하여 작업할 수 있습니다. 모든 그래프들의 결과는 하나로 결합되어 이미지에 보여지며, RGB 커브의 경우 각 채널을 한 번에 컨트롤하거나 각각 컨트롤 할 수 있어, 컬러리스트에게 한계 없는 색보정을 가능하게 합니다.

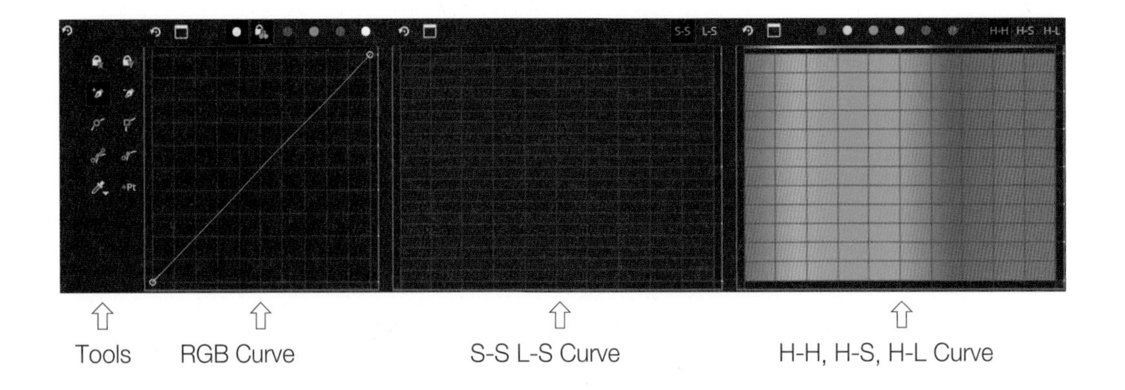

Curve Tools 메뉴의 자세한 기능은 다음과 같습니다.

- Cx/Cy : 커브의 포인트를 이동할 때 X/Y(수직, 수평)의 위치 이동을 고정.
- Sm/Sh : 커브 곡선을 Smooth/Sharp 모드로 설정.
- Add/Remove Point : 커브 포인트 추가/삭제.
- Ct/It : 커브 포인트 핸들러를 양방향/단방향 모드로 설정.
- Curve Pickers/Add Points : 그래프에 표시될 커브 포인트 수동 설정/자동 설정. 만약 Add Three Points를 선택하고 이미지 상에 컨트롤하고 싶은 영역을 클릭하면 3개의 커브 포인트 생성. +Pt는 자동으로 5개의 포인트가 그래프에 생성.

  Add One Point
  Add Three Points
- Gang RGB : Gang RGB가 선택되면, RGB 채널 동시 조정. 해제되면, RGB 채널 각각 선택 조정 가능.

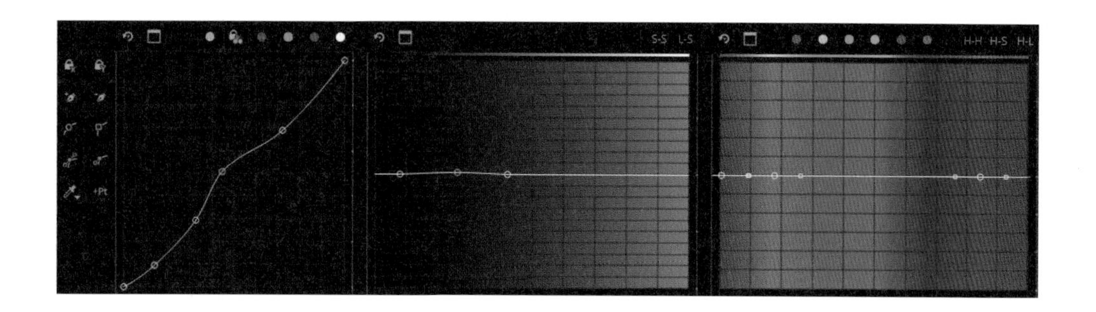

Add Three Points를 선택하고 화면의 자동차의 좀 어두운 부분을 선택해서 생성된 커브 포인트로 좀 더 입체적으로 보이도록 밝기와 채도를 포인트로 수정하였습니다.

이렇게 Curve 메뉴까지 1차 색보정에 필요한 기능들을 살펴보았습니다.
Eval Tree에서 각 레이어에 있는 눈 아이콘을 이용해 영상의 색보정 전 · 후를 비교하면 좀 더 입체적인 색감으로 표현된 것을 확인할 수 있습니다. 이렇게 영상의 밸런스 작업부터 영상의 색감을 만들어내는 것까지가 기본적인 색보정의 과정이라면 2차 색보정은 Shape/Key 등을 이용한 특정 영역의 색보정 작업을 하는 것을 의미합니다.
우선 2차 색보정 메뉴들을 소개하기 전에 완료된 색보정 작업 데이터를 다른 컷에 적용하는 스토리보드 작업에 대해 소개하겠습니다.

6.3 스토리보드를 이용한 색보정 데이터 적용하기

첫 번째 컷의 색보정이 완료되면 'Ctrl + 방향 키 〉'를 클릭하거나 스토리 보드에서 'Shift + 다음 컷 클릭' 하여 이동합니다. 이제 다음 컷도 앞에서 소개한 동일한 방법으로 색보정 작업을 해야 합니다.

하지만 다음 컷이 비슷한 환경에서 촬영된 영상이라면 이전 컷의 색보정 데이터를 적용하고 조금씩 수정하는 방법이 좀 더 자연스러운 컷의 연결 라인을 만드는데 효과적입니다. 색보정 작업의 가장 중요한 목표는 모든 컷들이 자연스럽게 연결되도록 스토리 라인을 만드는 것이기 때문에 스토리보드를 이용한 색보정 작업은 상당히 유용하고 중요합니다.

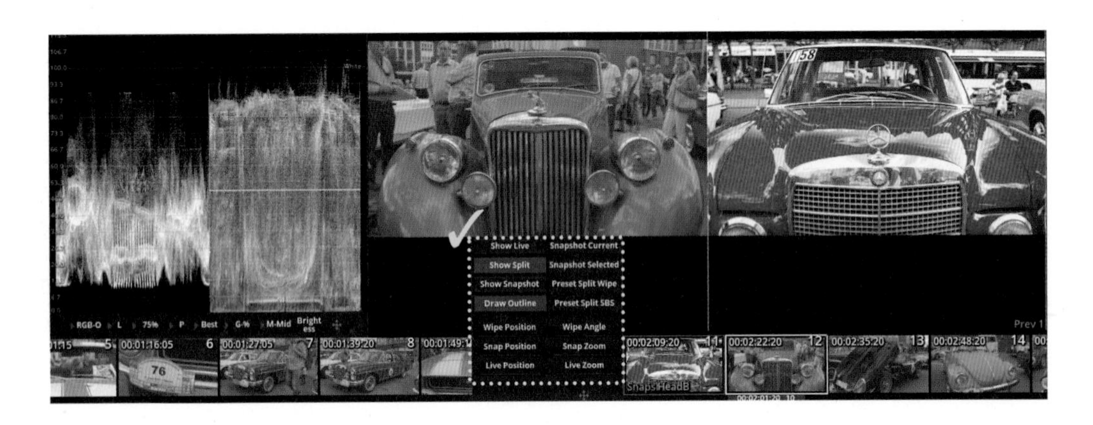

Mistika StoryBoard

앞서 인터페이스 소개에서 설명했듯이 Tool Bar에서 아이콘을 클릭하면 스토리보드가 활성화 됩니다.

스토리보드에 하얀색으로 표시된 것이 현재 작업하고 있는 'Current' 이미지이며, 빨간색으로 표시된 것은 현재 이미지에 적용하고 싶은 색보정 데이터를 가지고 있는 'Selected' 이미지입니다.

'HeadB'로 표시된 프레임이 이동되면, 색보정 데이터가 'Current' 이미지에 자동으로 적용되는데, 스토리보드의 'Selected' 컷을 두 번 클릭하면 현재 이미지에 색보정 데이터가 그대로 적용됩니다.

- Current : 현재 작업하고 있는 프레임, 키보드 'Ctrl + 방향키 〉'로 이동
- Selected : 'Current' 프레임에 색보정 데이터를 적용할 참고 이미지 원하는 프레임을 클릭하여 선택
- 데이터 복사 : 'Selected' 프레임 두 번 클릭시 'Current'에 데이터 적용

SnapShot

Snapshot은 'Current', 'Selected' 이미지를 한 화면에 분할해서 비교할 수 있는 메뉴입니다. Tool Bar에서 아이콘을 클릭하면 위의 이미지에 ✓로 표시된 Snapshot 창이 활성화 됩니다.

'Snapshot'이 활성화 하면, 상세 메뉴들이 팝업되는데, 이 중 'Preset Split Wipe'와 'Preset Split SBS' 메뉴를 통해 현재 이미지와 Snapshot 이미지의 화면 분할 모드를 선택할 수 있습니다. 위의 이미지는 'Side by Side' 모드입니다. 화면 분할 모드에서 'Current', 'Snapshot'의 위치, 사이즈, Wipe 각도들을 자유롭게 설정할 수 있습니다.

- Wipe Position/Angle : 'Wipe' 모드에서 'Wipe' 위치 / 각도 설정
- Snap Position/Zoom : 'Wipe' / 'SBS' 모드에서 Snap Shot의 위치와 사이즈 설정
- Live Position/Zoom : 'Wipe' / 'SBS' 모드에서 Live Shot의 위치와 사이즈 설정

Story Board Group

스토리보드로 각 컷들을 작업하다 보면, 교차되는 카메라 컷들로 인해, 동일한 환경에서 촬영된 컷들만 그룹으로 묶어 한 번에 데이터를 적용하고 싶을 때가 있습니다. 이는 작업의 편의성 뿐만 아니라 동일한 원본 클립으로 편집된 컷들의 밸런스를 맞추기 위해서도 유용한 기능입니다.

Mistika에서는 스토리보드 그룹을 'Gang'이라는 이름으로 부르고 있으며, Tool Bar에서 아이콘을 활성화 하면 'Gang' 창이 활성화 됩니다.

그 창에서 + 버튼을 클릭하여 그룹의 이름을 설정하고, 키보드 'Shift + Ctrl' 버튼을 누른 상태에서 그룹으로 묶고 싶은 컷들을 클릭하면 그림과 같이 그룹의 이름들이 표시되며

그룹으로 선택됩니다. 이렇게 설정된 그룹들은 ①번 'Solo' 뷰모드를 통해 해당 그룹에 있는 컷들만 따로 볼 수 있습니다.
같은 그룹에 데이터 일괄 적용도 가능합니다.
Vecter Layer 창에서 ②, ③번 'Propagate'-'Current Gang'을 선택하고 ④번 'Perform' 버튼을 클릭하면 현재 작업 컷의 색보정 데이터가 같은 이름으로 묶인 그룹에 전체 적용됩니다.

6.4 Mistika Color Grading : 2차 색보정

앞서 설명한 대로 일반적으로 1차 색보정이 완료된 후에는 특정 영역만 선택해서 보정하거나 Shape으로 음영을 추가하는 등의 좀 더 세밀한 2차 색보정을 선택적으로 할 수 있습니다. 이번 장에서는 2차 색보정 작업을 위해 필요한 기능들에 대해서 소개하겠습니다.

Select 메뉴

Color Grade-Qualifier 메뉴는 Key 작업을 위한 메뉴입니다. Select 메뉴는 예제 이미지를 통해 설명하겠습니다. Key 작업은 아래 그림처럼 주인공의 인물만 Key로 선택해서 그 부분만 추가적으로 색보정 하는 경우에 많이 이루어집니다.

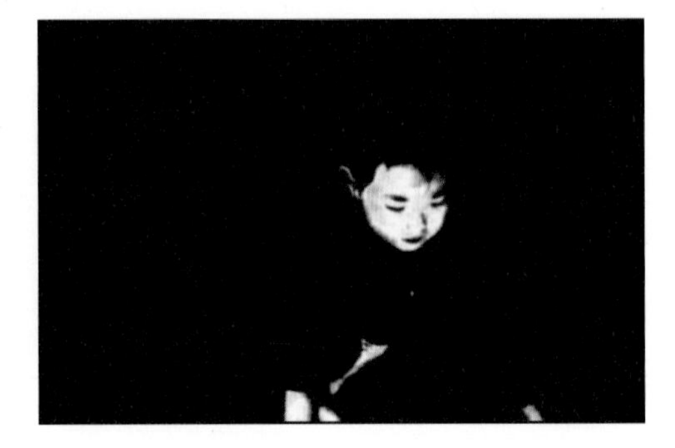

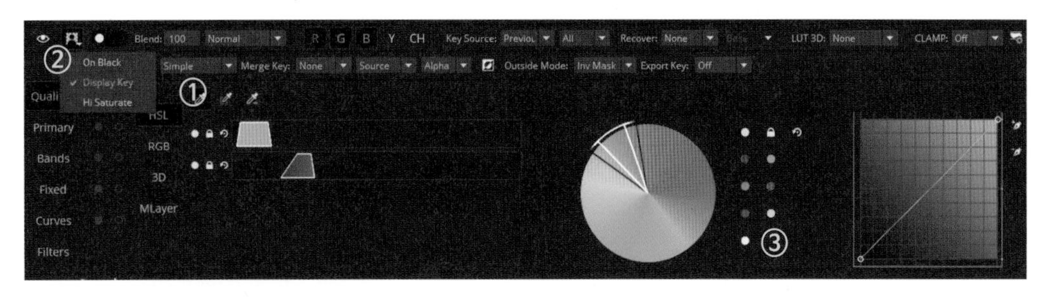

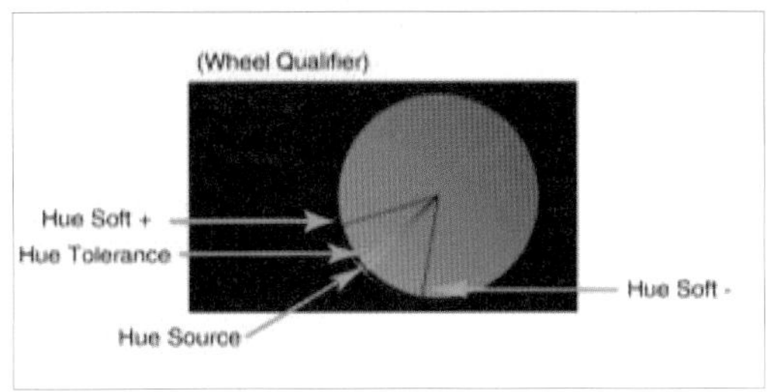

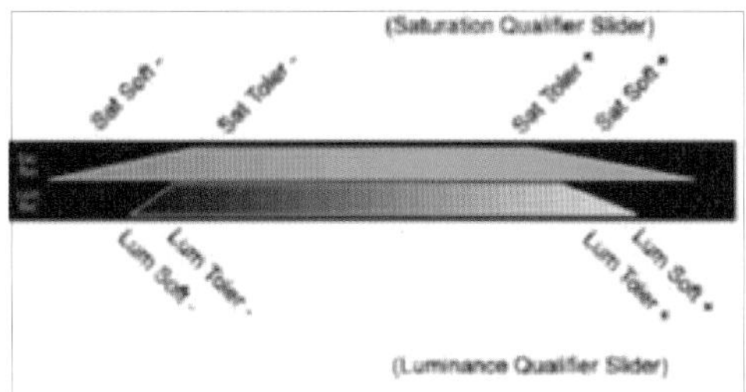

- HSL Keyer

HSL Keyer는 작업자가 Key로 선택할 부분을 화면에서 선택하면 HSL 값이 비슷한 컬러의 영역들이 모두 선택되는 Keyer입니다.

①번의 Hue Pick 버튼을 활성화하고 영상에서 얼굴 부분을 클릭하면 그림처럼 자동으로 Key가 선택됩니다. Key 뷰어 모드는 ②번 'Highlight Mode' 아이콘을 클릭하면 선택한 Key 영역만 볼 수 있는데, 그림과 같이 Black/White 모드로 보기 위해서는 ②번 'Highlight Mode'를 길게 클릭하면 나오는 메뉴에서 'Display Key' 모드를 선택해야 합니다.

좀 더 쉽게 얼굴 Key를 선택하기 위해서는 ③번 샘플 컬러 중 제일 마지막 피부톤 컬러를 선택합니다. 피부 컬러 샘플을 선택하면 피부색으로 계산되는 부분들의 Key가 자동으로 선택됩니다. 각각의 선택 영역들은 이미지로 설명되어 있는 Wheel과 Slider로 값으로 좀 더 정교하게 조정할 수 있습니다.

- RGB Keyer

RGB Keyer는 영상의 채널 값을 기준으로 Key를 선택하는 방법입니다. 그림처럼 Red 채널에 Soft 값을 주면 영상에서 Red 채널을 가지고 있는 영역만 선택됩니다. 이 Keyer는 영상의 붉은 색상이나 푸른 색상을 전반적으로 좀 더 부각시킬 때 많이 사용됩니다.

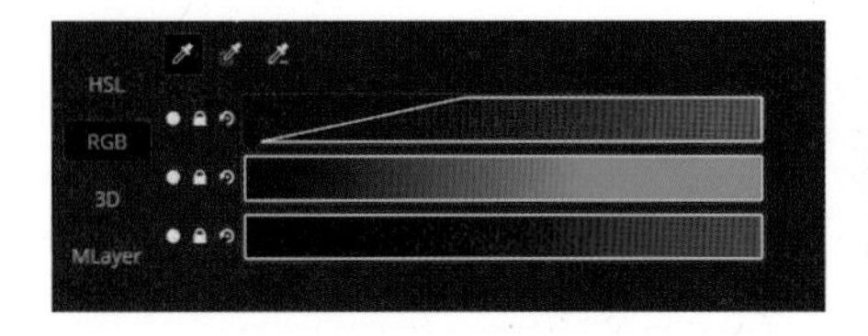

- **3D Keyer**

  3D Keyer는 내가 Key로 선택할 영역을 'Pick' 메뉴로 계속 중첩해서 선택할 수 있는 Keyer입니다. 비슷한 색상을 갖고 있지 않은 영역을 선택할 때 유용합니다. Soft 메뉴 클릭한 상태에서 오른쪽으로 드래그 하면 범위의 Softness를 추가할 수 있습니다.

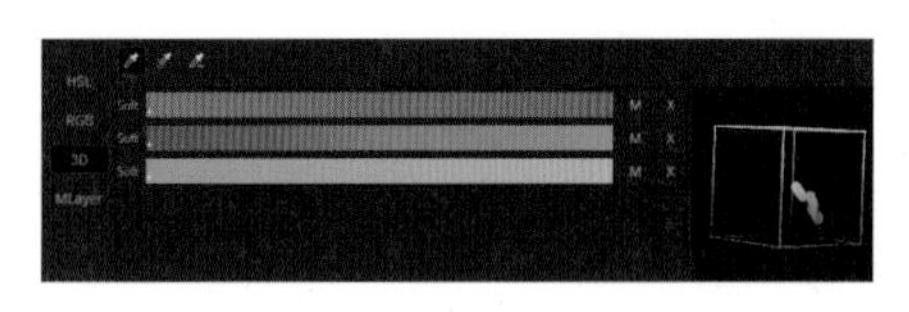

Shape Grading

Shape Grading은 영상의 음영을 주고 싶을 때 많이 사용하는 방법입니다.

Shape Grading을 위해 왼쪽 Shape 툴에서 원하는 모양의 도형을 선택하고 영상에 드래그해서 Shape을 만들어 줍니다.

그리고 오른쪽 Tool Bar의 Shape 아이콘을 클릭하면 활성화 되는 메뉴 중 Points Softness–Outside 버튼을 클릭한 상태로 오른쪽으로 드래그하여 선택한 영역의 Softness를 줍니다.

이렇게 Shape으로 영역을 그리게 되면, Shape 안과 밖을 따로 색보정 할 수 있습니다. 아래 그림에서 ✓표시 된 메뉴로 색보정 할 영역이 Shape의 Inside인지 Outside인지 선택할 수 있는데, 마우스 클릭으로 간단하게 선택할 수 있습니다.

예제 이미지에서는 Shape의 Outside를 선택해 컬러볼을 이용해 좀 더 어둡게 음영처리를 했습니다.

CHAPTER 07

Mistika Boutique 파일 출력

7.1 파일 출력하기

완성된 영상을 파일로 출력하도록 하겠습니다.

렌더링할 영역을 선택하고 ①번 in_out point 버튼을 누르면 아래 그림과 파일로 출력할 영역이 표시됩니다.

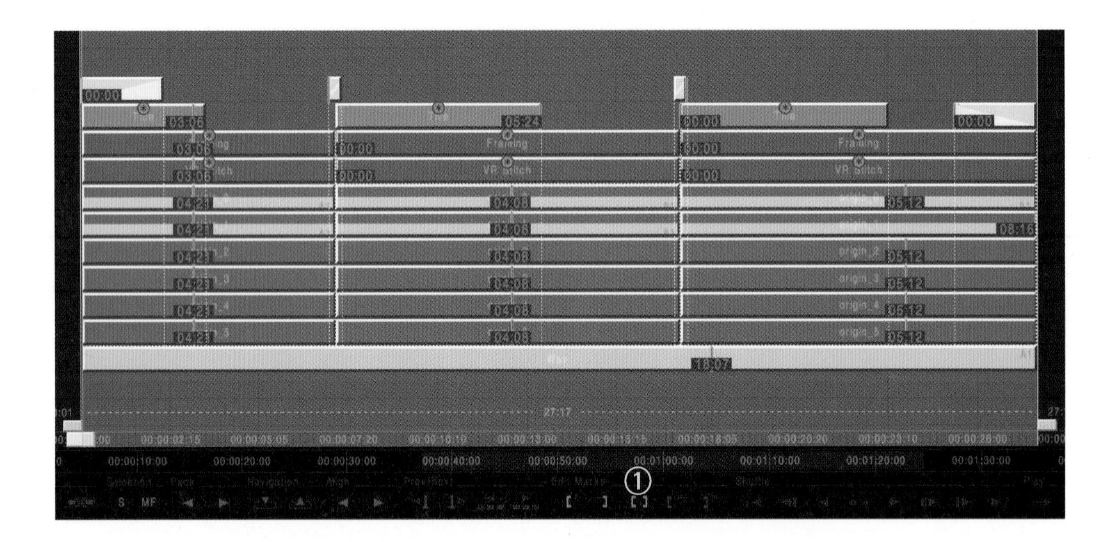

Dashboard-Output 탭을 클릭하여 파일 출력 설정 창을 활성화합니다.

Video 설정에서는 ①, ②번을 클릭하여 출력할 Video 파일 형식과 포맷을 선택합니다. Audio 설정에서는 영상과 함께 출력할 것인지, 무압축 오디오 파일로 별도로 출력할 것인지 선택합니다.

③번 Render Name 창에 파일명을 입력하고, ④번 Foreground 렌더링을 시작하면 파일 출력이 완료됩니다.

렌더링 된 파일은 별도로 경로를 정해주지 않을 경우 경로 규칙에 의해 C:\Users\사용자\SGO Data\Media\DELIVERY\DI\ 폴더에 저장됩니다.

7.2 파일 출력 경로 수정하기

출력 파일 경로를 Mistika Boutique 기본 폴더에서 특정 폴더로 수정하겠습니다.

Video Video 버튼 옆에 톱니바퀴 버튼을 클릭하면 아래와 같이 Video Setup 창이 뜹니다.

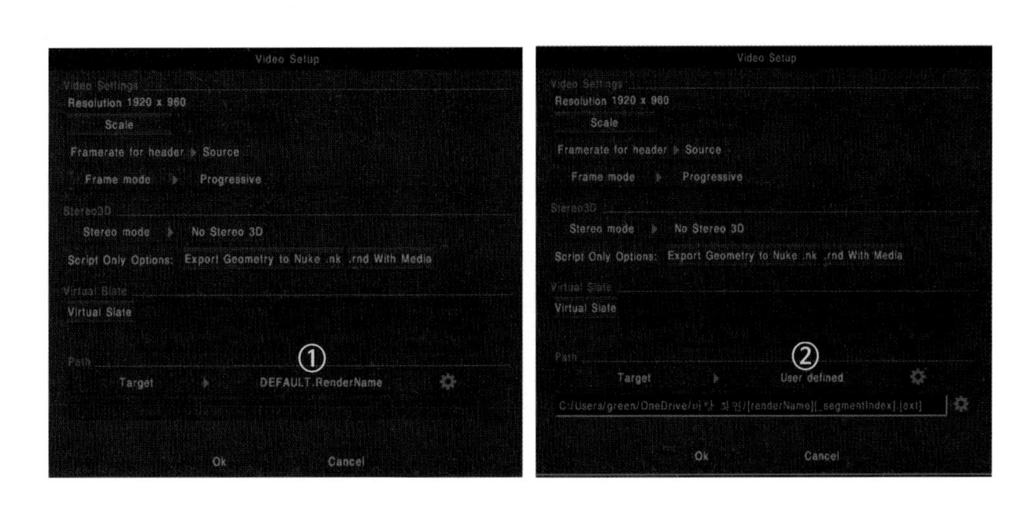

①번 화면 하단의 Path－Target를 ②번과 같이 User defined로 선택하고 원하는 폴더 경로를 지정합니다.

렌더링이 끝나면 수정한 경로의 폴더 안에 파일이 출력된 것을 확인할 수 있습니다.

저 자

박경임(서울 게임 산업 직업학교, 덕성여대, 에스지오 전임강사)
최용준(미디어 엘/컬러리스트)

감 수

강지형(에스지오/스페셜리스트)
소은영(에스지오 CS)

실사VR콘텐츠 제작 가이드북

1판 1쇄 인쇄 2020년 7월 22일
1판 1쇄 발행 2020년 7월 29일

지은이 박경임, 최용준
감 수 강지형, 소은영
펴낸이 나 영 찬
펴낸곳 기전연구사
출판등록 1974. 5. 13. 제5-12호
주 소 서울시 동대문구 천호대로 4길 16(신설동 기전빌딩 2층)
전 화 02-2238-7744
팩 스 02-2252-4559
홈페이지 kijeonpb.co.kr

ISBN 978-89-336-0990-3

정가 28,000원